教育部高等学校软件工程专业教学指导委员会规划教材
高 等 学 校 软 件 工 程 专 业 系 列 教 材

软件工程实践与课程设计

李代平 杨成义 编著

清华大学出版社
北 京

内容简介

本书结合高等院校"软件工程"课程的相关要求,通过一系列实例,向读者介绍软件工程理论在实际项目中的应用,以达到深入理解软件工程过程和实现方法的目的。本书分为课程实验理论与过程、课程实验与实例、课程设计与实例三个部分。基本内容包括软件工程中的可行性分析、需求分析、软件设计、软件实现、软件测试、用户手册以及如何进行各部分的报告编写规范和参考实例,书中的项目各个阶段的参考提纲和实际项目文档具有很强的参考价值。

本书适合作为高等院校"软件工程"课程的配套课程设计教材,也可作为软件工程技术人员的参考读物。

图书在版编目(CIP)数据

软件工程实践与课程设计/李代平,杨成义编著. —北京:清华大学出版社,2017(2023.8重印)
(高等学校软件工程专业系列教材)
ISBN 978-7-302-47867-6

Ⅰ. ①软… Ⅱ. ①李… ②杨… Ⅲ. ①软件工程－课程设计－高等学校－教材 Ⅳ. ①TP311.5

中国版本图书馆 CIP 数据核字(2017)第 181041 号

责任编辑: 付弘宇 梅栾芳
封面设计: 迷底书装
责任校对: 梁 毅
责任印制: 宋 林

出版发行: 清华大学出版社
网 址: http://www.tup.com.cn, http://www.wqbook.com
地 址: 北京清华大学学研大厦 A 座 **邮 编:** 100084
社 总 机: 010-83470000 **邮 购:** 010-62786544
投稿与读者服务: 010-62776969, c-service@tup.tsinghua.edu.cn
质量反馈: 010-62772015, zhiliang@tup.tsinghua.edu.cn
课件下载: http://www.tup.com.cn,010-83470236
印 装 者: 三河市天利华印刷装订有限公司
经 销: 全国新华书店
开 本: 185mm×260mm **印 张:** 15 **字 数:** 370 千字
版 次: 2017 年 12 月第 1 版 **印 次:** 2023 年 8 月第 9 次印刷
印 数: 14501～16500
定 价: 39.00 元

产品编号:074858-01

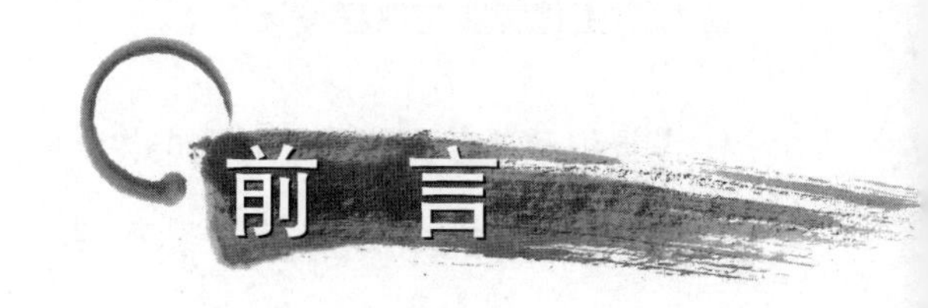

1. 写作背景

“软件工程实验与课程设计”是大学教学计划中的实践教学环节。要达到软件技术人员培养目标，课程实验与课程设计能力的实际训练是学生综合运用知识、培养动手能力和科研素质、增强团队合作意识、提高沟通表达能力的关键过程，是撰写高质量设计报告的基础。

本书根据教育部高等学校计算机科学与技术教学指导委员会的《高等学校计算机科学与技术专业实践教学体系与规范》的指导思想编写，以培养专业能力为目标，注重实践创新能力和综合素质的培养，在计算机学科方法论的基础上，结合学校的教学实际，设计了一套规范的课程实验与课程设计体系，系统地描述了课程实验与课程设计和撰写实验报告各环节的实践操作方法。

2. 本书结构

本书由以下三部分组成：
第一部分为课程实验理论与过程，包括第1～3章。
第二部分为课程实验方法与实例，包括第4～12章。
第三部分为课程设计与实例，包括第13～15章。

3. 本书特点

第一部分讲的是课程实验与课程设计的理念、过程和方法；第二部分讲的是课程各单元的实验，这部分针对不同实验内容介绍了不同实验内容的报告提纲，各章后面都介绍了一个实际软件开发工程的报告实例；第三部分讲的是课程设计与课程实验的区别及课程设计规范，最后介绍了一个软件工程课程设计中从可行性到用户手册的综合报告提纲。书中的实例特别适合读者在实践中参考。

4. 适用范围

作为软件技术人员，接受软件工程的概念并不难，但是要真正理解、掌握和运用这门先进的技术并完整地进行系统开发，却是有一定难度的。这本书就是为配合读者学习软件工程而编写的，可作为大学“软件工程课程实践与课程设计”的用书。

5. 编写方法

本书是作者根据三十多年来对软件工程学、面向对象方法等的教学与科研，以及负责或参与几十项软件开发项目的实践经验，并结合软件开发新技术编写而成的。书中的规则、参考提纲和参考实例是作者根据教学经验和自己完成的项目资料参考而来的。

6. 如何使用本书

根据实际情况,在教授完“软件工程”理论课的相应内容后就可以选择本书中的某个实验进行训练。如果软件工程教学中安排有课程设计环节,就可以选择后面的课程设计指导的内容。

在进行课程实践和课程设计时,题目一般由指导教师给出,并写好《任务书》。

本书建议与《软件工程(第4版)》(ISBN978730247335-0)和《软件工程习题解答(第4版)》(ISBN9787302473336)配套使用,学习效果更佳。

本书的编写得到广东省重点一级学科建设课题“计算机科学与技术”的支持,广东理工学院胡致杰、赖小平、杨成义、杨挺来参加了资料的收集与整理工作。由于软件工程的知识面广,在介绍中不能面面俱到,加上时间仓促,作者水平有限,书中的不足之处在所难免,恳请读者批评指正。

编　者
2017年11月
于振华楼

第一部分

第二部分

第三部分

第一部分

第1章 概述

"软件工程"是理论与实践并重的课程。软件工程理论涉及面广，软件工程实践涉及许多工程领域，因此这门实验课十分重要。本实验课程主要培养读者的实际分析问题、编程和动手能力，最终使读者系统地掌握该门课程的主要内容。

1.1 软件工程专业的培养目标

针对软件工程学科综合性、实践性和应用性的特点，要遵循"厚基础、重特色、求创新、高素质"的实验教学指导思想和教学理念。"厚基础"是指注重学生软件工程基本知识、基本理论、基本技能的掌握以及综合运用；"重特色"是指创建以学生为本、满足人才培养要求的特色实验课程体系、实验资源平台和运行管理机制；"求创新"是指注重培养提高学生的动手能力和实践能力，特别是创新能力；"高素质"是指开发学生潜能，促进学生知识、能力和素质的全面提高和协调发展。同时，在理论和实验教学上，坚持以软件工程理论与工程技术研究和应用作为人才培养的专业特色。以国民经济和社会信息化需求为导向，面向软件产业，以构思、设计、实施和运行实际工程为工程教育背景，培养具有一定人文道德素质的专业人才。让学生成为具有扎实的专业理论基础和良好的学科素质，具有创新精神和实践能力，掌握计算机科学基础理论、软件工程专业及应用知识，具有软件开发能力和项目管理初步经验，拥有良好团队协作精神，能综合运用专业知识分析和解决实际软件工程问题，掌握并熟练运用国际上先进的软件开发技术和现代软件工程规范与方法，能从事计算机系统分析、软件设计、维护和项目管理技术，具有软件产业实践经验，适应现代化工程团队、新产品和新系统开发需求，能依据工程需要自发学习并优化自身的理论知识体系，拥有较强的社会交往与组织管理能力、卓越的国际竞争能力，有社会意识和企业家敏锐性的软件工程专业精英型高级工程技术人才。

本专业毕业的学生，既可从事软件工程基础理论研究、大中型软件系统开发、软件工程项目管理、新方法和新技术开发等软件工程领域的科技工作，也可承担软件企业管理、软件开发技术管理及软件企业市场经营等工作。

(1) 培养规格与要求：让学生系统地学习计算机科学与软件工程方面的基本理论和基本知识，接受从事软件开发与应用计算机技能的基本训练，具备研究和开发计算机应用软件系统的基本能力。

(2) 专业主干学科：软件工程。

(3) 主要课程：离散数学、C语言程序设计、软件工程概论、数据结构、操作系统原理、数据库原理及应用、计算机通信与网络、软件需求分析、软件项目管理、软件质量保障与测试等。

(4) 主要实践性教学环节：包括课程设计、课程实践、毕业实习、毕业设计等。

(5) 主要专业实验：语言程序设计实验、数据结构实验、操作系统原理实验、数据库原理及应用实验、计算机通信与网络实验、软件需求分析实验、软件项目管理实验、软件质量保障与测试实验等。

(6) 学制：四年。

(7) 授予学位：理/工学学士。

1.2 软件工程专业者的特征

软件工程专业者应获得以下几方面的知识和能力：

(1) 掌握软件工程的基本理论和基本方法。

(2) 掌握软件基础理论知识和软件工程的专业知识。

(3) 掌握软件工程分析和设计的基本方法。

(4) 受到良好的软件工程训练，具有较强的工程实践能力。

(5) 具备运用先进的工程化方法、技术和工具从事某一应用领域软件分析、设计、开发、维护等工作的能力。

(6) 对软件系统、信息系统具有系统级的认识能力。

(7) 掌握文献检索、资料查询的基本方法，具有获取信息的能力。

(8) 具有较强的自学能力、创新意识和外语应用能力，具备较强的团队协作能力。

1.2.1 基本要求

在自然科学的实际问题中，多数的问题都是有解的，而且大多数是在有限时间内有解。我们在现实项目中的“解题能力”取决于下面这些因素：

(1) 对问题的了解。有没有能力了解客户需求，分析问题，把大问题分解成小问题来解决。有没有眼光看到可以简化或者绕过一些难题。虽然在闭卷考试的时候，所有的题意和条件都在试卷上，理解之后就可以埋头做题了，你不能看教材，更不能和同桌讨论。但是实际工程项目中，用户的初始需求并不是像考试卷那样把问题描述得很清楚，相反是非常含糊的，而且经常变化。这就需要软件工程专业者具有对问题特别了解的能力。

(2) 对技术的了解。由于书本上的东西往往是简化了的，所以看书的时候觉得书上说的技术也不过如此。开发项目的时候才觉得实际情况和书上讲的都有一些出入，偏偏一些重要的细节书上却没有提。实际中的工程问题一般来讲是不会按照书上的套路出现的。我们很多人是边看 ASP.NET 的书边开发项目，这相当于一边看医学书一边动手术。另外，在解决实际问题时并不是用的技术越复杂、水平越高解决问题就越好，有时候技术含量低的解决方案更好。

(3) 估计任务的能力。软件项目难度及日程的估计是一门不小的学问，初学者犯了错误也没关系，关键是要吃一堑、长一智。为什么说是一门不小的学问？是因为项目的提出方在解决此问题时碰到技术上的困难，该困难对于开发者来讲同样也是困难的，项目的提出方要求你给出项目的费用和完成时间，并且要论证。如果你没有类似任务的经历和经验，要回答这样的问题是困难的。

(4) 沟通和管理风险的能力。软件工程项目中最怕的是“意外的事”和“缺乏可见性”，作为软件技术人员，沟通非常重要。及早和同事、上级或者客户通报项目遇到的风险，会让大家都了解项目的进展及问题，及时得出解决方案。例如要达到某个要求有困难，用户是否一定要此功能，要及时沟通。在一个企业管理信息系统的开发中，一个负责企业内部生产计划管理子系统的开发工程师在与企业负责管理生产计划的工程师进行需求交流的过程中，由于沟通方式和交流能力的原因而在交流中大吵，这也是沟通不畅所致。

(5) 拒绝的能力。在以上能力的基础上，还要有对不切实际的需求说 no 的勇气和自信。

1.2.2 软件工程专业技术人员的一般特征

1. 道德行为和社会责任

(1) 对自己的成绩有着习惯性的诚实。
(2) 能把荣誉分享给那些做出贡献的人。
(3) 了解他们对雇主和客户的责任。
(4) 了解他们对社会的义务。

2. 个人修养和成熟度

(1) 能从那些看起来很不相同的事物中发现共性。
(2) 了解自己的局限与能力，并能在其局限与能力的范围内展开工作。
(3) 能处理压力，并知道在必要时寻求帮助或调剂方法。
(4) 了解他们达到最佳工作状态的条件，并能取得其自身的平衡。
(5) 勇于承认他们的错误与失败，并能做出适当的反应。
(6) 能面对批评，而不总是为自己辩护。

3. 专业修养和成熟度

(1) 了解什么是他们的未知领域。
(2) 不要惧怕探索、询问他们专业领域以外的课题。
(3) 知道怎样管理自己的时间。
(4) 了解开发长期项目的方法，而不要轻率地寻求捷径。
(5) 知道何时需要冒险、应该冒什么样的风险。
(6) 习惯于预料潜在问题，并有所准备。
(7) 了解折中的重要性，并知道怎样做出这样的决定。

4. 灵活性

(1) 有灵活性，能随环境变化而变化。

(2) 能主动做一些他们认为“正确”的事,即使没有被告知要这样做。要在需要时展示其建设性的主动性。

(3) 能分析各种情况,并能寻找适当的解决方法。这要求他们了解在什么条件下某一方法是适宜的,什么时候必须选择或发明另一个方法。

(4) 能将其所学应用于其他的领域,甚至是很不相同的领域。

5. 思考、学习及工作技巧

(1) 有习惯性地提高他们的能力。

(2) 能很好地在小组内工作。

(3) 能建立并领导小组。

(4) 习惯性地研究他们尚未了解的想法和概念的历史及详细定义。

(5) 习惯性地寻求术语的准确定义。

(6) 了解何时、怎样用“反复试验”的方法探索某一问题。

(7) 能习惯性地运用他们第一次学到的原则。

(8) 能习惯性地应用“分而治之”的原则处理复杂问题。

(9) 能质疑或反驳某些推测和论断。

6. 交流

(1) 能合理地组织交谈、文档和论文,以适当的方式向听众传达他们的信息。

(2) 熟练掌握英语以应付工作中的交流。

(3) 有准备在需要时学习新的自然语言。

(4) 有在小组内的交流技巧,特别是有关目标、任务和进展等事项的交流。

(5) 知道如何用少而易懂的文字解释复杂的主题。

(6) 能有意识地表达他们在无意识间运用的原则。

7. 数学

1) 普通数学技巧

(1) 知道如何进行仔细地、逻辑性地思考。

(2) 知道如何抽象,如何寻找更通用、更可复用的概念。

(3) 熟悉很多已经被研究过的数学概念。

(4) 知道如何抽象。

(5) 知道如何在工作和日常生活中运用数学知识和其他抽象模型。

2) 软件开发中的应用数学

(1) 能用数学逻辑描述软件状态和功能。

(2) 能理解基本的逻辑概念,能提出证明,知道怎样选择并应用基于逻辑的工具,如自动定理证明机。

(3) 了解如何在软件开发中应用离散数学的概念,如图、树、关系等。

(4) 知道如何运用数字数学。

(5) 知道如何运用符号数学。

8．软件开发

1）软件基础

（1）了解软件学科的基本数学定律和物理定律。

（2）知道软件开发难的原因。

（3）了解当前开发软件的方法，不管是正确的还是错误的。

（4）了解为什么“人月”不是一个衡量软件任务复杂度的单位。

（5）知道如何减少开发和维护软件的工作量。

2）软件技术

（1）知道如何使用现有工具，以及如何学习使用新工具。

（2）熟练掌握编程技巧。

（3）知道如何开发网络应用软件。

（4）知道如何选择适当的程序开发工具。

3）软件设计与分析

（1）能够编写满足所提供的软件规格说明书的程序。

（2）能够根据规格说明准备程序测试。

（3）能够检查程序，确定是否满足了规格要求。

（4）能够使软件“模块化”，以便各模块能被单独开发、测试和理解。

（5）能设计软件产品，并能通过写接口规格设计软件组件。

（6）知道如何开发独立于设置和设备的（分布式的）软件。

（7）能开发须进行并行处理的软件。

（8）知道如何开发实时软件。

（9）知道如何估计科学计算中数字结果的精确度。

（10）知道如何选择和设计有效的算法。

（11）知道如何在问题被详细说明前解决问题，并知道如何确定一套完备的、一致的需求。

（12）了解如何为那些须存储和处理大量数据的产品组织数据。

9．科学方法

（1）理解“发现问题”的方法。

（2）知道如何设计并进行试验。

（3）了解如何从观察中得出正确的结论。

10．管理、项目计划及经济

（1）有基本的法律和商业知识。

（2）有基本的会计税务等方面的知识，能足以运营小公司或与专用软件的专家一起工作。

（3）知道如何保护信息，以避免丢失和泄密。

（4）对信息保护策略有相当的了解，以便能向策略制定者提出正确的问题。

(5) 足够了解知识产权法规,以了解权利和义务。

(6) 知道如何做项目计划、定义里程碑,以及设置达到里程碑的最后期限。

(7) 熟悉软件项目费用评估的不同方法。

1.3 指导思想、目的与要求

1.3.1 软件工程实践与课程设计的指导思想

以“提高学生科学素养”为目标,抓实常规工作和教研工作,积极探索正确、严谨的实验教学方法,并通过开展多层次的新课程理论学习,适时地更新教育观念,树立新课程理念。积极开展以“问题—设计—行动—反思”为基本过程的教研活动,在一定程度上促进教师专业的素养和可持续性发展,同时也积极促进学生的终身发展,并争取取得一定的成效。

面对一个具体的实验研究问题,究竟应该选择什么实验设计类型合适呢?

第一,应考虑拟考察的实验因素的数量、各因素的水平数以及是否要考察因素之间的交互作用。

第二,应考虑必须加以控制的区组因素(即重要的非实验因素)的个数及其水平数。

第三,应结合专业知识,考虑因素在施加时有无特殊要求,如是同时施加,还是分先后顺序施加;同一个因素的各水平作用于受试对象时有无特殊要求,如是每一个受试对象只能接受因素的一个水平,还是可以接受因素的多个水平。

第四,应考虑实验者在经济、时间等方面的承受能力。

将以上四个方面综合起来考虑,是针对具体问题合理选用实验设计类型的基本指导思想。

在实际项目工程中,系统设计指导思想为:设计方案力求使系统达到技术先进、经济实用、安全可靠、质量优良的要求。设计中遵循以下原则。

1. 先进性

在投资费用许可的情况下充分利用现代最新技术和最可靠的科技成果,以便该系统在尽可能长的时间内与社会发展相适应,并使系统具有强大的发展潜力。

2. 可靠性

必须考虑采用被证明为成熟的技术与产品,在设备的选型和系统的设计中尽量提高系统的可靠性。

3. 实用性和便利性

在满足工厂的功能要求和实际使用需要的基础上,采用实用的技术和设备,确保设备使用方便、安全,并且经久耐用。

4. 可扩充性与经济性

为满足今后的发展需要，系统在使用的产品系统、容量及处理能力等方面必须具备兼容性强、可扩充与换代的特点。确保整个系统可以不断得到改进和提高。

1.3.2　软件工程实践与课程设计的目的

目的：

(1) 根据课堂讲授内容，让学生做相应的自主练习，消化课堂所讲解的内容。

(2) 通过调试典型例题或习题积累调试程序的经验。

(3) 通过完成辅导教材中的编程题逐渐培养学生的编程能力、用计算机解决实际问题的能力。

意义：

(1) 有助于加深对课程的理解。我们在课堂上学的都是基础理论知识，对于如何用程序语言来描述所学知识还是有一定难度的。通过课程设计，可以真正理解其内涵。

(2) 有利于逻辑思维的锻炼。程序设计能直接有效地训练学生的创新思维，培养分析问题、解决问题能力。即使是一个简单的程序，依然需要学生有条不理地构思。

(3) 有利于培养严谨认真的学习态度。在程序设计过程中，在输入程序代码的时候，如果不够认真或细心，那么可能就会导致语法错误，从而无法得出运行结果；随之而来的反复调试、反复修改的过程，其实也是让学生严谨治学的一个锻炼。

1.3.3　软件工程实践与课程设计的要求

程序设计不等于软件工程，这是本课程需要进一步让学生加深理解的地方。传统的程序设计在一定程度上偏重于计算机科学领域，属于较抽象的范畴；而软件工程则是要实实在在地做出一个满足用户要求的系统来，这是一个很具体的实践过程。作为一个软件开发者，必须具备从事工程实践的技能，包括软件项目的可行性研究、系统分析、设计、文档编写、源码设计、工具使用等基本技能，这就是课程设计要实现的一个目标。

软件开发设计者还需要另一个技能，就是对软件具体应用领域知识的掌握。开发人员首先应该对应用领域的背景知识有一定的了解，而这个要求常常被忽略，开发人员常把自己定位于纯粹软件开发技术领域，没有主动去了解相关背景知识的意识或需求，而事实上产业界最需要的恰恰是对技术和行业知识都精通的软件开发人员。帮助学生建立这样的意识，是课程设计要实现的另一个目标。课程设计的教学基本要求如下：

(1) 巩固和加深对软件工程原理的理解，提高综合运用本课程所学知识的能力。

(2) 培养学生选用参考书、查阅手册及文献资料的能力。

(3) 培养独立思考、深入研究、分析问题、解决问题的能力。

(4) 通过实际系统的分析设计、编程调试，掌握软件的分析方法和工程设计方法。

(5) 能够按要求编写课程设计报告书，能正确阐述设计和实验结果，正确绘制系统和程序框图。

(6) 通过课程设计，培养学生严谨的科学态度、严肃认真的工作作风。

1.4 软件工程实践与课程设计的特点

1.4.1 课程实践的特点

在实验课堂中，教师是学生学习科学知识的支持者和引导者。引导学生主动探究，亲历科学探究的过程，将有利于保护学生的好奇心和激发学生学习科学知识的主动性。科学探究是学生学习科学知识的重要方式，但不是唯一的方式。根据教学内容的不同，学生的学习方式可以是多样的。教学中要根据教学目标和内容采用不同的教学方式与策略，让学生将探究式的学习与其他方式的学习充分结合起来，以获得最佳的学习结果。

验证性实验课的目的不仅是通过对理论和定律的验证，使学生巩固和理解基本理论知识和掌握基本技能，更重要的是教给学生以实验的设计思想（包括实验方案的制定，实验装置的设计，实验参数的选择，实验仪器的配备等）培养其判断、想象、思维能力，解决实际问题与总结、概括的能力。

1.4.2 课程设计的特点

课程设计在许多重要方面如同设计任何其他的事物、工序或系统一样，具有以下特点：

课程设计是有目的性的。它不仅仅“涉及”学习的学科，更重要的目的是改进学生的学习，它也还可以有其他目的。不论所有目的是协调一致的还是有冲突的，是明确的还是含蓄的，当前的还是长远的，政治的还是技术的，课程设计人员都要尽可能地识别什么是真正的目的，才能找出相应的答案。

课程设计是审慎的。课程设计要有效，必须是一项有目的的规划工作。它不能是随意的、无计划的，也不是几周、几个月和几年内课程许多变动的总和。它需要有明确的工作程序，确定应该做什么、由谁来做和什么时候做。

课程设计应是有创造性的。课程设计不是一个简单划一的过程，课程设计的每一步都有机会提出创造性的见解和崭新的理念，开展创造性的工作。完好的课程设计是系统又是具有创造性的，既要脚踏实地又要富有想象力。

课程设计在多层次上运作。一个层次的设计决策必须同其他层次的决定协调一致。

课程设计要有折中妥协。运转良好的课程也会遇到挑战，完善不是它的目的。制定达到复杂规范的设计，必然要在效益、成本、限制条件和风险之间进行权衡。无论规划如何系统，想法如何具有创造性，任何课程设计都不能满足人们的每个要求。

设计也会失败。课程设计没能顺利实行有很多方面的原因。一项设计的失败可能是因为它的一个或几个组成部分失败了，或因为各组成部分组合在一起不能很好地运转，或者是由于实施设计方案的人误解了设计或不喜欢设计方案，他们拒绝了设计方案。多数情况是设计既不完全令人满意，也不是彻底失败。课程设计的关键是在设计过程中和以后能继续完善和改进。

课程设计应是有步骤的。课程设计是系统地执行规划指令的一种保证，虽然它并没有规定严格的顺序和不能变动的步骤。可是，课程设计在一个阶段的决定并不能独立于其他阶段的决定，所以课程设计的过程是会有反复的，需要回顾和重新审议，做必要的修改。在设计工作中，识别每阶段不同的任务和问题非常重要。本章其他部分将逐个阐述这些步骤：制定课程设计的规范，形成课程设计理念，编制课程设计和完善课程设计。

1.5 实验在教学培养计划中的地位和作用

实验本身是理科知识的重要内容。一切自然科学都来源于实践，都是在对自然现象观察的基础上从生产实践和科学实验中总结发展起来的。尤其是当今的高科技，无一例外都是通过实验而得到的。实验作为理科教学的重要内容、重要方法，对学生的理科知识掌握和科学研究方法、实验技能以及创新精神的培养，都具有重要的地位和作用。

实验是系统学习理科知识的重要方法。由于现实客观现象可能受干扰因素过多，学生根本无法通过自然现象加以理解，所以只有通过专门设计的实验才能使学生真正掌握。

实验教学对学生的创新精神培养也非常重要。创新精神是要通过学习和实践等认知活动才能够培养得到的。

1.6 实验总则

1.6.1 实验目的、任务和要求

1. 课程的目的

(1) 使学生进一步理解和掌握《软件工程》中所学每个软件开发阶段的基本任务、基本步骤、基本技能，并引导学生在项目开发过程中正确地使用。

(2) 使学生在开发中、小型软件项目的实践过程中，将前面所学的计算机编程语言、算法设计、数据结构和数据库原理等知识有机结合起来，建立系统化理论、实践体系。

(3) 使学生能较为熟练地运用工具进行软件的开发、测试和管理，培养学生团队合作、服务客户、造福社会和诚实可信的软件工程人员职业道德精神。

(4) 体验软件开发文档的编写。

(5) 引导学生借助网络等手段，学会查找各种资料、素材，扩充学生解决实际问题的途径，培养独立思考、自主创新的能力。

2. 课程的基本任务

(1) 巩固对软件工程、数据库设计、数据结构、算法设计基本知识的理解，培养学生综合地、灵活地运用所学技能。

(2) 通过实际项目设计与开发，要求学生能熟练使用 CASE 工具，规范书写软件工程标准文档，并提交软件程序、开发文档。

(3) 学生以项目小组的形式参与实验，培养学生之间团结互助、协同配合的能力。

(4) 培养学生自学参考书籍，查阅手册、图表和文献资料的能力。

3. 课程的基本要求

(1) 项目小组按照若干人组成(也可以一个人独立)作业,要求每个项目组/人完成不同的项目。

(2) 项目小组内成员的实际工作量充足,且具有清晰的思路、一定的思维能力和较规范的语言习惯。

(3) 项目组内成员熟悉掌握数据结构知识,有一定的算法思想。

(4) 项目组内成员熟悉掌握数据库基本原理,并能熟练运用 SQL Server 数据库管理工具。

(5) 项目组内成员熟练掌握一门面向对象编程语言,并能在某个集成开发环境下进行编辑、编译和调试程序。

1.6.2 项目角色定义

1. 项目经理

(1) 目标:负责分配资源,确定优先级,协调与客户和用户之间的沟通,使项目团队一直集中于正确的目标,并建立一套适合团队的工作方法,以确保项目工件的完整性和质量。

(2) 工作内容:制订软件开发计划;指定项目角色并分配相应工作任务;对项目进行监督和控制;对迭代和阶段活动进行评估。

2. 配置管理员

(1) 目标:为产品开发团队提供全面的配置管理基础设施和环境。配置管理的作用是支持产品开发行为,使开发人员和集成员有适当工作区来构建和测试其工件,并且使所有工件均可根据需要包含在部署单元中。配置管理员还必须确保配置管理环境有利于进行产品复审、更改和缺陷跟踪等活动。配置管理员还负责撰写配置管理计划并汇报基于"变更请求"的进度统计信息。

(2) 工作内容:制订配置管理计划;建立配置库;对变更进行控制;进行配置审计;报告配置状态;创建部署单元。

3. 质量保证

(1) 目标:通过监督和验证项目按照组织级定义的规范进行开发活动,以保证产品的质量。

(2) 工作内容:制订质量保证计划;对项目各活动进行评审;对各活动产生的制品进行审计;对迭代和阶段活动进行质量保证评估。

4. 测试员

(1) 目标:通过对开发活动所产生的工件进行验证和确认活动,发现缺陷以提高产品的质量。

(2) 工作内容:制订测试计划;进行测试设计,产生测试用例;进行测试实施,产生测试过程和测试脚本；执行测试，产生测试结果；对测试结果进行评估，产生测试评估报告。

5. 需求分析员

(1) 目标：通过概括系统的功能和界定系统来领导和协调需求获取及用例建模。

(2) 工作内容：制订需求管理计划；制定前景、术语表、补充规约；查找主角和用例，并进行用例阐述，形成完整的软件需求规格说明书；按计划对需求进行管理和跟踪。

6. 设计员

(1) 目标：定义一个或几个类的职责、操作、属性及关系，并确定应如何根据实施环境对它们加以调整。此外，设计员可能要负责一个或多个设计包或设计子系统，其中包括设计包或子系统所拥有的所有类。

(2) 工作内容：对用例进行用例分析和用例设计；进行子系统设计和类设计；设计测试包和测试类。

7. 数据库设计员

(1) 目标：定义表、索引、视图、约束条件、触发器、存储过程、表空间或存储参数，以及其他在存储、检索和删除永久性对象时所需的数据库专用结构。

(2) 工作内容：将永久性设计类映射到数据模型上；优化数据模型以提高性能；优化数据存取；确定存储特性；定义参照表；确定数据和参照完整性实施规则。

8. 实施员

(1) 目标：负责按照项目所采用的标准来进行构件开发与测试，以便将构件集成到更大的子系统中，最终实现完整的系统。

(2) 工作内容：按照设计实施构件；集成构件；执行单元测试；修复测试发现的缺陷；开发安装工件。

9. 界面设计员

(1) 目标：领导和协调用户界面的原型设计和正式设计。

(2) 工作内容：分析对用户界面的需求，包括可用性需求；构建用户界面原型；邀请用户界面的其他涉众(如最终用户)参与可用性复审和使用测试会议；对用户界面的最终实施方案(由设计员和实施员等其他开发人员创建)进行复审并提供相应的反馈。

1.7 实验项目内容及术语

1.7.1 软件项目内容

如表1-1所示为某项目进度安排表，表中可看出实验项目。

实验进度安排为第五/六学期1～15周，具体时间安排参见表1-1项目进度安排表。

表 1-1 项目进度安排表

次			3		4		5		6		7		8		
Visio															
可行性研究															
需求分析															
概要设计															
详细设计															
OO 分析															
OO 设计															
编程															
测试															

1.7.2 术语

常用术语如下：

- CASE(Computer Assist Software Engineer)：计算机辅助软件工程；
- PM(Project Manager)：项目经理；
- SCM(Software Configuration Management)：软件配置管理；
- SQA(Software Quality Assurance)：软件质量保证。

第2章 实验与课程设计的选题

在课程实验与课程设计中，课题是为解决一个新的科学技术问题，提出设想及其依据，有具体目标、设计和实施方案与措施的一个最基本的研究单元，即科研的基本单元。

选题应尽量结合教学、科研的实际课题，反映新技术，以进行更好的工程设计实践的训练。同时，课程实验与课程设计受到时间及开发环境、条件等的限制，故命题应从实际出发，课题的大小规模、难易程度适度。学生可以根据自己的特点、能力、时间进行选择，量力而行。在保质保量按时完成的前提下，提倡学生选择对自己具有挑战性的设计题目。

2.1 实验与课程设计的选题

2.1.1 课题必须具备的基本要素

1. 课题与项目的区别要素

(1) 须解决的科学技术问题的目标。

(2) 解决目标提出的科学设想或假说及其依据。

(3) 达到目标提出的设计方案或技术路线。

(4) 完成目标的人、财、物条件。

2. 课题与项目的区别

课题指为解决一个相对独立而单一的科学技术问题而确定的最基本的研究单元；而项目则由若干课题组成，是为解决某一项比较复杂的综合性科学技术目标而确定的研究单元。

2.1.2 选题原则

课题的选择和设计原则因研究的性质、层次和内容而不同，课题的选择和设计可以在形式上各异，但实际上任何有价值和能取得圆满结果的研究，在其选择、确定和设计课题的过程中，都遵循了如下的原则。

1. 科学性原则

科研选题的科学性原则包括三个方面的含义：其一，要求选题必须有依据，其中包括前人的经验总结和个人研究工作的实践，这是选题的理论基础；其二，科研选题要符合客观规律，违背客观规律的课题就不是实事求是，就没有科学性；其三，科研设计必须科学，符合逻辑性。科研设计包括专业设计和统计学设计两个方面。前者主要保证研究结果的先进性和实用性，后者主要保证研究结果的科学性和可重复性。

科学性原则，是指在选择和设计课题时，无论课题属于理论研究还是实践研究，都必须符合已经为人们所认识到的教育规律，都应该建立在客观事实的基础上。例如：软件工程专业入门阶段要侧重离散数学和编程能力的培养，这一软件工程专业教学规律已成广大教育工作者的共识，这是由于软件工程专业先必须有良好的数学基础和编程能力，因此软件工程专业培养的选择和设计涉及这方面的研究时，应遵循这一规律。反之，如果课题定为"侧重软件工程专业工程能力培养的研究"，则可以断定该课题缺乏科学性。

科学性原则也可视为实事求是原则，在软件工程专业教育科研中，课题的选择与设计在任何时候都必须以已被实践证明的科学规律和全面事实为基础。如果依据的不是科学规律而只是主观的猜想与推测，如果基础不是全面、客观的事实而只是良好的愿望，那么这样的选择和设计只能是非科学的，是不可能得到能用于指导软件工程专业实践的科研成果的课题。

2. 创新性原则

科研选题必须具有创新性，要选择前人没有解决或没有完全解决的问题，不能只重复前人做过的工作。坚持创新就是要善于捕捉有价值的线索，勇于探索，不断深化。创新可分为两种类型：根本性创新和增量性创新。主要是看选题的内容是否开拓新领域，提出新思想、新理论，是否采用了新设计、新工艺、新方法、新材料等；创新性原则是指选题应该是前人尚未涉及或已经涉及但尚未完全解决的问题，通过研究得到前人没有提供过或在别人成果的基础上有所发展的成果。

要保证选题具有创新性，选题前一定要广泛、深入地查阅文献资料和调查研究，弄清自己要研究的课题在当前国内外或一定区域内已达到的水平和已取得的成果，尽可能地了解是否有人已经或者正在或者将要研究类似的问题。如果已经形成了比较成熟的成果，就没必要重复研究；如果认为成果还不够完善，则有进一步研究的必要，就应该对原有成果进行认真研究，对照理论的科学性、完备性，找准改进和突破的方向，只有在原有研究成果基础上能有较大的突破和创新，才有对同样课题进行研究的价值。例如：培养学生良好的数学基础是数学教学的重要课题，如果已有人研究过"通过题海训练增强数学能力"或"通过数学建模增强数学能力"，并已形成比较成熟的成果，就没必要选择同样的课题去研究，但可在两者基础上选择这样一个课题：题海训练和数学建模结合培养数学能力，研究的重点是两者如何结合，效果更好，这就是你的独创性。另外，对于开发研究来说，把应用研究成果转化为能用于指导实践活动的具体对策、方案、规划和政策等，这种转化也可视为创新性。

如果说科学性原则是教育科研选题和设计的生命的话，那么创新性原则便可以称为教育科研选题的灵魂。

3. 价值性原则

价值性原则是指在选题时必须考虑这一课题是否具有内部价值和外部价值，是否值得研究。内部价值是指课题对本学科的理论和实践具有发展、突破和指导的作用；外部价值是指课题对相关学科具有借鉴作用。例如：对“排课系统的数学模型的研究”这一课题的研究结果，将有可能对排课系统的理论有所助益。对于一些课题在研究中失败的，或一时没有取得预期效果的，要进行多方面原因的分析，不要轻易下结论判断这一课题没有价值。例如：老师选择“基于考试题的数据挖掘”的课题进行研究，结果很不理想，问题不是数据挖掘课题本身不具有价值性，而是这个老师还没有数据挖掘现代化设备和数据资源，没有能力承担这样的课题。因此，价值性原则也是选择科研课题的重要原则。

4. 可行性原则

可行性原则是指作为科研主体的个人、群体和单位在选择科研课题时，应充分考虑自身是否具备圆满完成这一课题的主观条件和客观条件。具备则具有可行性，值得研究；不具备则不具有可行性，不值得研究。

可行性是指研究课题的主要技术指标实现的可能性。选题的可行性原则除了要求科研设计方案和技术路线科学、可行外，还必须具备一定的条件，如课题承担者的学术水平，课题组成员的专业结构、知识结构、年龄结构，主要的仪器设备，合格的实验材料，一定的经费，与本课题有关的基础研究工作等。

可行性主要包括三个方面的条件：

(1) 客观条件。是指研究所需要的资料、设备、经费、时间、技术、人力等，缺乏任何一个条件都有可能影响课题的完成。如“运用现代化教学技术改进农村小学英语教学”课题，因不具备相应的设备而影响了研究的完成。

(2) 主观条件。即指研究人员应具有的知识、能力、经验、专长的基础、所掌握的有关该课题的材料以及他们对此课题的兴趣。如果研究人员是由一个群体组成，还应考虑各自的主观条件加以搭配，组建最优群体。

(3) 时机。这是指在选择科研课题时，要注意考虑当前科研的重点、难点和热点，以及整体发展趋势和方向。如：当前人工智能领域的研究与应用提出了一系列新内容和新要求，其研究目标、评价体系等是目前科研的一个重点和热点。在这一新形势下，如能从中提炼出课题，加以研究解决，将会取得事半功倍的效果。以上三个条件是圆满完成课题研究的基本保证，缺一不可。

5. 扩展性原则

扩展性原则是指在选择科研课题时要考虑课题应有一定的横向涵盖性和迁移性，即其研究成果能应用于较广泛的教育教学领域。例如：目前许多高校和企业都在探索研究“产学研合作教学模式”课题，其思想的涵盖度较高，不同的学校、企业，不同的学科都可根据自身的特点参与研究。尤其是学校有些教学的实践性很强的专业，教学任务更需要师生、学生间的合作去完成，其研究的成果也可用来构建新的教育教学模式。选择科研课题除了要遵守以上原则外，还应注意如下一些问题。

(1) 选题涉及的范围不宜太大。如“产学研现代化研究”的研究范围跨多个地市，选题者很难具备所需的主客观条件。

(2) 选择的课题也不宜过小，范围过窄会使课题没有研究意义，如“程序设计中英语字母在不同程序中的书写规则差异比较”。

(3) 研究的内容和目标要明确,让人一看课题名称就能一目了然。如“五步教学法的实践研究”,其研究的内容是“五步教学法”运用在教学中的情况。

(4) 避免课题成为经验感想、成绩总结之类的东西,如“开展程序设计比赛活动的几点体会”这类课题的研究结果只能是一些感性的看法归纳而已。总之,计算机软件科研课题的选择与设计,要依据科学的理论,要遵循计算机软件规律,要对计算机软件教学实际做深入全面的了解,一切从实际出发,善于发现和抓住有研究价值的问题,而且还要掌握与之相关的知识和方法,提高选择和设计课题的准确度。

6. 需要性原则

所谓需求性原则,就是指选题必须满足社会发展的需要和科学技术自身发展趋势的需要,面向实际,注意实用性,按需要选择课题。要根据现有的工作基础和实验室的条件以及实际需要有所为、有所不为。

7. 效能性原则

效能性是指科研的投入与预期研究成果的综合效能是否相当。这就需要把在研究过程中所消耗的人力、物力、财力同预期成果的科学意义、学术水平、社会效益、经济效益、使用价值等进行综合衡量。

以上七项原则是科研选题主要及基本的原则,互相联系且互相制约,其目的是为了最大限度地减少课题的风险,增加探索的成功率。

2.1.3 选题程序

(1) 提出问题。科学问题的提出,本身就意味知识的进展。

(2) 信息调研。课题研究过程就是提出假说、验证假说、得出结论的过程,而信息调研是建立假说的重要依据。在调研过程中除查阅已发表的文献外,还可利用国际互联网络、电子邮政等,应注意对在研项目及尚未发表文章等信息资料的收集。

(3) 确定题目。题目就是课题的名称,是一个含义明确的短语。有以下几点要求。

① 要有受试对象、处理因素、效应结果,体现课题组成的三要素。

② 要概括体现假说的内容,同时附加限定成分,留有余地。

③ 要言简意赅,用词具体,题目字数长短适中,一般规定 25 个汉字左右。题目中不用缩写、化学分子式、标点符号。

(4) 提出设计。科研设计就是对科学研究具体内容的设想和计划安排,应包括专业设计、统计学设计两方面的内容。

以上是选题的一般过程。

2.1.4 选题的类型

依据科技活动类型,其课题可分为三种类型:基础性研究、应用研究和开发研究。

基础性研究又包括基础研究(或称基础理论研究)和应用基础研究两大类。基础研究是指以探索未知、认识自然现象、揭示客观规律为主要目的的科学活动，它不具有特定的商业目的，是造就高级科技人才，发展科学文化，推动社会进步的巨大力量，是新技术新发明的源泉和先导，是推动现代化科技和经济持续发展的重要支撑和后盾，它帮助人们认识世界。应用基础研究是指围绕重大或广泛的应用目标，探索新原理、新方法，开拓新领域的定向性研究，是对基本科学数据系统地进行考察、采集、评价、鉴定，并进行综合、分析、探索基本规律的研究工作，它帮助人们改造世界。

应用研究是指有明确的目的，为进一步发展某项技术、提高生产率、拓宽应用领域、开辟新的生产力和生产方向所进行的研究活动。

开发研究是指从事生产的技术改造、工艺革新、产品更新等的科学活动，是科学知识转化为生产力的主要环节。

自20世纪计算机产生以来，人们围绕着它开发了大量软件，广泛应用于科学研究、教育、工农业生产、事务处理、国防和家庭等众多领域，积累了丰富的软件资源。然而，在软件的品种质量和价格方面仍然满足不了人们日益增长的需要。计算机软件产业是一项年轻的、充满活力的飞速发展的产业，关于其分类方法不同，所分类型差别也很大。这里简单地介绍计算机软件在计算机系统、实时系统、嵌入式系统、科学和工程计算、事务处理、人工智能、个人计算机和计算机辅助软件工程(CASE)等方面的应用。

按照计算机的控制层次，计算机软件分为系统软件和应用软件两大类。

1. 系统软件

计算机系统软件是计算机管理自身资源(如CPU、内存空间、外存、外部设备等)、提高计算机的使用效率并为计算机用户提供各种服务的基础软件。系统软件依赖于机器的指令系统、中断系统以及运算、控制、存储部件和外部设备。系统软件要为各类用户提供尽可能标准、方便的服务，尽量隐藏计算机系统的某些特征或实现细节。因此，系统软件是计算机系统的重要组成部分，它支持应用软件的开发和运行。系统软件包括操作系统、网络软件、各种语言的编译程序、数据库管理系统、文件编辑系统、系统检查与诊断软件等。

(1) 操作系统。DOS是基于字符界面的单用户单任务的操作系统；Windows是基于图形界面的单用户多任务的操作系统；UNIX是一个通用的交互式的分时操作系统，用于各种计算机；NetWare是基于文件服务和目录服务的网络操作系统；Windows NT是基于图形界面的32位多任务、对等的网络操作系统。

(2) 语言处理程序。机器语言：计算机能直接执行的、由一串0或1所组成的二进制程序或指令代码，是一种低级语言。汇编语言：一种用符号表示的、面向机器的低级程序设计语言，须经汇编程序翻译成机器语言程序才能被计算机执行。高级语言：按照一定的“语法规则”、由表达各种意义的“词”和“数学公式”组成的、易被人们理解的程序设计语言，须经编译程序翻译成目标程序(机器语言)才能被计算机执行，如FORTRAN、C、BASIC等。

(3) 数据库管理系统。普及式关系型：FoxPro、Paradox、Access；大型关系型：Oracle、SQL Server。

(4) 实用程序。编辑程序、连接装配程序和调试程序等。

(5) 软件工具。通常包括项目管理工具、配置管理工具、分析与设计工具、程序设计工具、测试工具以及维护工具等。

2. 应用软件

应用软件是计算机所应用程序的总称，主要用于解决一些实际的应用问题。按业务、行业，应用软件可分为以下几种。

(1) 个人计算机软件。个人计算机上使用的软件也可包括系统软件和应用软件两类。近 20 年来，个人计算机的处理能力已提高了三个数量级，以前在中小型计算机上运行的系统软件和应用软件，如今已经大量移植到个人计算机上。在个人计算机上开发了大量的文字处理软件(Word、WPS)、图形处理软件(AutoCAD、Photoshop)、报表处理软件(Excel、Lotus1-2-3)、个人和商业上的财务处理软件、数据库管理软件、网络软件(Terminal、Mail)、简报软件(Powerpoint)、统计软件(SPSS、SAS)、多媒体技术(Authorware、Director)，使个人计算机具有了用文字、图形、声音进行人机交互的能力，为个人计算机的普及创造了必要条件。人们还将个人计算机与计算机网络连接在一起，进行通信和共享网络资源，加速了人类社会信息化的进程。随着社会的进步，个人计算机及其软件的发展、普及和应用前景将更加广阔。

(2) 科学和工程计算软件。它们以数值算法为基础，对数值进行处理，主要用于科学和工程计算，例如数值天气预报、弹道计算、石油勘探、地震数据处理计算机系统仿真和计算机辅助设计(CAD)等。这类软件大多数用 FORTRAN 语言描述，近年来有的也用C语言或 Ada 语言描述。这是使用最早、最广泛、最为成熟的一类软件。从 20 世纪 50 年代起，有经验的程序员就把许多常用算法用程序设计语言编制成标准程序，如今已经积累了大量的科学和工程计算软件。人们将各种软件按学科或应用领域分类，开发了各种程序库、软件包和软件系统。这些软件具有质量高、使用方便等特点，为计算机在科学和工程上的应用做出了重要贡献。

(3) 实时软件(FIX、InTouch、Lookout)。监视、分析和控制现实世界发生的事件，能以足够快的速度对输入信息进行处理并在规定的时间内做出反应的软件，称之为实时软件。实时软件依赖于处理机系统的物理特性，如计算速度和精度、I/O 信息处理与中断响应方式、数据传输效率等。支持实时软件的操作系统称为实时操作系统。实时软件使用的计算机语言有汇编语言、Ada 语言等。实时系统的服务经常是连续的，系统在规定的时间内必须处于能够响应的状态。因此，实时软件和计算机系统必须有很高的可靠性和安全性。

(4) 人工智能软件。支持计算机系统产生人类某些智能的软件。它们求解复杂问题时不是采用传统的计算或分析方法，而是采用诸如基于规则的演绎推理技术和算法，在很多场合还需要知识库的支持。人工智能软件常用的计算机语言有 LISP 和 Prolog 等。迄今为止，在专家系统、模式识别、自然语言理解、人工神经网络、程序验证、自动程序设计、机器人学等领域开发了许多人工智能应用软件，用于疾病诊断、产品检测、自动定理证明、图像和语音的自动识别、语言翻译等。

(5) 嵌入式软件。嵌入式计算机系统是将计算机嵌入在某一系统之中，使之成为该系统的重要组成部分控制该系统的运行，进而实现一个特定的物理过程。用于嵌入式计算机系统的软件称为嵌入式软件。大型的嵌入式计算机系统软件可用于航空航天系统、指挥控制系统和武器系统等。小型的嵌入式计算机系统软件可用于工业的智能化产品之中，这时嵌入式软件驻留在只读存储器内，为该产品提供各种控制功能和仪表的数字或图形显示功能等，例如汽车的刹车控制，空调机、洗衣机的自动控制等。嵌入式计算机系统一般都要和各种仪器、仪表、传感器连接在一起。因此，嵌入式软件必须具有实时的采集、处理和输出数据的能力，这样的系统称之为实时嵌入式系统。它广泛应用于连续的动力学系统的控制与仿真。

(6) 事务处理软件。用于处理事务信息，特别是商务信息的计算机软件。事务信息处理是软件最大的应用领域，已由初期零散、小规模的软件系统(如工资管理系统、人事档案管理系统等)发展成为管理信息系统(MIS)，如世界范围内的飞机订票系统、旅馆管理系统、作战指挥系统等。事务处理软件需要访问、查询、存放有关事务信息的一个或几个数据库，经常按某种方式和要求重构存放在数据库中的数据，能有效地按一定的格式要求生成各种报表。有些管理信息系统还带有一定的演绎、判断和决策能力。它们往往具有良好的人机界面环境，在大多数场合采用交互工作方式。它们需要交互式操作系统、计算机网络、数据库、文字/表格处理系统的支持。常用的语言有 COBOL、第四代语言等。

(7) 工具软件。计算机辅助软件工程是软件开发和管理人员在软件工具的帮助下进行软件产品的开发、维护以及开发过程的管理。

2.1.5　选题的方法

在课程实验与课程设计的安排中，要注重课程教学与现实社会环境和工作条件的契合，力求科学性与职业性相结合，理性思辨与感性体悟相结合，体现理论与实践教学的一体化。课程内容的组织原则应该包括如下五个方面：继续性、顺序性、统一性、衔接性、范围。

(1) 继续性原则。这一原则主要是指在组织课程内容时的两种不同的组织方式：一是把课程内容组织成为一条在逻辑上前后联系的直线，前后内容基本上不再重复，这一方式被称之为“直线式”课程内容组织方式；二是考虑不同学习阶段课程内容的连续，要求课程内容的组织须以“螺旋式”的方式重复叙述。这一原则，可以说是我们在组织课程内容时最基本的要求。

(2) 顺序性原则。这一原则有两个方面的规定：一是课程内容的组织或者按内容难易程度由易到难，或者按内容的性质由感性经验或识记到抽象逻辑来组织课程的内容；二是课程内容的组织应按学生认知发展的顺序性来组织课程的内容。其实这两个方面是不能够分开的，否则即使是课程内容按顺序性组织起来，其功效也会因缺乏两者的结合而削减，这一点已经被科目课程、学科课程、经验课程、活动课程等所验证。因此，在组织课程的内容时，两个方面的考虑不可偏颇，这也是课程内容与学生认知发展是否适合的关键。

(3) 统一性原则。这一原则主要是指在课程内容的横向联系或水平联系的组织上强调统合学生分科的学习，以提升学习的意义、应用性和效率，并使学生能将其行为、技能与所学的课程内容统一或连贯起来。这一原则是人们在组织课程内容方面经常忽视的，人们已经习惯了学科内容的独立性，很少或者几乎不重视课程内容的统合，总认为课程内容与知识、技能、思维方式应该是对应的，而忽视了这些方面的迁移性和基础性。

(4) 衔接性原则。衔接性原则除包含继续性原则的基本要求外，主要是水平衔接性或相关性，即在课程内容的组织时，应关注课程内容之间的相关性，以避免课程内容之间的矛盾、课程内容理论与实践的分离、课程内容与实现生活的脱节等，这一方面的衔接是在组织课程内容时很容易忽视的问题,正如在"统一性"原则中所言,人们已经习惯了固守课程内容的系统性、逻辑结构性,而对课程内容之间的相互关系缺乏必要的、审慎地思考和组织,结果导致课程内容的狭窄化、专门化。

(5) 范围原则。这一原则主要是指课程内容的广度和深度。很多人认为,范围主要是指课程内容的广度,这就为课程内容的组织带来了认识上的误区。其实范围还包括深度,即课程内容的学术性要求。课程内容的广度和深度似乎是一对难以调和的矛盾,有时注意了广度,却忽视了深度,而有时注意了深度,却又忽视了广度,这也是在组织课程内容时最容易违背的原则。因此提出这一原则,其目的就是提醒人们,在组织课程内容时,应关注深度和广度的平衡,使课程内容达到基本的平衡。

这五个方面的基本原则具有整体性,不应该拆散来单独使用。但在现实的课程内容的组织方面,却经常性地出现仅重视几个或忽视其中之一来组织课程内容的情况,导致课程的设计陷入困境和混乱。

在课程实验与课程设计的内容选择上,应当从以下几个方面考虑。

(1) 准确定位。高职院校的办学定位决定了课程目标不是培养学生成为理论研究者,而是要提高学生的职业素质。

(2) 增强实效。改进教学模式,充分发挥现代教学的开放式特点,调动学生的积极性,提高教学的实效性。

(3) 突出特色。以提高学生的职业素质为目的,将理论教学与实践教学相结合,提高学生的动手能力。

(4) 提升品质。制定科学的课程建设规划,以建设精品课程为目标,建立以教师为主导、以学生为主体的现代教学模式。

在软件工程课程实验与课程设计的教学活动安排中,之所以选择系统分析、系统设计和系统实现,是由于软件工程的课程实践和课程设计中的系统分析、系统设计和系统实现不一样。这就要求学生充分的运用学习到的专业知识进行判断,并且后期课程设计中工作量更大,这就要求学生对软件工程技术熟悉掌握。

2.2 实验题目

按照上面的理论,实验的题目很多。这里仅给几个参考题目。

题目1:教务管理系统之子系统——学院课程安排

【问题描述】

每个学期的期中,学校教务处向各个学院发出下各学期的教学计划,包括课程名称、课程代码、课时、班级类别(本科、专科、成人教育、研究生)、班号等;学院教学主管人员根据教学任务和要求给出各个课程的相关限制(如任课教师的职称、上课的班数、最高和最低周学时数等);任课教师自报本人授课计划,经所在教研室协调认可,将教学计划上交学院主管教学计划的人员,批准后上报学校教务处,最终由教务处给出下个学期全学院教师的教学任务书。

假设上述排课过程全部由人工操作,现要求为上述过程实现计算机自动处理过程。

【基本要求】

(1) 每位教师的主讲课程门数不超过2门/学期,讲师以下职称的教师不能承担学院主课的主讲任务。

(2) 学院中层干部的主讲课时不能超过4学时/周。

(3) 本学期出现严重教学事故的教师不能承担下学期的主讲任务。

(4) 本系统的输入项至少包括教务处布置的教学计划、学院教师自报的授课计划和学院定的有关授课限制条件。

(5) 本系统的输出项至少包括教务处最终下达全院教师的教学任务书和学院各个班级下学期的课程表(可以不含上课地点)。

题目2：学校教材定购系统

【问题描述】

本系统可以细化为两个子系统：销售系统和采购系统。

销售系统的主要工作过程为：首先由教师或学生提交购书单，经教材发行人员审核是有效购书单后，开发票、登记并返给教师或学生领书单，教师或学生可以到书库领书。

采购系统的主要工作过程为：若是教材脱销，则登记缺书，发缺书单给书库采购人员；一旦新书入库后，立即给教材发行人员发进书通知单。

以上功能要求在计算机上实现。

【基本要求】

(1) 当书库中的各种书籍数量发生变化(包括进书和出书)时，都应修改相关的书库记录，如库存表或进/出库表。

(2) 在实现上述销售和采购的工作过程时，须考虑有关的合法性验证。

(3) 系统的外部项至少包括教师、学生和教材工作人员。

(4) 系统的相关数据存储至少包括：购书表、库存表、缺书登记表、待购教材表、进库表和出库表。

题目3：机票预订系统

【问题描述】

航空公司为给旅客乘机提供方便，需要开发一个机票预订系统。各个旅行社把预订机票的旅客信息(姓名、性别、工作单位、身份证号码(护照号码)、旅行时间、旅行始发地和目的地、航班舱位要求等)输入到系统中，系统为旅客安排航班。当旅客交付了预订金后，系统打印出取票通知和账单给旅客，旅客在飞机起飞前一天凭取票通知和账单交款取票，系统核对无误即打印出机票给旅客。此外航空公司为随时掌握各个航班飞机的乘载情况，需要定期进行查询统计，以便适当调整。

【基本要求】

(1) 在分析系统功能时要考虑有关证件的合法性验证(如身份证、取票通知和交款发票)等。

(2) 对于本系统还应补充以下功能：

① 旅客延误了取票时间的处理。

② 航班取消后的处理。

③ 旅客临时更改航班的处理。

(3) 系统的外部输入项至少包括旅客、旅行社和航空公司。

题目 4：学校内部工资管理系统

【问题描述】

假设学校共有教职工约 1000 人，分别归属于 10 个行政部门和 8 个系。每月 20 日前各个部门(包括系和部门)要将出勤情况上报人事处，23 日前人事处将出勤工资、奖金及扣款清单送到财务处。财务处于每个月月底将教职工的工资表做好并将数据送给银行。每月 3 日将工资条发给每个单位。若有员工调入或调出、校内调动、离退休变化，则由人事处通知相关部门和财务处。

【基本要求】

(1) 本系统的数据存储至少包括：工资表、部门汇总表、扣税款表、银行发放表等。

(2) 除人事处、财务处外，其他职能部门和系名称可以简化表示。

(3) 工资、奖金、扣款细节由学生自定义。

题目 5：实验室设备管理系统

【问题描述】

每学年要对实验室设备使用情况进行统计、更新。其中：

(1) 对于已彻底损坏的做报废处理，同时详细记录有关信息。

(2) 对于有严重问题(故障)的要及时修理，并记录修理日期、设备名、编号、修理厂家、修理费用、责任人等。

(3) 对于急需修理但又缺少的设备，须以“申请表”的形式送交上级领导，请求批准购买。新设备购入后要立即进行设备登记(包括类别、设备名、编号、型号、规格、单价、数量、购置日期、生产厂家、保质期和经办人等信息)，同时更新申请表的内容。

(4) 随时对现有设备及其修理、报废情况进行统计、查询，要求能够按类别和时间段等查询。

【基本要求】

(1) 所有工作由专门人员负责完成，其他人不得任意使用。

(2) 每件设备在做入库登记时均由系统按类别加自动顺序号编号，形成设备号；设备报废时要及时修改相应的设备记录，且有领导认可。

(3) 本系统的数据存储至少包括设备记录、修理记录、报废记录、申请购买记录。

(4) 本系统的输入项至少包括新设备信息、修理信息、申请购买信息、具体查询统计要求。

(5) 本系统的输出项至少包括设备购买申请表、修理/报废设备资金统计表。

题目 6：运动会分数统计

【问题描述】

参加运动会的 n 个学校编号为 $1\sim n$。比赛分成 m 个男子项目和 w 个女子项目，项目编号分别为 $1\sim m$ 和 $m+1\sim m+w$。由于各项目参加人数差别较大，有些项目取前五名，得分顺序为 8,5,3,2,1；还有些项目只取前三名，得分顺序为 5,3,2。写一个统计程序，生成各种成绩单和得分报表。

【基本要求】

(1) 可以输入各个项目的前三名或前五名的成绩。

(2) 能统计各学校总分。

(3) 可以按学校编号或名称、学校总分、男女团体总分排序输出。

（4）可以按学校编号查询学校某个项目的情况；可以按项目编号查询取得前三或前五名的学校。

（5）数据存入文件并能随时查询。

（6）规定如下。

输入数据形式和范围：可以输入学校的名称、运动项目的名称。

输出形式：有中文提示，各学校分数为整型。

界面要求：有合理的提示，每个功能可以设立菜单，根据提示可以完成相关的功能要求。

存储结构：学生自己根据系统功能要求自己设计，但是要求运动会的相关数据要存储在数据文件中。

【测试数据】

要求使用：①全部合法数据；②整体非法数据；③局部非法数据。进行程序测试，以保证程序的稳定。

例如，对于 $n=4$，$m=3$，$w=2$，编号为奇数的项目取前五名，编号为偶数的项目取前三名，设计一组实例数据。

【实现提示】

可以假设 $n\leqslant 20$，$m\leqslant 30$，$w\leqslant 20$，姓名长度不超过 20 个字符。每个项目结束时，将其编号、类型符（区分取前五名还是前三名）输入，并按名次顺序输入运动员姓名、校名和成绩。

【选做内容】

允许用户指定某项目采取其他取名次方法。

题目 7：魔王语言解释

【问题描述】

有一个魔王总是使用一种非常精练而抽象的语言讲话，没有人能听得懂，但他的语言可以逐步解释成人能听懂的语言，因为他的语言是按以下两种形式的规则由人的语言逐步抽象而成的：

（1）$\alpha\rightarrow\beta_1\beta_2\cdots\beta_m$

（2）$(\theta\delta_1\delta_2\cdots\delta_n)\rightarrow\theta\delta_n\theta\delta_{n-1}\cdots\theta\delta_1\theta$

在这两种形式中，从左到右均表示解释。试写一个魔王语言的解释系统，把他的话解释成人能听得懂的话。

【基本要求】

用下述两条具体规则和上述规则形式（2）实现。设大写字母表示魔王语言的词汇；小写字母表示人的语言词汇；希腊字母表示可以用大写字母或小写字母代换的变量。魔王语言可含人的词汇。

（1）B→tAdA

（2）A→sae

【测试数据】

B(ehnxgz)B 解释成 tsaedsaeezegexenehetsaedsae。

若将小写字母与汉字建立如下所示的对应关系，则魔王说的话是“天上一只鹅地上一只鹅鹅追鹅赶鹅下鹅蛋鹅恨鹅天上一只鹅地上一只鹅”。

t	d	s	a	e	z	g	x	n	h
天	地	上	一	只	鹅	追	赶	蛋	恨

【实现提示】

让魔王的语言自右至左进栈，总是处理栈顶字符。若是开括号，则逐一出栈，让字母顺序入队列，直至闭括号出栈，并按规则要求逐一出队列再处理后入栈。其他情形较简单，请读者思考应如何处理。应首先实现栈和队列的基本操作。

题目 8：银行业务模拟

【问题描述】

客户业务分为两种：第一种是申请从银行得到一笔资金，即取款或借款；第二种是向银行投入一笔资金，即存款或还款。银行有两个服务窗口，相应地有两个队列。客户到达银行后先排第一个队。处理每个客户业务时，如果属于第一种，且申请额超出银行现存资金总额而得不到满足，则立刻排入第二个队等候，直至满足时才离开银行，否则业务处理完后立刻离开银行。每接待完一个第二种业务的客户，就顺序检查和处理(如果可能)第二个队列中的客户，对能满足的申请者予以满足，不能满足者重新排到第二个队列的队尾。注意，在此检查过程中，一旦银行资金总额少于或等于刚才第一个队列中最后一个客户(第二种业务)被接待之前的数额，或者本次已将第二个队列检查或处理了一遍，就停止检查(因为此时已不可能还有能满足者)，转而继续接待第一个队列的客户。任何时刻都只开一个窗口；假设检查不需要时间；营业时间结束时所有客户立即离开银行。

写一个上述银行业务的事件驱动模拟系统，通过模拟方法求出客户在银行内逗留的平均时间。

【基本要求】

利用动态存储结构实现模拟。

【测试数据】

一天营业开始时银行拥有的款额为 10 000 元，营业时间为 600min。其他模拟参数自定，注意测试两种极端的情况：一是两个到达事件之间的间隔时间很短，而客户的交易时间很长；另一个恰好相反，设置两个到达事件的间隔时间很长，而客户的交易时间很短。

【实现提示】

事件有两类：到达银行和离开银行。初始时银行现存资金总额为 total。开始营业后的第一事件是客户到达，营业时间从 0 到 closetime。到达事件发生时随机地设置此客户的交易时间和距下一到达事件之间的时间间隔。每个客户要办理的款额也是随机确定的，用负值和正值分别表示第一类和第二类业务。变量 total、closetime 以及上述两个随机量的上下界均交互地从终端读入，作为模拟参数。

两个队列和一个事件表均要用动态存储结构实现。注意弄清应该在什么条件下设置离开事件，以及第二个队列用怎样的存储结构实现时可以获得较高的效率。注意事件表是时间顺序有序的。

题目 9：一元稀疏多项式计算器

【问题描述】

设计一个一元稀疏多项式简单计算器。

【基本要求】

一元稀疏多项式简单计算器的基本功能是：

(1) 输入并建立多项式。

(2) 输出多项式，输出形式为整数序列：$n,c_1,e_1,c_2,e_2,\cdots,c_n,e_n$，其中 n 是多项式的项数，c_i 和 e_i 分别是第 i 项的系数和指数，序列按指数降序排列。

(3) 多项式 a 和 b 相加，建立多项式 $a+b$。

(4) 多项式 a 和 b 相减，建立多项式 $a-b$。

【测试数据】

(1) $(2x+5x^8-3.1x^{11})+(7-5x^8+11x^9)=(-3.1x^{11}+11x^9+2x+7)$；

(2) $(6x^{(-3)}-x+4.4x^2-1.2x^9)-(-6x^{(-3)}+5.4x^2-x^2+7.8x^{15})$
$=(-7.8x^{15}-1.2x^9+12x^{(-3)}-x)$

(3) $(1+x+x^2+x^3+x^4+x^5)+(-x^3-x^4)=(x^5+x^2+x+1)$

(4) $(x+x^3)+(-x-x^3)=0$

(5) $(x+x^{100})+(x^{100}+x^{200})=(x+2x^{100}+x^{200})$

(6) $(x+x^2+x^3)+0=x+x^2+x^3$

【实现提示】

用带表头结点的单链表存储多项式。

题目 10：航空客运订票系统

【问题描述】

航空客运订票的业务活动包括：查询航线、客票预订和办理退票等。试设计一个航空客运订票系统，以使上述业务可以借助计算机来完成。

【基本要求】

(1) 每条航线所涉及的信息有终点站名、航班号、飞机号、飞行周日（星期几）、乘员定额、余票量、已订票的客户名单（包括姓名，订票量，舱位等级 1、2 或 3）以及等候替补的客户名单（包括姓名、所需票量）。

(2) 系统能实现的操作和功能如下：

① 录入：可以录入航班情况，全部数据可以只放在内存中，最好存储在文件中。

② 查询航线：根据旅客提出的终点站名输出下列信息：航班号、飞机号及星期几飞行，最近一天航班的日期和余票额。

③ 承办订票业务：根据客户提出的要求（航班号、订票数额）查询该航班票额情况，若尚有余票，则为客户办理订票手续，输出座位号；若已满员或余票额少于订票额，则须重新询问客户要求。若需要，可登记排队候补。

④ 承办退票业务：根据客户提供的情况（日期、航班）为客户办理退票手续，然后查询该航班是否有人排队候补。首先询问排在第一的客户，若所退票额能满足他的要求，则为他办理订票手续，否则依次询问其他排队候补的客户。

【测试数据】

由读者自行指定。

【实现提示】

两个客户名单可分别由线性表和队列实现。为查找方便，已订票客户的线性表应按客户姓名有序；为插入和删除方便，应以链表作存储结构。由于预约人数无法预计，队列也应以链表作存储结构。整个系统须汇总各条航线的情况，登录在一张线性表上，由于航线基本不变，故采用顺序存储结构，并按航班有序或按终点站名有序。每条航线是这张表上的一个记录，包含上述8个域，其中乘员名单域为指向乘员名单链表的头指针，等候替补的客户名单域为分别指向队头和队尾的指针。

【选作内容】

当客户订票要求不能满足时，系统可向客户提供到达同一目的地的其他航线情况。读者还可充分发挥自己的想象力，增加系统的功能和其他服务项目。

题目11：赫夫曼编/译码器

【问题描述】

利用赫夫曼编码进行通信可以大大提高信道利用率，缩短信息传输时间，降低传输成本。但是，这要求在发送端通过一个编码系统对待传数据预先编码，在接收端将传来的数据进行译码(复原)。对于双工信道(即可以双向传输信息的信道)，每端都需要一个完整的编/译码系统。试为这样的信息收发站写一个赫夫曼码的编/译码系统。

【基本要求】

一个完整的系统应具有以下功能：

(1) I：初始化(Initialization)。从终端读入字符集大小 n，以及 n 个字符和 n 个权值，建立赫夫曼树，并将它存于文件 hfmTree 中。

(2) E：编码(Encoding)。利用已建好的赫夫曼树(如不在内存，则从文件 hfmTree 中读入)，对文件 ToBeTran 中的正文进行编码，然后将结果存入文件 CodeFile 中。

(3) D：译码(Decoding)。利用已建好的赫夫曼树将文件 CodeFile 中的代码进行译码，结果存入文件 TextFile 中。

(4) P：打印结果文件(Print)。将文件 TextFile 显示在终端上，每行50个代码。

(5) T：打印赫夫曼树(Tree printing)。将已在内存中的赫夫曼树以直观的方式(树或凹入表形式)显示在终端上，同时将此字符形式的赫夫曼树写入文件 TreePrint 中。

【测试数据】

(1) 利用教科书中的数据调试程序。

(2) 用下面给出的字符集和频度的实际统计数据建立赫夫曼树，并实现以下报文的编码和译码：THIS PROGRAM IS MY FAVORITE。

字符		A	B	C	D	E	F	G	H	I	J	K	L	M
频度	186	64	13	22	32	103	21	15	47	57	1	5	32	20
字符		N	O	P	Q	R	S	T	U	V	W	X	Y	Z
频度		57	63	15	1	48	51	80	23	8	18	1	16	1

题目12：停车场管理

【问题描述】

设停车场内只有一个可停放 n 辆汽车的狭长通道，且只有一个大门可供汽车进出。汽车在停车场内按车辆到达时间的先后顺序，依次由北向南排列(大门在最南端，最先到达的第一辆车停放在车场的最北端)，若车场内已停满 n 辆汽车，则后来的汽车只能在门外的便道上等候，一旦有车开走，则排在便道上的第一辆车即可开入；当停车场内某辆车要离开时,在它之后开入的车辆必须先退出车场为它让路,待该辆车开出大门外,其他车辆再按原次序进入车场,每辆停放在车场的车在它离开停车场时必须按它停留的时间长短缴纳费用。试为停车场编制按上述要求进行管理的模拟程序。

【基本要求】

以栈模拟停车场,以队列模拟车场外的便道,按照从终端读入的输入数据序列进行模拟管理。每一组输入数据包括三个数据项:汽车“到达”或“离去”的信息、汽车牌照号码及到达或离去的时刻。对每一组输入数据进行操作后的输出数据为:若是车辆到达,则输出汽车在停车场内或便道上的停车位置;若是车离去,则输出汽车在停车场内停留的时间和应交纳的费用(在便道上停留的时间不收费)。栈以顺序结构实现,队列以链表实现。

【测试数据】

设 $n=2$,输入数据为:('A',1,5),('A',2,10),('D',1,15),('A',3, 20),('A',4,25),('A',5,30),('D',2,35),('D',4,40),('E',0,0)。每一组输入数据包括三个数据项:汽车“到达”或“离去”的信息、汽车牌照号码及到达或离去的时刻,其中,'A'表示到达;'D'表示离去,'E'表示输入结束。

【实现提示】

须另设一个栈,临时停放为给要离去的汽车让路而从停车场退出来的汽车,也用顺序存储结构实现。输入数据按到达或离去的时刻有序。栈中每个元素表示一辆汽车,包含两个数据项:汽车的牌照号码和进入停车场的时刻。

题目 13:校园导游咨询

【问题描述】

设计一个校园导游程序,为来访的客人提供各种信息查询服务。

【基本要求】

(1) 设计你所在学校的校园平面图,所含景点不少于10个。以图中顶点表示校内各景点,存放景点名称、代号、简介等信息;以边表示路径,存放路径长度等相关信息。

(2) 为来访客人提供图中任意景点相关信息的查询。

(3) 为来访客人提供图中任意景点的问路查询,即查询任意两个景点之间的一条最短的简单路径。

【测试数据】

以广东理工学院校区为例。

【实现提示】

一般情况下,校园的道路是双向通行的,可设校园平面图是一个无向网。顶点和边均含有相关信息。

题目 14:迷宫问题(栈或队列)

【问题描述】

以一个 $m\times n$ 的长方阵表示迷宫,0 和 1 分别表示迷宫中的通路和障碍。设计一个程序,对任意设定的迷宫,求出一条从入口到出口的通路,或得出没有通路的结论。

【基本要求】

首先实现一个以链表作存储结构的栈类型(或队列),然后编写一个求解迷宫的非递归/递归程序。求得的通路以三元组(i,j,d)的形式输出,其中(i,j)指示迷宫中的一个坐标,d

表示走到下一坐标的方向，如：对于下列数据的迷宫，输出的一条通路为(1,1,1)，(1,2,2)，(3,2,3)，(3,1,2)，…

【测试数据】

迷宫的测试数据为：左下角(1,1)为入口，右下角(8,9)为出口。

【实现提示】

计算机解迷宫通常用的是“穷举求解”方法，即从入口出发，顺着某个方向进行探索，若能走通，则继续往前进；否则沿着原路退回，换一个方向继续探索，直至出口位置，求得一条通路。假如所有可能的通路都探索到而未能到达出口，则所设的迷宫没有通路。

可以用二维数组存储迷宫数据，通常设定入口点的下标为(1,1)，出口点的下标为(n，n)。为处理方便，可在迷宫的四周加一圈障碍。对于迷宫中的任一位置，均可约定有东、南、西、北四个方向可通。

【选做内容】

(1) 编写递归形式的算法，求得迷宫中所有可能的通路。

(2) 以方阵形式输出迷宫及其通路。

题目15：教学计划编制问题

【问题描述】

大学的每个专业都要制订教学计划。假设任何专业都有固定的学习年限，每学年含两学期，每学期的时间长度和学分上限值均相等。每个专业开设课程都是确定的，而且课程在开设时间的安排必须满足先修关系。每门课程有哪些先修课程是确定的，可以有任意多门，也可以没有。每门课恰好占一个学期。试在这样的前提下设计一个教学计划编制程序。

【基本要求】

(1) 输入参数包括：学期总数、一学期的学分上限、每门课的课程号(固定占3位的字母数字串)、学分和直接先修课的课程号。

(2) 允许用户指定下列两种编排策略之一：一是使学生在各学期中的学习负担尽量均匀；二是使课程尽可能地集中在前几个学期中。

(3) 若根据给定的条件问题无解，则报告适当的信息；否则将教学计划输出到用户指定的文件中。计划的表格格式自行设计。

【测试数据】

学期总数：6；学分上限：10；该专业共开设12门课，课程号为C01～C12，学分顺序为2,3,4,3,2,3,4,4,7,5,2,3。先修课程关系自己设定。

【实现提示】

可设学期总数不超过8，课程总数不超过100。如果输入的先修课程号不在该专业开设的课程序列中，则作为错误处理。应建立内部课程号与课程号之间的对应关系。

第3章 课程实验过程

3.1 课程实验的理念

从培养高素质技能型专门人才的目标出发，课程实验既符合高校的培养目标和学生实际水平，又突出大学生综合素质培养的普遍性要求。因此，课程实验是让学生喜爱并终身受益的一门课。

课程作为达成学校教育目的的基本途径和手段。因此，课程实验设计者要确立课程实验目标，确定课程实验的方向，而且还要有课程实验实施的评价的准则。

如何确立课程实验目标？课程实验设计者应从三个方面的来源来制定普遍目标：学习者本身的特性、学校以外的现实的社会生活、学科内容，从而确立具体化的课程实验目标。

在高校的"软件工程"课程实验——系统需求分析、系统设计中，其目的为：

(1) 培养学生综合运用"软件工程"课程实验课程和其他课程的知识的能力，同时分析和解决软件工程课程实验中会出现的问题，进一步巩固、加深和拓宽所学的知识。

(2) 通过设计实践，建立正确的设计思想，熟悉并掌握软件工程课程的一般规律，培养分析问题、解决问题的能力。

(3) 通过设计计算、程序调试以及运用技术标准、规范、设计手册等设计资料，进行全面的软件工程技能训练。

3.2 课程实验模式

在实际的高校教育教学活动中，不同学科和专业的软件工程课程实验安排并不相同，但从宏观的角度分析，主要包含软件工程课程实验的指导思想和理论基础、课程目的和目标的确定、课程内容的选择和组织以及软件工程课程实验的评价。

软件工程课程实验的模式，从外在的形式上讲，主要表现为软件工程课程实验的一种技术性流程图式，它在外形上展示着软件工程课程实验的基本框架，而在内在的实质性内容上，主要是关于软件工程课程实验构成要素之间的组合、关联及其运作的关系处理。

软件工程课程实验的模式既蕴含着软件工程课程实验的指导思想，又是软件工程课程实验具体设计技术及方法的运用。因而它是软件工程课程实验方法论的外显标志及具体化，也可以说是软件工程课程实验方法论的集中体现，是软件工程课程实验的指导思想、构成要素之间的组合、关联及其运作的关系处理、设计技术及方法等方面综合而成的外在形态。软件工程课程实验的指导思想只是为软件工程课程实验确立了方向，明确了标准及软件工程课程实验运作的原则性依据，而软件工程课程实验的模式则为软件工程课程实验提供一个可操作的理性化图式，是依据特点的课程问题及软件工程课程实验的指导思想所确立的设计策略、方式、方法、规则、程序等的理论框架。因而，软件工程课程实验的模式并不是一种外在的、强加于软件工程课程实验的“套装”，而是软件工程课程实验者对软件工程课程实验主动性的主体性建构和选择。所以，软件工程课程实验的模式构建仍然是一种理论的形态，对其进行讨论和分析仍属于理论研究的范畴。但在软件工程课程实验模式的具体构建过程中，除了依据课程指导思想所确立的软件工程课程实验的原则理念制定软件工程课程实验标准、目标，确定软件工程课程实验主体，制定前设性评价指标等方面的定性研究、比较研究、预测性研究外，还包括对软件工程课程实验各组成部分的衔接、组合，课程内容的选择、组织、课程难度指数的确定等方面的程序设计及策略选择等技术性的实证研究。可以说，软件工程课程实验的模式构建是一种运用多种研究方法的综合性、复杂性的研究活动。

软件工程课程实验应以特定的教学单元为开端，按照下列步骤实施。

(1) 诊断需求。

(2) 建立目标。

(3) 选择内容。所选内容要考虑有效性和重要性。选择内容要有学科的内在逻辑与学生的水平。

(4) 组织内容。要给出适合学生学习题材和主题的恰当顺序。

(5) 选择学习经验。

(6) 组织学习经验。即确定以什么样的方式和顺序进行学习活动。

(7) 评价。

3.3 软件工程实验教学模式现状

软件工程专业已经是信息领域发展最快的学科分支之一，具有交叉度高、涉及面广及行业性强的特点。众所周知，任何软件都是以硬件作为工作的物质基础。具备必要的硬件知识，有助于开发高质量的软件产品，尤其是高质量的系统级软件。几乎所有高校的软件工程专业都开设有硬件类课程。

硬件课程实验环节不但能加强对理论知识的深刻理解，而且还能培养学生的动手能力和初步的科研能力，是教学中不容忽视的重要方面。但目前本专业的硬件实验教学往往停留在照搬传统计算机专业实验教学模式层面，还存在以下不足。

(1) 实验内容与课堂讲授内容侧重点不一致，学生实验具有一定的盲目性。从课程体系上看，硬件实验教学是软件工程专业的专业主干课，但不是定位于培养学生未来从事硬件开发的能力，而是要求学生能从系统角度来理解计算机的整体实现以及已有架构，培养学生对硬件系统的分析及应用能力。硬件系统在理论知识讲授上重整机略细节，但实验课上还是采用传统的组成与结构实验，还是利用实验平台进行传统模型机及其各个部件的功能验证及一些初步的设计。这样就造成实验内容设置和课堂所教授的内容联系不紧密，学生不理解具体的硬件细节，在实验时存在一定的盲目性。

(2) 实验课程内容之间没有合理的体系结构。硬件课程内容具有很强的交叉性和相关性，但目前在教学中普遍采用的做法是针对每门课程单独设置实验并提供实验环境，实验课之间相互独立，缺少有效的衔接贯通，对实验内容也没有进行统一的规划。这样各门课程的老师在设置实验内容时，往往只考虑本门课的课程要求，忽视与其先修实验课程以及后续课程的联系，使学生只能看到一个个独立的计算机硬件，对实验课往往也不能使其从系统角度上认识和理解计算机内部的协同工作。

(3) 目前实验采用的是传统的考核办法，即教师根据学生的表现及实验报告成绩综合评定学生的总成绩。这种落后实验成绩考核评价方法严重影响学生的主动性。虽然该办法看起来似乎合理，实际上在项目实践过程中使用的知识面广，需要学习大量的新知识，因而传统答卷考查方式不能满足需求，学生的平时表现各方面强弱不同，教师凭感觉，带有较大的随意性。最终老师给出的成绩并不一定能准确反映学生的实际能力。

3.4 课程实验的主要教学模式

目前课程实验的教学模式主要有：以教为主，以学为主，教学结合。

3.4.1 以教为主的过程模式

以教为主的理论其设计思想是以教师为中心。其设计原则是强调以教师为主；其研究主要内容是帮助教师把课备好、教好。

优点：

(1) 利于教师主导地位的发挥。

(2) 利于教师对整个教学过程的监控。

(3) 利于系统科学知识的传授。

(4) 利于教师教学目标的完成。

(5) 利于学生基础知识的掌握。

缺点：

重教轻学，忽视学生的自主学习、自主探究，容易造成学生对教师、教材、权威的迷信，使学生缺乏发散思维、批判思维。

可以把以教为主的教学过程表示为以下流程：

(1) 学习环境分析。指对教学所需要的总体环境的分析，包括物环境和人环境。

(2) 学生特征分析。主要分析学生的初始能力、一般特征与学习风格。

(3) 任务分析。包括学习目标与教学内容两部分。

(4) 编写测试项目。

(5) 教学策略设计。

(6) 教学评价设计。

3.4.2 以学为主的过程模式

这种设计模式的设计原则是强调以学生为主，缺点是往往忽略教学目标的分析和实现，忽视教师的主导地位。其方法与步骤是：

(1) 教学目标分析。

(2) 情境创设,创设与主题相关的、尽可能真实的情境。

(3) 信息资源的设计。

(4) 自主学习设计。

(5) 协作学习环境设计。

(6) 学习效果价设计

(7) 强化练习设计。

可以把以学为主的教学过程表示为以下流程：

(1) 教学目标分析。

(2) 知识、情境设计。

(3) 自主学习设计。

(4) 信息资料设计。

(5) 强化练习设计。

(6) 意义建构学习效果设计。

(7) 协作学生设计。

3.4.3 教学结合的过程模式

教学结合设计模式介于以教为主和以学为主之间,吸收其长处,避免其短处。其总体思想是教师通过教学意图和策略影响学生,把学生置于主体地位,并提供主体地位的天地,使学生成为学习的行动者。

优点：既充分体现教师的主导地位,又充分体现学生的创新能力,不仅对学生的知识技能和创新能力的培养有利,对学生健康情感和价值观的培养也有利。

缺点：对教学环境要求较高,它需要教师周密策划,否则可能顾此失彼。

可以把教学结合的教学过程表示为以下流程：

(1) 分析教学目标。

(2) 分析学习者特征。

(3) 教学策略的选择与设计。

(4) 教学媒体的选择与设计。

(5) 形成性评价设计。

3.4.4 教学体系

1. 构建新的硬件实验教学体系

由于软件工程专业和计算机专业的培养目标有所不同,所以在硬件课程以及硬件实验课程体系上,两个专业的定位应有所区别。教学改革实践告诉我们,实验教学不能完全依附于课堂教学,而应该在紧密联系课堂教学的前提下,有目的地开设独立的实验课,才能更好地配合理论课教学,充分发挥实验教学培养学生独立工作能力的优势。在实践过程中,要求达到掌握基础是重点、研究创新是升华理念。首先必须保证绝大多数人能接受基本实验技能的训练，不盲目开展开放性实验。实践证明初始阶段就进行开放性实验往往会让学习能力不强的学生不知从何下手，失去研究实验的兴趣，从而背离了进行实验教学的初衷。我们的思路是稳扎稳打，逐步推进。实验内容不断线，衔接连贯。

2. 紧密联系理论课教学

理论课教学的宗旨是着重从系统角度来理解计算机的运作，着重培养学生系统的分析及应用能力。实验教学也应围绕这一主导思想。

实验教学时，更关注硬件部件如何完成其设定功能，部件之间如何进行相互配合、协调运作，而弱化硬件内部具体物理实现。

3. 课程实验内容的耦合

构建紧耦合层进式的实验教学体系，离不开各个实验课程内容之间的关联协调和贯通。在选取实验内容时，为避免实验内容的孤立，既注重课程间知识的交叉渗透，又尽量体现知识体系的整体性和逻辑性。传统的计算机硬件实验课程的主要任务是验证计算机的工作原理以配合对应的计算机硬件理论课程，忽略了各实验课程间的融合性，而技术的发展需要软硬结合、软件硬化或交融。在专题实验中，可以要求学生完成一个总的计算机软硬件综合设计的项目，以接近于实际应用环境。这样可以使学生从根本上了解计算机整个硬软件之间的协调机制。这样的题目更能激发起软件专业学生的学习兴趣。

4. 建立灵活的考核机制

对于实验课程的考核，课内的基础性实验考核可以用课堂表现和实验报告相结合的方式。

对于课程设计实验，由于整个实验内容往往由多个子实验来组成，而且通常采用两三个学生分组进行的形式，所以考核时应更为细致，也要由课堂表现和实验报告两部分综合给出，但较之基础性实验标准不同。

创新设计型实验一般也采用分组的形式，但最终成绩是由实验开发中几个部分的考核成绩综合给出。由选题准备阶段的成绩、设计阶段的成绩、系统实现调试阶段成绩、现场验收和项目总结报告的成绩组成。

上述多样化的考核标准客观地反映了学生的实践能力和知识运用水平，提高了实验教学的整体质量，达到了实践创新的培养目标。

兼顾实验基本要求与学生兴趣的教学体系，以及软硬件渗透的教学方法，是适应本学科发展和培养目标的。

3.4.5　实际项目驱动教学模式

在有条件的教学环境下，可以采用项目模式驱动下的教学，有效提高学生在今后的工作中需要的计算机软件专业技术能力，更能培养学生相互交流、合作的团队精神，使学生获得项目开发的宝贵经验，提高学生不断的自主创新能力，体现改革中理论和实践相互结合的具体精神。

具体方法是：首先，优先考虑团队合作的教学方式，此种方法虽然在人员和组织上有些复杂，但是效果显著。其次，还可以通过具体的案例分析的教学方法，让学生在实践的工程中真实地感受到操作的重要性。

主要过程是以项目为驱动作为主要的教学模式，由两条主线组成：老师以讲课为基础，传授软件工程的相关理论知识；通过实现具体的项目来提高学生的动手能力。两条主线同时进行，既能够重视实践，又能够对理论知识有着很好的把握。

在项目的实现阶段。我们可以通过可行性研究与计划的制定阶段、需求分析阶段、概要设计和详细设计阶段、实现阶段、测试阶段、运行和维护阶段来实现。过程中少数能力强的学生可以上线，其他的一般是参观实习。

3.5 软件工程实验流程

首先，要明确实验目的是为了证实物质的某些性质，还是为了观察到某一现象，等等。其次，是根据实验目的，选择合适的工具或者软件平台并确定实验方法。根据实验方法确定实验所用到的仪器设备；明确实验成功的关键环节，判断各步骤现象；整理成详尽的实验流程图。

实验法的一般步骤：

(1) 发现并提出问题。

(2) 收集与问题相关的信息。

(3) 作出假设。

(4) 设计实验方案。

(5) 实施实验并记录。

(6) 分析实验现象。

(7) 得出结论。

(8) 表达与交流等。

3.6 课程实验的组织与管理

3.6.1 软件工程课程实验的安排

软件工程课程实验具体分为以下三个阶段。

1. 设计规划阶段

教师向学生布置设计任务书，另外自选课题学生也可以根据所在单位的实际需求提出设计要求(任务书)。

2. 分析与设计阶段

系统分析阶段的任务是回答系统是“做什么”的问题，系统设计阶段则是要回答系统“怎么做”的问题。

3. 程序编写、安装调试阶段

在预设计方案经老师审查通过后即可开始软件编程实现。老师可在此过程中安排若干次指导课。解决学生在设计过程中遇到的困难，指导课可以采取多种形式：针对学生遇到的共性的问题，可以集中面授；针对学生的个别问题，可以单独辅导；也可以组织小组讨论等。每次都要求学生填写《软件工程课程实验指导情况表》。

4. 总结报告阶段

学生对软件工程课程实验的全过程做出系统总结报告《软件工程课程实验说明书》。《软件工程课程实验说明书》除了在封面中应有题目、专业名称、姓名、学号和软件工程课程实验日期以外，其正文一般应包括的主要内容有：需求分析、概念设计、逻辑设计、物理设计、系统总体设计、采用的技术介绍、部分主要模块详述、出现的问题和解决方法、测试与结论、软件工程课程实验的心得和体会等。

3.6.2 指导教师职责

指导教师既是软件工程课程实验的业务指导者，又是工作的组织者。指导教师应认真履行职责，指导学生完成软件工程课程实验的全过程。

指导教师根据选题拟定软件工程课程实验计划(任务书)，并指导学生完成任务书的撰写，明确分阶段的教学要求和日程。

指导教师在整个软件工程课程实验过程中指导学生的次数应不少于3次(包括课题介绍、设计指导、《软件工程课程实验说明书》写作指导与审核)，并检查工作进度和质量，软件工程课程实验完成后负责学生的成绩考核。

3.7 实验的组织和考核形式

3.7.1 软件工程课程实验的组织

软件工程课程实验工作的组织要求做到每位学生有一位指导教师，一位指导教师可以指导多名学生的软件工程课程实验工作。同一课题组的同学可以共同组织讲课、方案讨论等工作。调试中可以相互帮助，共同提高。但每个学生必须独立地完成自己的设计方案，独立地编写程序，独立地撰写《软件工程课程实验任务书》和《软件工程课程实验说明书》。

3.7.2 软件工程课程实验的考核

学生完成软件工程课程实验后，由指导教师评定学生设计水平。每位学生必须在规定时间内完成软件工程课程实验，指导教师须预先评阅学生的《软件工程课程实验说明书》，然后由指导教师考查学生软件开发基础知识掌握的程度、选定的方案及设计是否正确、独立分析问题和解决问题的能力、学生的创新精神、总结报告水平、学习态度、科学作风、思想表现等综合表现评定成绩。教师对每一个学生做出评语，成绩暂定“优秀”“良好”“及格”与“不及格”。

3.8 实验准备

做实验前有许多要准备的，要准备参考资料和阅读相关的国家有关软件开发的标准文档。

3.8.1 实践场所选择与设施要求

计算机实验室设备选择计算机、配套软件开发环境、相关作图软件（ROSE 或 starUML）。

3.8.2 有关资料查阅

（1）查阅有关资料，给出“软件”的权威定义。

（2）查阅有关资料，给出“软件生命周期”的权威定义。

（3）查阅有关资料，给出“软件生存周期过程”的权威定义。

（4）上网搜索和浏览，了解软件工程技术的应用情况，记录所浏览网站的技术支持工作。

（5）查阅有关资料，给出“软件工具”“软件开发环境”“CASE 工具”的权威定义。

（6）填写相关学术术语的英文简写，并思考、理解其含义。

3.8.3 环境设置

（1）软件开发环境设置。

（2）软件工程环境设置。

（3）软件支持环境设置。

（4）软件项目支持环境设置。

（5）软件自动开发环境设置。

（6）集成化程序设计环境设置。

（7）通过查阅资料给出 GB/T 15853—1995《软件支持环境》规定的软件支持环境的基本要求。

3.8.4 了解实验软件环境

（1）了解 Microsoft Visio 的应用状况。

（2）了解 Rational Rose 的应用状况。

(3) 了解 Oracle Designer 的应用状况。
(4) 了解 Together Soft 的应用状况。
(5) 了解 CASE Studio 的应用状况。
(6) 了解 Sybase PowerDesigner 的应用状况。
(7) 了解 Microsoft Visual SourceSafe 的应用状况。

3.8.5 实验安排方式

例如：××实验每组 5～6 人，每人 1 台计算机，也可以用如下课表形式。

20××—20××学年秋季实验课安排表

20××年××月××日

	星期一	星期二	星期三	星期四	星期五
1-2 节					
3-4 节	1301-1304 汇编程序设计 曾锋(8) X204、X210,X201-X202	2012 级选修 数字系统设计 任胜兵(16) X203,45			2012 级选修 电子商务应用 刘伟(12,14,16) X202,X204,121
5-6 节	1205-1208 软件测试技术 105 孔春波 X203-X204 选修	研究生专业课 系统架构设计 203-X204	1201-1203 软件体系结构 刘伟(9-10,14-17) X201-X202	1205-1208 软件测试技术 105 孔春波 X203-X204 选修	1301-1304 汇编程序设计 曾锋(8) X204、X210 X201-X202
7-8 节	1305-1308 汇编程序设计 曾锋(7-8) X204、X210,102	研究生专业课 软件体系结构 X203-X204	1204-1207 软件体系结构 刘伟(9-10,14-17)	研究生专业课 软件体系结构 X203-X204	2012 级选修 数字系统设计 任胜兵(16) X203
9-10 节	2013 级选修 数字电子技术 (18:30-22:00)	2013 级 用户界面设计 (18:30-22:00)			

3.9 实验规范

以下为××××大学本科实验规范。

××××大学本科实验规范

(××××教字〔200×〕××号)

课程实验是培养学生运用有关课程的基础理论和技能解决实际问题，并进一步提高学生专业基本技能、创新能力的重要实践教学环节。通过课程实验，使学生受到设计方法的初步训练，能用文字、图形和现代设计方法系统地、正确地表达实验和研究成果。为使课程实验教学工作更规范严密，提高人才培养质量，特制定本规范。

第一章　管理职责

第一条　教务处职责

(一) 按教学计划下达各学期课程实验教学任务,对全校的课程实验进行规划和协调。

(二) 组织督导团及有关人员对课程实验的各个环节进行检查和评估。

(三) 组织专家对课程实验说明书进行抽查和评审。

第二条　学院/系/部职责

负责课程实验检查,考核指导教师的工作,撰写课程实验工作总结,及时上交教务处。

第三条　基层教学单位职责

(一) 组织制定与专业培养目标相适应的课程实验教学大纲和指导书,审定课程实验题目和任务书。

(二) 安排指导教师,检查课程实验进度及执行情况。

(三) 课程实验成绩评定工作。

(四) 课程实验的质量分析和总结工作。

(五) 组织课程实验教学研讨,不断总结经验,探索加强和提高课程实验教学质量的途径和方法。

第四条　指导教师职责

(一) 指导教师资格

讲师(或具备指导能力的其他中级职称)及以上职称且必须通过基层教学单位考核后的人员方可独立指导学生的课程实验。

(二) 指导教师职责

1. 拟定题目,编写课程实验任务书并向学生下达。

2. 根据课程实验教学大纲与指导书要求,制订具体工作计划、阶段任务、指导方式、成绩评定办法等,于实验开始前向学生公布,做好各项准备工作。

3. 在实验期间要进行辅导和检查,检查学生的工作进度和质量,及时解答学生提出的问题,使其独立完成课程实验任务。每位指导教师指导课程实验的人数原则上不超过1个班。

4. 课程实验完成后,指导教师要认真审阅学生的全部实验内容,对每个学生的实验写出具体、恰当的评语,评定成绩,做好分析总结,并及时提交成绩,进行教学资料归档。

第二章　课程实验的基本要求

第五条　教学要求

(一) 培养学生正确的实验思想与方法、严谨的科学态度和良好的工作作风,树立自信心。

(二) 培养学生运用所学的理论知识和技能解决实际问题的能力及工程素质。

(三) 培养学生获取信息和综合处理信息的能力,提高文字和语言表达能力。

(四) 巩固、深化和扩展学生的理论知识与初步的专业技能。

第六条　选题要求

(一) 课程实验的深度、广度和难度要适中,遵循教学大纲要求,既要有利于贯彻因材施教的原则,又能使学生在计划时间内完成规定的任务,实现课程实验目的。

（二）课程实验的选题应尽量覆盖本课程教学的主要内容，能使学生得到较全面的综合训练。

（三）课程实验的题目要具有一定的典型性、综合性。

（四）课程实验题目由指导教师拟定，并经基层教学单位审定。课程实验的题目也可由学生自拟，但必须报基层教学单位审批，同意后方可执行。

第三章 对学生的基本要求

第七条 基本要求

（一）要有勤于思考、刻苦钻研的学习精神和严肃认真、一丝不苟、精益求精的态度。

（二）必须独立完成实验任务，严禁抄袭、剽窃他人成果或找人代做等行为，一经发现，取消成绩。

（三）掌握课程的基本理论，基本知识扎实，概念清楚，实验计算正确，结构设计合理，实验数据可靠，软件程序运行良好，绘图符合标准，实验报告书撰写规范。

（四）课程实验期间学生的考勤与纪律按《××××大学全日制普通本专科学生考勤管理办法》执行。要严格遵守学习纪律，遵守作息时间，不得迟到、早退和旷课。因事、因病不能参加实验，须履行请假手续，否则按旷课论处。

（五）课程实验期间要爱护公物、搞好环境卫生，保证实验室整洁、文明、安静。严禁在实验室内嬉戏或开展其他休闲娱乐活动。

第八条 课程实验任务书应包括：题目、实验内容、要求与数据、应完成的工作、进程安排、应收集的资料及主要参考文献等。对相关资料的查阅及实验成果应有明确要求。课程实验任务书应由基层教学单位审定。

第九条 课程实验指导书可根据需要订购，或由基层教学单位指定教师编写，具体内容由基层教学单位根据课程教学大纲的要求制定。

第十条 课程实验任务书及指导书在课程实验开始之前发给学生。

第十一条 撰写要求

学生除完成任务书中所要求的实验任务外，还应撰写课程实验报告书，内容包括实验任务分析、实验方案的确定、具体实验过程的描述、结论等几方面，或按照指导教师提供的提纲进行写作。学生应独立完成各自实验报告书的写作，即使同组学生在实验过程中经过讨论得到的共同实验结果也应独立表述。

第十二条 撰写格式

（一）说明书版式

书写格式，一般用 A4 编写，通常包括以下几个栏目。

1. 标题

标题要求准确地表达主题。标题可以占一行，也可以上下各一行；长文章的标题山下应该多空几行，甚至独占一页。

标题在一行里有两种写法：一是居中，字数少的，各字之间可以空格；二是前面空四格，字数过少不宜用这种写法。

副标题是对正标题的补充，可以在前面加一个破折号；正题、副题开头排列不要完全对齐。

小标题，即分题，也要写于一行居中，与正标题一样；上下可以空行，但不要超过正题所空的行数。

标题字数过多，可以转行。转行时既要照顾一行里词或词组的完整，又要在长短上搭配匀称。

2. 作者署名

作者署名，不论个人还是单位，都放在标题下面，占一行，通常要注明单位，可写在署名的同行或下一行，如和标题隔一行，则下面正文也要隔一行。署名在一行中要与标题对应而居中，名字若是两个，当中应空一格。

说明书要求打印，用小4号宋字，行距1.5倍，A4纸，上下左右各留边距20mm。

（二）说明书结构及要求

1. 封面(按学校统一规定格式)

封面包括：题目、学院、专业、班级、学号、学生姓名、指导教师及时间。

2. 任务书(按学校统一规定格式，由指导教师填写)

3. 摘要

摘要是课程报告内容的简短陈述，一般不超过400字。关键词应为反映课程报告主题内容的通用技术词汇，一般为4个左右。

4. 目录

目录的三级标题建议按1…，1.1…，1.1.1…的格式编写。

5. 正文

正文包括引言、实质、结语三部分。正文每个字占一格，标点也应占一格，每段开头要空两格。

文章若分几大部分而不加小标题和序码时，为了醒目，各部分之间可空一行；用了小标题或序码，全文结尾无法加小标题或序码时，也可空一行。

正文应按目录中编排的章节依次撰写，要求计算正确，论述清楚，文字简练通顺，插图简明，书写整洁。

6. 序码

需要分条分项时要用序码。用得最多的是小写汉字数码和阿拉伯数码。现在出版社规定的有四种序码：第一是一，二，三，…第二是(一)，(二)，(三)，…第三是1，2，3，…第四是(1)，(2)，(3)，…。编写书籍时可以与编、章、节结合使用。

7. 引文

段中引文：凡是强调性引文都写在行文之中。如果引的是原文、原话，则要加冒号、引号；若引的是原意，则只加冒号即可。

提行引文：重要的、强调性或较长的引文可提行引出，即另起一行，比正文缩两格，即开头缩四格，其他前后各缩两格。另外，也可采取更换印刷字体而不缩格，或加引号提行不缩格的办法。

8. 附注

对正文中的一些词语或引文出处要做说明时用“附注”。在要注的词语或引文右上角加“注码”，如(1)、(2)等。如果注释很少，也可以用[注]或星号“*”标出，附注通常有以下三种。

夹注：简短的说明、注释，就是写在要注释的词语、引文后面的括号内。如果数量多、注文长，则不宜采用。

脚注：即页中附注，把附注置于本页地脚处。

尾注：把附注集中在全文、全书的末尾，或者把一章一节的附注集中在章节尾部。

9. 页码

凡超过一页的文稿，每页都必须先标页码。页码用阿拉伯数字写在右上角或右下角紧靠框线处。

10. 关于数字的规范用法

1987年1月国家语言文字工作委员会等七单位发布了《关于出版物上数字用法的试行规定》，要求在涉及数字时使用汉字和阿拉伯数字体例要统一。

11. 参考文献

参考文献必须是学生在课程实验中真正阅读过和运用过的，文献按照在正文中的出现顺序排列。各类文献的书写格式如下：

(1) 连续出版物

[序号]作者名.文献题名[J].期刊名，出版年份，卷号(期号)：引用部分起止页码.

(2) 专著

[序号]作者名.文献题名[M].出版地：出版者，出版年：引用部分起止页码.

(3) 会议论文集

[序号]作者名.文献题名[A].主编.论文集名[C].出版地：出版者，出版年：引用部分起止页码.

第十三条　成绩评定

(一) 指导教师应及时评定成绩，具体方式由基层教学单位结合本专业的特点拟定，经教学领导审批报教务处备案后执行。

(二) 成绩评定应综合以下因素：实验报告书及设计图纸的质量、独立工作能力及实验过程的表现。各部分评分权重由各基层教学单位确定。若通过答辩的形式进行成绩评定，则学生在答辩过程中回答问题的情况也应作为成绩评定的因素之一。

(三) 课程实验的成绩分为优秀、良好、中等、及格、不及格五个等级。评为优秀的学生人数一般不超过15%，优良的比例一般不超过65%。

第十四条　五级记分制的评定标准

优秀：能独立完成课程实验工作，方案先进，计算正确，实验符合规范要求，说明书叙述透彻，图面整洁，体现一定的创新能力。实验过程中表现好，无违纪现象。

良好：能独立完成课程实验工作，方案合理，计算正确。实验符合规范要求，说明书叙述清楚，图面清晰。实验过程中表现较好，无违纪现象。

中等：能完成课程实验工作，达到要求，计算基本正确，实验符合规范要求，说明书叙述比较清楚，图面基本清晰。实验过程中表现较好，无违纪现象。

及格：能完成课程实验工作，基本达到要求，计算基本正确，实验符合规范要求，说明书叙述基本清楚，图面基本清晰。实验过程表现一般，无违纪现象。

不及格：课程实验达不到基本要求；说明书叙述不清楚。

第十五条　学生的课程实验资料按封面、任务书、实验报告书、图纸(按A4规格折叠)、实物照片贴页(实物照片贴在A4复印纸上)的顺序装订,在学院教学档案室存档。

第十六条　本规范自20××年××月××日起施行,原《××××大学课程设计基本要求》同时废止。本规范由教务处负责解释。

附件:1. ××××大学实验报告封面
　　　2. ××××大学实验报告任务书

附件1：

××大学名称

课 程 设 计

课程名称______________________
题目名称______________________
学生学院______________________
专业班级______________________
学　　号______________________
学生姓名______________________
指导教师______________________
设计时间______________________

年　月　日

附件 2：

××××大学实验报告任务书

题目名称________________________________

学生学院________________________________

专业班级________________________________

姓　　名________________________________

学　　号________________________________

一、课程设计的内容

二、课程设计的要求与数据

三、课程设计应完成的工作

四、课程设计进程安排

序号	实验各阶段内容	地点	起止日期

五、应收集的资料及主要参考文献

发出任务书日期：　年　月　日　指导教师签名：

计划完成日期：　　年　月　日　基层教学单位责任人签章：

学生课程实验报告

<table>
<tr><td>年级</td><td></td><td rowspan="2">班号</td><td rowspan="2"></td><td>学号</td><td colspan="3"></td></tr>
<tr><td>专业</td><td></td><td>姓名</td><td colspan="3"></td></tr>
<tr><td rowspan="2">实验名称</td><td colspan="3" rowspan="2"></td><td rowspan="2">实验类型</td><td>设计型</td><td>综合型</td><td>创新型</td></tr>
<tr><td></td><td></td><td></td></tr>
<tr><td>实验目的或要求</td><td colspan="7">实验目的：

实验要求：</td></tr>
<tr><td>实验原理（算法流程）</td><td colspan="7"></td></tr>
</table>

<table>
<tr><td>组内分工（可选）</td><td>人员分工表

<table>
<tr><td>姓名</td><td>技术水平</td><td>所属部门</td><td>角色</td><td>工作描述</td></tr>
<tr><td></td><td></td><td></td><td></td><td></td></tr>
<tr><td></td><td></td><td></td><td></td><td></td></tr>
<tr><td></td><td></td><td></td><td></td><td></td></tr>
<tr><td></td><td></td><td></td><td></td><td></td></tr>
<tr><td></td><td></td><td></td><td></td><td></td></tr>
<tr><td></td><td></td><td></td><td></td><td></td></tr>
</table>
</td></tr>
</table>

实验结果分析及心得体会	
成绩评定	教师签名： 20××年　　月　　日

备注：

第二部分

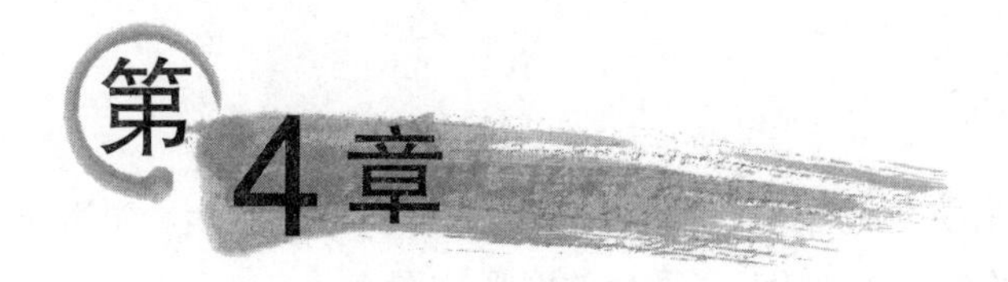

第4章 课程实验1

4.1 实验题目

Visio 工具软件基本操作。

4.2 实验安排

4.2.1 实验目的

(1) 了解 Visio 工具软件的功能特色、安装、工作环境和基本操作等各方面的基本知识。
(2) 掌握应用 Visio 工具绘制软件开发图形的基本操作。

4.2.2 实验内容

(1) 了解 Visio 的工作环境。
(2) 了解菜单项。
(3) 了解定位工具。
(4) 了解工具栏。
(5) 了解文件操作。
(6) 了解绘图页面操作。
(7) 使用 Microsoft Visio 200×来设计一个基本流程图模型。

4.2.3 实验步骤

(1) 通过打开模板并向图表添加形状来开始创建图表。
(2) 在图表中移动形状并调整形状的大小。
(3) 向图表添加文本。
(4) 连接图表中的形状。
(5) 设置图表中形状的格式。
(6) 保存图表以示完成，并演示图表。

4.2.4 实验要求

要求能够熟练运用 Visio 软件所提供的菜单、工具、模型等制作图形或图表；能用 Visio 软件所提供的专业图形模板，自行绘制出专业化、高质量的图形或图表。

4.2.5 实验学时

本实验学时为 2 学时。

4.3 实验结果

实验报告提纲(略)。

4.4 参考实例

学生实验报告如下。

学生实验报告

<table>
<tr><td>年级</td><td></td><td rowspan="2">班号</td><td rowspan="2"></td><td>学号</td><td colspan="3"></td></tr>
<tr><td>专业</td><td></td><td>姓名</td><td colspan="3"></td></tr>
<tr><td rowspan="2">实验名称</td><td colspan="3" rowspan="2">Visio 的使用描述</td><td rowspan="2">实验类型</td><td>设计型</td><td>综合型</td><td>创新型</td></tr>
<tr><td></td><td>√</td><td></td></tr>
<tr><td>实验目的或要求</td><td colspan="7">实验目的
通过上机实践，了解 Visio 2003 的使用，并借助该工具对软件需求进行描述。
实验要求
要求能够熟练运用 Visio 软件所提供的菜单、工具、模型等制作图形或图表；能用 Visio 软件所提供的专业图形模板来自行绘制出专业化、高质量的图形或图表。</td></tr>
<tr><td>实验内容</td><td colspan="7">内容一：通过 Visio 2010 绘制数据流图
内容二：通过 Visio 2010 绘制项目组织结构图
内容三：通过 Visio 2003 绘制作业中的数据流图(顶层图、1 层图)
学生提出购书申请到系办教学秘书审批，系办教学秘书根据学生用书计划表审查，合格则开出购书证明，教材科根据教材库存量和购书申请，若库存量满足则开购书单，不满足则进行缺书登记与缺书采购，再生成补购通知单。学生凭购书单到财务科交款，兑换领书单。学生凭领书单到教材科保管员处领书。画出该教材领用系统的数据流程图</td></tr>
</table>

组内分工(可选)

人员分工表如下。

姓名	技术水平	所属部门	角色	工作描述

实验结果分析及心得体会

实验结果分析

（一）数据流图实验

该图是有关企业的销售系统第0层图，由图我们可以了解销售系统的外部环境以及系统与外部实体的数据流向及数据信息。背景图又叫内外关系图，把要开发的系统作为一个独立的整体，识别出与该系统相关的主要外部实体，并通过信息流把系统与各个外部实体间的联系描述出来。但是背景图并不能有数据存储，所有的数据存储都应该是系统内部的设计对象。销售系统第0层图实验步骤如下。

(1) 打开 Visio 2010，选择“流程图”→“基本流程图”，根据要求绘图。

(2) 画出外部实体，外部实体有客户、银行、员工、供应商。

(3) 画出数据处理功能块：P1 销售清单管理、P2 库存管理、P3 采购管理、P4 收付账管理。

(4) 用箭号表示数据流向，把外部实体与数据处理功能块连起来。

(5) 在连线上注明相应的数据信息。

(6) 图 4-1 是制成后的销售系统第0层图。

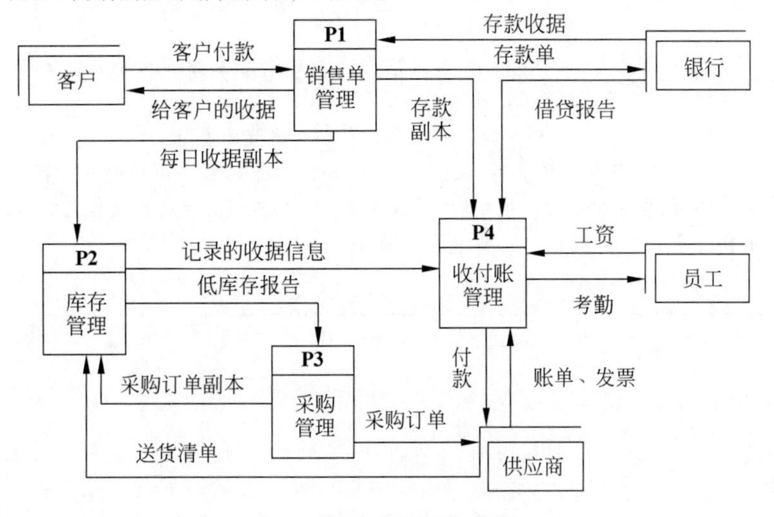

图 4-1 销售系统第0层图

<table>
<tr><td>实验结果分析及心得体会</td><td>

由图 4-1 可以看出，销售系统内部的各个数据处理功能块与外部实体的数据流向及数据信息，还有销售系统内部各个功能块之间的数据流向及数据信息。销售系统第 0 层图是把销售系统细分成独立的数据处理功能块，能够了解系统中不同功能块与外部实体的关系以及系统内部的关系，是在背景图的基础上进行的。但是 0 层图的数据处理的描述很不具体应该对不同功能块再进行细分。

（二）通过 Visio 2010 绘制项目结构图实验步骤

（1）打开 Visio 2010，选择“功能结构图”→“功能结构图”，根据要求绘图。

（2）根据企业管理层次分为三部分：

① 系统总体控制；

② 系统设置、系统管理部分；

③ 系统最基础的数据采集和运行结果的输出。

（3）根据所给信息完成结构图。

（4）图 4-2 是制作完成的组织结构图示例。

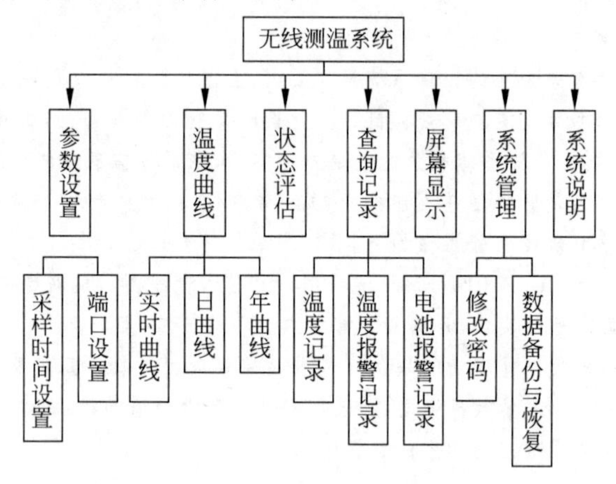

图 4-2 组织结构图

（三）通过 Visio 2003 绘制作业中的数据流图（顶层图、1 层图）

（1）打开应用软件 Microsoft Office Visio 2010。

（2）选择“文件”→“新建”→“流程图”→“数据流图表”。

（3）打开数据流图表，按住鼠标左键，将图示拖放到要绘图的工作区域上，按照需要对图进行修改，接着根据动态栏中的“动态连接线”，对各个图示进行流程图的连线。

心得体会

（略）

</td></tr>
<tr><td>成绩评定</td><td>

教师签名：

20××年　　月　　日

</td></tr>
</table>

备注：

课程实验2

5.1 实验题目

可行性研究实验。

5.2 实验安排

5.2.1 实验目的

通过对选定系统(如学生学籍管理系统)进行可行性研究报告的编写,掌握可行性研究报告编写的步骤和方法,明确可行性研究报告内容和格式。

5.2.2 预习

(1) 可行性研究报告的内容:社会的可行性、经济可行性和技术可行性。

(2) 确定工程的规模、目标,对系统的建议。

(3) 选定某系统的可行性研究报告实例进行参考,进行思路整合。

(4) 各环节图示和文字格式表示方法。

5.2.3 实验设备与环境

(1) 具备运行原系统的计算机系统。

(2) 收集整理资料的资料室和虚拟用户或实际用户。

5.2.4 实验内容

选定系统后进行系统调查,然后按如下编写提示撰写可行性研究报告。

注意事项:

(1) 流程要准确,图示和叙述要规范。

(2) 所选系统要以可行性结论为论证系统。

(3) 论证表示方法部分与后续内容交叉,要事先阅读。

5.2.5 实验步骤

(1) 对于所选定的题目进行认真阅读理解。

(2) 将阅读理解中存在的问题向问题提出者(老师)提出疑问并获得解答。

(3) 收集资料,了解国内外对于题目中各类问题的最新求解方法及其解。

(4) 在理论上得出其在社会、经济、技术的可行性。

(5) 认真进行严格的系统定义。

(6) 展开上述所有问题,应用最新的技术对于关键点一个一个地进行阐述或者证明。

(7) 整理所有资料成系统性。

(8) 撰写报告。

5.2.6 实验记录

(1) 原系统的运行状况、优缺点。

(2) 系统调查各项参数。

(3) 建议的各系统方案。

说明:

(1) 题目可学生确定,但要经过指导教师审核,指导教师指定的题目不宜过大。

(2) 按编写提示格式编写可行性研究报告,对格式中的个别内容可根据所选系统的复杂程度增减。

(3) 报告中涉及的图表要规范,文图要工整。

(4) 报告可独立完成或多人合作完成。

(5) 实验要求:要求做到使用结构化数据流分析技术分析课题需求,写出详细的数据流图和数据字典,数据流图的基本处理的个数不得少于5个。

5.2.7 实验学时

本实验为4学时。

5.3 实验结果

5.3.1 可行性报告提纲指南

1. 引言

1) 编写目的

说明编写本可行性研究报告的目的,指出预期的读者。

2) 背景说明

(1) 所建议开发的软件系统的名称。

(2) 本项目的任务提出者、开发者、用户及实现该软件的计算中心或计算机网络。

(3) 该软件系统同其他系统或其他机构的基本的相互来往关系。

3) 定义

列出本文件中用到的专门术语的定义和外文首字母组词的原词组。

4) 参考资料

列出用得着的参考资料,如:

(1) 本项目经核准的计划任务书或合同、上级机关的批文。

(2) 属于本项目的其他已发表的文件。

(3) 本文件中各处引用的文件、资料,包括所需用到的软件开发标准。

列出这些文件资料的标题、文件编号、发表日期和出版单位,说明能够得到这些文件资料的来源。

2. 可行性研究的前提

说明对所建议的开发项目进行可行性研究的前提,如要求、目标、假定、限制等。

1) 要求

说明对所建议开发的软件的基本要求,如:

(1) 功能。

(2) 性能。

(3) 输出如报告、文件或数据,对每项输出要说明其特征,如用途、产生频度、接口以及分发对象。

(4) 输入说明系统的输入,包括数据的来源、类型、数量、数据的组织以及提供的频度。

(5) 处理流程和数据流程用图表的方式表示出最基本的数据流程和处理流程,并辅之以叙述。

(6) 在安全与保密方面的要求。

(7) 同本系统相连接的其他系统。

(8) 完成期限。

2) 目标

说明所建议系统的主要开发目标,如:

(1) 人力与设备费用的减少。

(2) 处理速度的提高。

(3) 控制精度或生产能力的提高。

(4) 管理信息服务的改进。

(5) 自动决策系统的改进。

(6) 人员利用率的改进。

3) 条件、假定和限制

说明对这项开发中给出的条件、假定和所受到的限制,如:

(1) 所建议系统的运行寿命的最小值。

(2) 进行系统方案选择比较的时间。

(3) 经费、投资方面的来源和限制。

(4) 法律和政策方面的限制。

(5) 硬件、软件、运行环境和开发环境方面的条件和限制。

(6) 可利用的信息和资源。

(7) 系统投入使用的最晚时间。

4) 进行可行性研究的方法

说明这项可行性研究将是如何进行的,所建议的系统将是如何评价的。摘要说明所使用的基本方法和策略,如调查、加权、确定模型、建立基准点或仿真等。

5) 评价尺度

说明对系统进行评价时所使用的主要尺度,如费用的多少、各项功能的优先次序、开发时间的长短及使用中的难易程度。

3. 对现有系统的分析

这里的现有系统是指当前实际使用的系统,这个系统可能是计算机系统,也可能是一个机械系统甚至是一个人工系统。

分析现有系统的目的是为了进一步阐明建议中开发新系统或修改现有系统的必要性。

1) 处理流程和数据流程

说明现有系统的基本的处理流程和数据流程。此流程可用图表即流程图的形式表示,并加以叙述。

2) 工作负荷

列出现有系统所承担的工作及工作量。

3) 费用开支

列出由于运行现有系统所引起的费用开支,如人力、设备、空间、支持性服务、材料等项开支以及开支总额。

4) 人员

列出为了现有系统的运行和维护所需要的人员的专业技术类别和数量。

5) 设备

列出现有系统所使用的各种设备。

6) 局限性

列出本系统的主要的局限性,例如处理时间赶不上需要,响应不及时,数据存储能力不足,处理功能不够等。并且要说明为什么对现有系统的改进性维护已经不能解决问题。

4. 所建议的系统

本章将用来说明所建议系统的目标和要求将如何被满足。

1) 对所建议系统的说明

概括地说明所建议系统,并说明哪些要求将如何得到满足,说明所使用的基本方法及理论根据。

2) 处理流程和数据流程

给出所建议系统的处理流程和数据流程。

3) 改进之处

按 5.3.1 小节"2. 可行性研究的前提"中 2)条中列出的目标,逐项说明所建议系统相对于现存系统具有的改进。

4）影响

说明在建立所建议系统时，预期将带来的影响，包括：

（1）对设备的影响

说明新提出的设备要求及对现存系统中尚可使用的设备须作出的修改。

（2）对软件的影响

说明为了使现存的应用软件和支持软件能够同所建议系统相适应而需要对这些软件所进行的修改和补充。

（3）对用户单位机构的影响

说明为建立和运行所建议系统，对用户单位机构、人员的数量和技术水平等方面的全部要求。

（4）对系统运行过程的影响

说明所建议系统对运行过程的影响，如：

① 用户的操作规程。

② 运行中心的操作规程。

③ 运行中心与用户之间的关系。

④ 源数据的处理。

⑤ 数据进入系统的过程。

⑥ 对数据保存的要求，对数据存储、恢复的处理。

⑦ 输出报告的处理过程、存储媒体和调度方法。

⑧ 系统失效的后果及恢复的处理办法。

（5）对开发的影响

说明对开发的影响，如：

① 为了支持所建议系统的开发，用户须进行的工作。

② 为了建立一个数据库所要求的数据资源。

③ 为了开发和测验所建议系统而需要的计算机资源。

④ 所涉及的保密与安全问题。

（6）对地点和设施的影响

说明对建筑物改造的要求及对环境设施的要求。

（7）对经费开支的影响

扼要说明为了所建议系统的开发、设计和维持运行而需要的各项经费开支。

5）局限性

说明所建议系统尚存在的局限性以及这些问题未能消除的原因。

6）技术条件方面的可行性

说明技术条件方面的可行性，如：

（1）在当前的限制条件下，该系统的功能目标能否达到。

（2）利用现有的技术，该系统的功能能否实现。

（3）对开发人员的数量和质量的要求并说明这些要求能否满足。

（4）在规定的期限内，本系统的开发能否完成。

5. 可选择的其他系统方案

扼要说明曾考虑过的每一种可选择的系统方案，包括须开发的和可从国内外直接购买的，如果没有供选择的系统方案可考虑，则说明这一点。

1）可选择的系统方案1

说明可选择的系统方案1，并说明它未被选中的理由。

2）可选择的系统方案2

说明第2个乃至第 n 个可选择的系统方案。

6. 投资及效益分析

1）支出

对于所选择的方案，说明所需的费用。如果已有一个现存系统，则包括该系统继续运行期间所需的费用。

（1）基本建设投资。

包括采购、开发和安装下列各项所需的费用，如：

① 房屋和设施。

② ADP设备。

③ 数据通信设备。

④ 环境保护设备。

⑤ 安全与保密设备。

⑥ ADP操作系统的和应用的软件。

⑦ 数据库管理软件。

（2）其他一次性支出。

包括下列各项所需的费用，如：

① 研究（需求的研究和设计的研究）。

② 开发计划与测量基准的研究。

③ 数据库的建立。

④ ADP软件的转换。

⑤ 检查费用和技术管理性费用。

⑥ 培训费、旅差费以及开发安装人员所需要的一次性支出。

⑦ 人员的退休及调动费用等。

（3）非一次性支出。

列出在该系统生命期内按月、按季或按年支出的用于运行和维护的费用，包括：

① 设备的租金和维护费用。

② 软件的租金和维护费用。

③ 数据通信方面的租金和维护费用。

④ 人员的工资、奖金。

⑤ 房屋、空间的使用开支。

⑥ 公用设施方面的开支。

⑦ 保密安全方面的开支。

⑧ 其他经常性的支出等。

2）收益

对于所选择的方案，说明能够带来的收益，这里所说的收益表现为开支费用的减少或避免、差错的减少、灵活性的增加、动作速度的提高和管理计划方面的改进等，包括以下几个方面。

（1）一次性收益

说明能够用人民币数目表示的一次性收益，可按数据处理、用户、管理和支持等项分类叙述，如：

① 开支的缩减包括改进了的系统的运行所引起的开支缩减，如资源要求的减少，运行效率的改进，数据进入、存储和恢复技术的改进，系统性能的可监控，软件的转换和优化，数据压缩技术的采用，处理的集中化/分布化等。

② 价值的增升包括由于一个应用系统使用价值的增升所引起的收益，如资源利用的改进、管理和运行效率的改进以及出错率的减少等。

③ 其他如从多余设备出售回收的收入等。

（2）非一次性收益

说明在整个系统生命期内由于运行所建议系统而导致的按月的、按年的能用人民币数目表示的收益，包括开支的减少和避免。

（3）不可定量的收益

逐项列出无法直接用人民币表示的收益，如服务的改进、由操作失误引起的风险的减少、信息掌握情况的改进、组织机构给外界形象的改善等。有些不可估摸的收益只能大概估计或进行极值估计（按最好和最差情况估计）。

3）收益/投资比

求出整个系统生命期的收益/投资比值。

4）投资回收周期

求出收益的累计数开始超过支出的累计数的时间。

5）敏感性分析

所谓敏感性分析，是指一些关键性因素（如系统生命期长度、系统的工作负荷量、工作负荷）的类型与这些不同类型之间的合理搭配、处理速度要求、设备和软件的配置等变化时，对开支和收益的影响最灵敏的范围的估计。在敏感性分析的基础上做出的选择当然会比单一选择的结果要好一些。

7. 社会因素方面的可行性

用来说明对社会因素方面的可行性分析的结果，包括以下几个方面。

1）法律方面的可行性

法律方面的可行性问题很多，如合同责任、侵犯专利权、侵犯版权等方面的陷阱，软件人员通常是不熟悉的，有可能陷入，务必要注意研究。

2）使用方面的可行性

例如从用户单位的行政管理、工作制度等方面来看，是否能够使用该软件系统；从用户单位的工作人员的素质来看，是否能满足使用该软件系统的要求等等，这些都是要考虑的。

8. 结论

在进行可行性研究报告的编制时，必须有一个研究的结论。结论可以是：

(1) 可以立即开始进行。

(2) 需要推迟到某些条件(例如资金、人力、设备等)落实之后才能开始进行。

(3) 需要对开发目标进行某些修改之后才能开始进行。

(4) 不能进行或不必进行(例如因技术不成熟、经济上不合算等)。

5.3.2 项目开发计划编写提纲指南

当项目可行时就要编写项目开发计划。如果可行性论证结论不可行，那么就不用编写项目开发计划。

1. 引言

1) 编写目的

编写这份软件项目开发计划的目的，并指出预期的读者。

2) 背景

(1) 待开发的软件系统的名称。

(2) 本项目的任务提出者、开发者、用户及实现该软件的计算中心或计算机网络。

(3) 该软件系统同其他系统或其他机构基本的相互来往关系。

3) 定义

列出本文件中用到的专门术语的定义和外文的首字母组成的原词组。

4) 参考资料

列出用得着的参考资料，如：

(1) 本项目经核准的计划任务书和合同、上级机关的批文。

(2) 属于本项目的其他已发表的文件。

(3) 本文件中各处引用的文件、资料，包括所要用到的软件开发标准。列出这些文件资料的标题、文件编号、发表日期和出版单位，说明能够得到这些文件资料的来源。

2. 项目概述

1) 工作内容

简要地说明在本项目的开发中须进行的各项主要工作。

2) 主要参加人员

扼要说明参加本项目开发的主要人员的情况，包括他们的技术水平。

3) 产品

(1) 程序

列出须移交给用户的程序的名称、所用地编程语言及存储程序的媒体形式，并通过引用相关文件，逐项说明其功能和能力。

(2) 文件

列出须移交用户的每种文件的名称及内容要点。

(3) 服务

列出须向用户提供的各项服务,如培训安装、维护和运行支持等,应逐项规定开始日期所提供支持的级别和服务的期限。

(4) 非移交的产品

说明开发集体应向本单位交出但不必向用户移交的产品(文件甚至某些程序)。

4) 验收标准

对于上述这些应交出的产品和服务,逐项说明或引用资料,说明验收标准。

5) 完成项目的最迟期限

6) 本计划的批准者和批准日期

3. 实施计划

1) 工作任务的分解与人员分工

对于项目开发中需要完成的各项工作,从需求分析、设计、实现、测试直到维护,包括文件的编制、审批、打印、分发工作,用户培训工作,软件安装工作等,按层次进行分解,指明每项任务的负责人和参与人员。

2) 接口人员

说明负责接口工作的人员及他们的职责,包括:

① 负责本项目同用户的接口人员。

② 负责本项目同本单位各管理机构,如合同计划管理部门、财务部门、质量管理部门等的接口人员等。

③ 负责本项目同个份合同负责单位的接口人员等。

3) 进度

对于需求分析、设计、编码实现、测试、移交、培训和安装等工作,给出每项工作任务的预定开始日期、完成日期及所需资源,规定各项工作任务完成的先后顺序以及表征每项工作任务完成的标志性事件(即所谓的“里程碑”)。

4) 预算

逐项列出本开发项目所需要的劳务(包括人员的数量和时间)以及经费的预算(包括办公费、差旅费、机时费、资料费、通信设备和专用设备的租金等)和来源。

5) 关键问题

逐项列出能够影响整个项目成败的关键问题、技术难点和风险,指出这些问题对项目的影响。

4. 支持条件

说明为支持本项目的开发所需要的各种条件和设施。

1) 计算机系统支持

逐项列出开发中和运行时所需的计算机系统支持,包括计算机、外围设备、通信设备、模拟器、编译(或汇编)程序、操作系统、数据管理程序包、数据存储能力和测试支持能力等,逐项给出有关到货日期、使用时间的要求。

2) 须由用户承担的工作

逐项列出需要用户承担的工作和完成期限,包括须由用户提供的条件及提供时间。

3) 由外单位提供的条件

逐项列出需要外单位分合同承包者承担的工作和完成的时间,包括需要由外单位提供的条件和提供的时间。

5. 专题计划要点

说明本项目开发中须制订的各个专题计划(如分合同计划、开发人员培训计划、测试计划、安全保密计划、质量保证计划、配置管理计划、用户培训计划、系统安装计划等)的要点。

5.4 参考实例

可行性研究报告实例如下学生实验报告中所示。

学生实验报告

<table>
<tr><td>年级</td><td></td><td rowspan="2">班号</td><td rowspan="2"></td><td>学号</td><td colspan="3"></td></tr>
<tr><td>专业</td><td></td><td>姓名</td><td colspan="3"></td></tr>
<tr><td rowspan="2">实验名称</td><td colspan="3" rowspan="2">企业人事档案管理系统可行性分析</td><td rowspan="2">实验类型</td><td>设计型</td><td>综合型</td><td>创新型</td></tr>
<tr><td>√</td><td></td><td></td></tr>
<tr><td>实验目的或要求</td><td colspan="7">实验目的
通过对选定系统(如学生学籍管理系统)进行可行性研究报告的编写,掌握可行性研究报告编写的步骤和方法,明确可行性研究报告内容和格式。
实验要求
(1) 收集数据要准确,图示和叙述要规范。
(2) 所选系统要以可行性结论为论证系统。
(3) 论证表示方法部分与后续内容交叉,要事先阅读。
选定系统后进行系统调查,然后按编写提示撰写可行性研究报告。</td></tr>
<tr><td>实验原理(算法流程)</td><td colspan="7">在决策阶段进行综合性的分析论证工作,宝库决策方案构想、市场调查分析、机会研究、方案的技术经济论证和比选、决策实施所需的各种资源与条件的分析和落实以及对决策方案预期效果和分析、计算和评价。
广义:决策过程中所进行的全部分析论证工作包括方案构想、机会分析、初步可行性研究和详细可行性研究。
狭义:在决策构想基本明确的情况下,针对一个具体的方案进行详细分析论证,以便直接作为决断的基础和依据,不包括在此之前的机会分析等。</td></tr>
</table>

组内分工(可选)

人员分工表如下。

姓名	技术水平	所属部门	角色	工作描述

实验结果分析及心得体会

企业人事档案管理系统可行性分析

第1章 引言

1.1 编写目的

该软件项目可行性研究报告是从技术、经济、使用、法律等方面对项目课题的全面通盘考虑,分析须解决的问题是否存在可行的解,是项目分析员进行进一步工作的前提,是软件开发人员正确成功地开发项目的前提与基础,写软件项目可行性研究报告可以用最小的代价在尽可能短的时间里确定问题是否能够解决,即可行性研究的目的不是解决问题,而是确定问题是否值得去解。可以在定义阶段较早地认识到系统方案的缺陷,少花费几个月甚至几年的时间和精力,也可以节省成千上万元的资金,并且避免了许多专业方面的困难,所以该软件项目可行性研究报告在整个开发过程中是非常重要的。

1.2 背景

(1) 开发的软件系统的名称:企业人事档案管理系统。

(2) 人员:冼锡智,吴钦毅。

(3) 主要功能:员工信息的输入、修改、删除、输出,员工的工作评价,工资信息,考勤登记。

第2章 可行性研究的前提

2.1 系统需要满足的要求

2.1.1 系统处理的准确性和及时性

系统处理的准确性和及时性是系统的必要性能。在系统设计和开发过程中,要充分考虑系统当前和将来可能承受的工作量,使系统的处理能力和响应时间能够满足教学对信息处理的需求。

2.1.2 系统的开放性和系统的可扩充性

系统在开发过程中应该充分考虑以后的可扩充性。例如系统工作方式的改变(网上阅读员工信息),需求也会不断的更新和完善。所有这些都要求系统提供足够的手段进行功能的调整和扩充,而要实现这一点,应通过系统的开放性来完成,即系统应是一个开放系统,只要符合一定的规范,就可以简单地加入或减少系统的模块,配置系统的硬件。通过软件的修补、替换完成系统的升级和更新换代。

2.1.3 系统的易用性和易维护性

人事档案管理系统是直接面对使用人员的,而使用人员往往对计算机并不是非常熟悉。这就要求系统能够提供良好的用户接口、易用的人机交互界面。要实现这一点,就要求系统应该尽量使用用户熟悉的术语和中文信息的界面;针对用户可能出现的使用问题,要提供足够的在线帮助,缩短用户对系统熟悉的过程。

实验结果分析及心得体会

2.1.4 系统的标准性

系统在设计开发使用过程中都要涉及很多计算机硬件、软件。所有这些都要符合主流国际、国家和行业标准。例如,在开发中使用的操作系统、网络系统、开发工具都必须符合通用标准,如规范的数据库操纵界面、作为业界标准的TCP/IP网络协议及ISO9002标准所要求的质量规范等;同时,在自主开发本系统时,要进行良好的设计工作,制定行之有效的软件工程规范,保证代码的易读性、可操作性和可移植性。

2.1.5 系统的先进性

目前计算系统的技术发展相当快,作为系统工程,在系统的生命周期尽量做到系统的先进,充分实现企业信息处理的要求而不至于落后。这一方面通过系统的开放性和可扩充性、不断改善系统的功能完成。另一方面,在系统设计和开发的过程中,应在考虑成本的基础上尽量采用当前主流、先进且有良好发展前途的产品。

2.1.6 安全和保密的要求

系统的系统用户管理必须保证只有授权的用户才能进入系统进行数据操作,而且对一些重要数据,系统设置为只有更高权限的人员方可读取或是操作。系统安全保密性较高,包括数据加密、权限设置等。

2.1.7 完成期限

20××年××月××日。

2.2 目标

(1) 尽量减少人力与设备费用。

(2) 在完成功能前提下,提高处理速度。

(3) 采取某种标准措施对开发过程进行量化从而提高控制精度和生产能力。

(4) 采用先进的管理科技改进管理信息服务水平。

(5) 根据各个技术人员的能力水平合理分配任务,从而改进人员利用率。

2.3 条件和限制

(1) 所建议系统的运行寿命的最小值:5年。

(2) 进行系统方案选择比较的时间:20××-××-××。

(3) 经费的来源和限制。

(4) 硬件、软件、运行环境和开发环境方面的条件和限制:

硬件

服务器端:Pentium Ⅱ 450以上,1024MB RAM,36G HD;

客户机端:Pentium 133以上,32MB RAM,2.1GB HD。

支持软件

服务器端:Windows NT Server;

客户机端:Windows NT Workstation;

数据库管理系统:MS SQL Server 2000。

本系统通过TCP/IP协议连接数据库。

2.4 进行可行性研究的方法

从项目的意义、技术的可行性、经济的可行性、操作的可行性四个方面对系统方案进行研究,对项目的方针提出建议,判断系统方案的可行性。

2.5 评价尺度

所开发的软件系统能否很好地满足用户方的各项功能需求、所花费用是否能换取相应的使用价值以及该项目是否带来盈利。

实验结果分析及心得体会

第 3 章　对现有系统的分析

3.1　工作负荷

采用人工操作方式对信息进行管理，效率非常低，特别是在对大量的信息进行管理的情况下更是明显；采用人工操作方式不但需要花费大量的人力物力，而且很容易出现错误操作造成严重的损失。

3.2　局限性

对信息的处理效率很低，对数据维护问题多；耗费大量人力资源而且需要非常专业的管理人员。信息的共享和开放性也是很有限的。

3.3　数据流程和处理流程

现行系统是一个人工操作的系统，通过人工操作对信息进行管理，处理过程如图 3-1 所示。

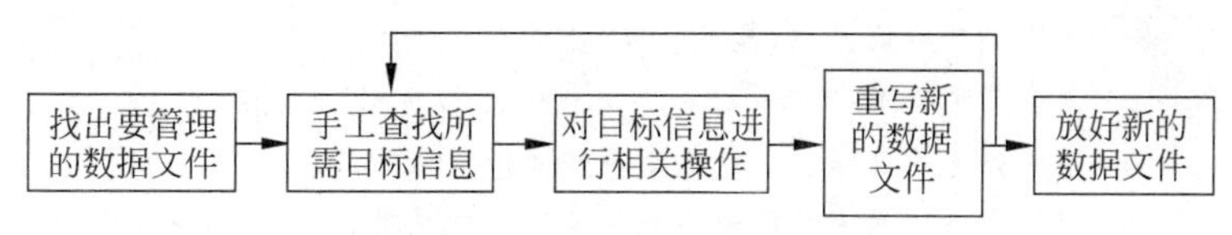

图 3-1　人工操作处理过程

3.4　人员

操作人员：冼锡智

3.5　设备

操作人员加计算机本身

第 4 章　所建议的系统

4.1　对所建议系统的说明

采用软件管理的方法完成企业的人事档案管理。

4.2　处理流程和数据流程

处理流程和数据流程如图 4-1 和图 4-2 所示。

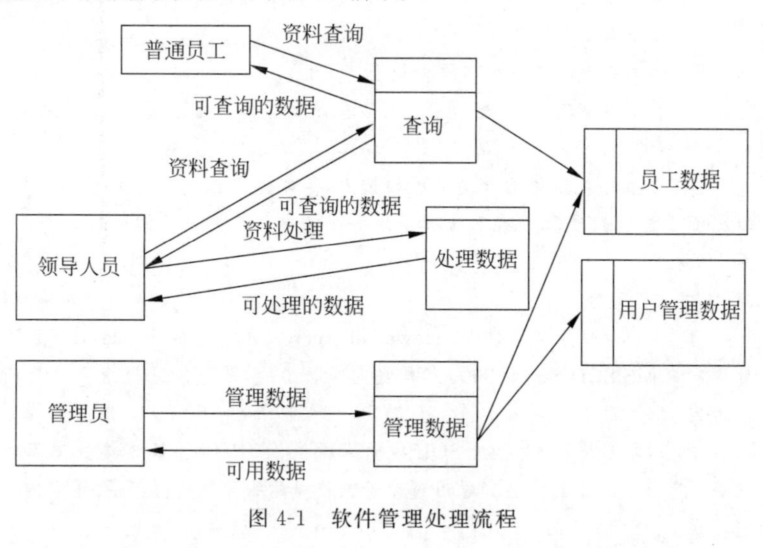

图 4-1　软件管理处理流程

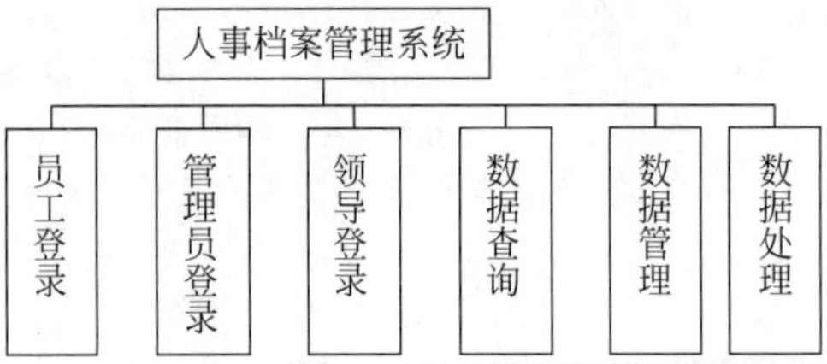

实验结果分析及心得体会

人事档案管理系统

员工登录 | 管理员登录 | 领导登录 | 数据查询 | 数据管理 | 数据处理

图 4-2　数据流程

4.3　改进之处

(1) 尽量减少人力与设备费用。

(2) 在完成功能前提下,提高处理速度。

(3) 采取某种标准措施对开发过程进行量化,从而提高控制精度和生产能力。

(4) 采用先进的管理科技改进管理信息服务水平。

(5) 根据各个技术人员的能力水平合理分配任务,从而提高人员利用率。

(6) 提高信息的开放性和共享性。

4.4　设备改进

需要一台性能比较好的计算机作为服务器。

4.5　对软件的影响

需要服务器操作系统、数据库管理系统和未来的产品。

4.6　对用户单位机构的影响

软件系统带给用户方便和高效性同时引进了网络安全问题,所以必须一个专业的网络管理人员。

4.7　对系统运行过程的影响

(1) 原来人工完成的数据录入和数据处理被计算机所代替。

(2) 原本须由人工完成的大量枯燥、重复的数据处理由计算机快速自动地完成。

(3) 用户只是数据源,系统是处理中心。

(4) 由系统自动完成数据源地处理。

(5) 数据存储、恢复的处理完全可以交给数据库管理系统来完成,无须人工手工操作。

4.8　局限性

鉴于现在系统所用的开发工具和技术,不能保证永久兼容以后的操作系统;用户的实际情况不可能一成不变,现在系统也因此不可能永久满足用户的需求。因此本系统存在固有时间有限性。

4.9　技术可行性

(1) 系统软件服务器端 Windows NT Server、客户机端 Windows NT Workstation、数据库管理系统 MS SQL Server 2000 都是我们所熟悉的,从系统分析的要求看,该系统的功能目标能达到。

(2) 本项目涉及的技术:SQL 数据库操作、TCP/IP 协议连接数据库通信、C++Builder 控件等技术都是一些我们已经学习过而且比较成熟的开发技术,利用现有的技术,该系统的功能能实现。

<table>
<tr><td>实验结果分析及心得体会</td><td>4.10 社会因素的考虑
4.10.1 法律方面的可行性
本软件系统专门针对用户的要求，是人事管理系统的一部分，客户方的目标是提高人事的管理质量，符合国家现在的要求。我们也必然保留我们的版权，软件系统的版权受法律的保障。
4.10.2 使用方面的可行性
有良好的管理界面和客户界面，都是采用习惯的操作界面以提高操作的方便性，具有很高的效率和可靠性，具备一般计算机操作水平的客户都能使用。
第5章 结论
由各个方面分析得出结论：本软件系统的开发可以按照计划日期开始进行。</td></tr>
<tr><td>成绩评定</td><td>教师签名：
20××年 月 日</td></tr>
</table>

备注：

现在从国家到地方政府，每年都有关于科学研究的投资，要取得政府对于科研项目的支持，就要向政府申请，这种申请报告也就是项目的可行性报告，内容与规范基本相同，因项目的侧重不同报告形式上有比较大的差别。因为政府对于不同的研究领域要求有所不同，所以每年不同的研究领域的项目都有一个项目申请指南。指南里面有申请报告提纲，提纲的每一项填写内容都有撰写范围。下面给出一个项目申请报告的实例，因为篇幅所限，有些部分省略了。

××省特色重点学科申报书

学科名称：计算机科学与技术

申报单位：（盖章）×××××学院

所属领域：工 学

项目负责人：××××联系电话：________手机：18×××××××××3

电子邮箱：7×××××××5@qq.com

申报日期：20××年××月××日

××省×××厅

二○××年××月制

填写说明(略)

一、学科概况

学科名称：计算机科学与技术。

(一) 本学科的优势与特色简介

学科特色：**坚持"面向应用,面向地方经济建设,以应用促发展"的方针**,紧密结合某地区、特别是某地区的信息产业发展和信息化工程,确定学科发展方向,以软件工程、网络新技术作为主攻方向,逐步形成"应用型"学科特色。

学科优势：参与并完成国家自然科学基金3项,完成省、部级科研项目2项；完成一批与企业合作项目。2009年成功开发了"中国电信手机芯片操作系统"；完成省质量工程项目等项目8项,完成校级项目13项。近3年团队教师在省级及以上期刊发表论文50余篇,注册软件著作权3项,获得各种教学及科研奖项40余项。拥有一支观念新、素质高、经验丰富和具有创新和奉献精神的专职教师队伍。

(二) 本学科的主要研究内容及前期研究基础,拟重点突破或拟解决的关键问题,预期成效等

本学科面向未来网络环境下人机物融合的新型应用,研究互联网环境下软件的协同构造、运行管理、可信评估与持续演化相关的软件工程理论、技术和工具平台；研究云计算模式下的信息融合、知识管理与分享理论与技术；面向各种无线和移动网络环境,研究移动应用技术、物联网技术、云计算技术以及通信系统中的信任评估与安全技术等。

在移动应用技术、软件工程理论、多媒体技术、云计算技术和网络安全技术等方面完成科研项目3项,软件著作权若干项,研究论文多篇。

准备在移动应用技术、软件工程理论、技术和工具以及通信系统中的信任评估与安全技术等方面开展进一步的探索与研究。力争获得省级及以上项目3～5项,科研经费年均保持在100万元以上；发明专利有突破；发表高水平学术论文20篇；力争1～2项省部级科研奖励,在学科重点研究方向上形成鲜明的特色。

(三) 本学科在学校规划中的定位,以及对学校整体水平以及服务经济社会发展的意义和作用

××理工学院办学定位于应用型本科院校,以工学为主,文学、经济学、管理学、艺术学等协调发展,以服务社会为宗旨,以就业为导向,以培养应用技术技能为核心,以职业发展为根本,立足某地区,面向全省,主要培养××省、特别是某地区区域经济发展所需要的应用型技术型人才。

计算机科学与技术是学院重点学科。计算机科学与技术学科作为信息技术、软件技术、控制技术、网络技术的核心,随着各行业的工程技术与计算机技术快速结合,在现在以及将来对我校的很多学科专业都有着极强的支撑与互促的作用。

计算机科学与技术作为信息学科、信息专业群的基石,能引领相关的学科专业的发展,能够支持信息相关的商贸类、管理类、控制类学科专业对信息服务、智能技术等专业方向的需要。

××理工学院地处某地区,是某地区唯一一所工科院校,承担计算机类本科专业应用型人才培养任务,在我校发展计算机科学与技术学科,符合地域经济需要,可大大加强我校与地方文化教育、经济建设的结合性。

二、学科建设的必要性和可行性分析

（一）国内外研究现状和发展趋势分析、本学科相关领域国内外最新研究进展和发展前景、国内研究现状和水平分析

（1）计算机科学与技术的发展现状

计算机科学技术具有广泛性：计算机就像一棵参天大树的根部一样已经完全渗入到政治、经济、文化、商业等多个领域，对社会具有广泛性的影响；计算机技术更加专门化，计算机技术特有的高精尖特征使其可以在一些特殊的领域发挥自己的功用；计算机科学技术具有实用性：日常生活中，人们可以使用计算机网络来更加快速、广泛地获得多方面、高质量的国内外信息；工业上，计算机可以利用自身的通信技术和程序编程来完成工业生产中的自动化、辅助设计、信息管理、集成制造等等。

（2）计算机科学技术的发展趋势

计算机科学技术的发展方向，总体来说有几个方面：网络技术与软件技术的完善；计算机科学技术的智能化发展趋势；微处理器和纳米电子技术的广泛发展和应用；计算机科学技术在向环保化发展；计算机科学技术向多个领域全面发展；计算机技术在向人性化方向发展。

未来计算机技术将是一项系统性工程，今天的计算机技术早已经不是过去某个团队或者某个人就能突破现有技术水平实现“第五代计算机”的梦想。计算机技术已经成为集合化程度高的技术工程，该工程需要众多的分工程和辅助工程来实现人类对未来计算机技术发展的诉求。

（3）我国计算机科学与技术研究水平

我国在计算机科学与技术方面的研究取得了显著地成绩，例如高性能计算机，研究水平居世界前列，但总体与国外相比还存在一些差距。需要大力发展计算机科学与技术相关产业，更需要在高校建设高水平计算机科学与技术专业，为该产业培养高水平应用型人才，促进相关产业发展。

（二）国家、我省和地方区域（行业）需求（必要性）分析，本学科所面向的国家和区域（行业）经济建设、科技进步、社会发展以及学科自身发展的重大需求

十八大报告提出：“坚持走中国特色新型工业化、信息化、城镇化、农业现代化道路，推动信息化和工业化深度融合、工业化和城镇化良性互动、城镇化和农业现代化相互协调，促进工业化、信息化、城镇化、农业现代化同步发展”，信息化进入了全面发展的新阶段。

××省作为全国信息产业基地，本地的经济建设需要大量计算机技术的高级应用专门人才。据权威网站统计，2015 年以来的五年内，我国信息化人才总需求量高达 1500 万～2000 万人，其中“软件开发”“网络工程”“电脑美术”等人才的缺口最为突出。以软件开发为例，我国软件人才需求以每年递增 20%的速度增长，每年新增需求近百万。

××理工学院地处某地区，处于新兴产业大发展时期。某地区“十三五”发展规划指出“推动具有自主知识产权技术的应用开放和产业化推广，组织实施高技术产业化专项，提升发展电子信息、软件和集成电路设计等高技术产业，延伸和完善产业链与创新链”，××理工学院是某地区唯一一所工科类院校，承担计算机类本科专业应用型人才培养任务，在我校重点建设计算机科学与技术学科，符合地域经济需要，可大大加强我校与地方文化教育、经济建设的结合性。

（三）本学科已形成的特色和优势，以及对学科建设的意义和作用

（1）学科基础雄厚，与相关专业相互支撑

我校的计算机科学与技术学科主要是以现有的计算机应用技术专业、软件技术专业、计算机信息管理专业、电子信息工程专业和机械电子工程专业为依托。计算机应用技术和信息管理技术专业创办均有近 12 年，通过多年的教学与专业建设，积累了非常丰富教学经验；软件技术专业于 2010 年开设，已有 4 届毕业生。无论在理论课教学还是实践课教学方面，计算机科学与技术（应用型）学科条件均比较成熟，完全有能力在现有专业基础上建设好计算机科学与技术重点学科。

（2）教师队伍能力强，成绩突出，结构合理

本学科有一支观念新、素质高、经验丰富和具有创新和奉献精神的专职教师队伍，能满足学科的专业理论与实践教学以及教科研的需要；有一批来自企业一线的企业技术骨干、技术精英组成的兼职教师队伍。

（3）教学设备齐全，功能完善，实习基地建设效果突出

校内实践教学基地：现有实验、实训室 26 个，实验设备齐全，可保证专业基础课、专业课的实验开出率 100%。校外实践教学基地：在长期的教学实践与社会服务中，已与××××网络科技有限公司、××××计算机技术服务有限公司、××X 通信科技股份有限公司、××××信息科技有限公司等 20 余家单位展开合作，并签订了校企合作协议书。建成的校内外实习基地为学生的实习实训提供了充分的场所、技术及师资保障，受到了学生的欢迎，用人单位的赞赏。

（四）本学科的人才队伍基础

包括规模和结构、高层次人才和团队情况等。

本学科现有专职教师 24 人。在职称结构上，教授 2 人，副教授 4 人，高级工程师 2 人，副高及以上职称占教师总数 33%，中级职称 16 人，占教师总数 67%，双师型教师 16 人，占教师总数 67%；在年龄结构上，45 岁以下的教师 18 人，占教师总数 75%；在学历结构上，博士 1 人，硕士 20 人，占教师总数 88%。

（五）本学科近三年承担的国家和省部级重大项目，已发表或出版的高水平论著、已取得的专利、奖励，获采纳的咨询报告等主要成果

作为重要参与人参与国家基金项目 1 项、省基金项目 1 项；完成教育部教指委项目、国家教师基金项目、省质量工程项目等重要项目 8 项，完成校级项目 15 项。近 3 年专任教师在省级及以上期刊发表论文 50 余篇，注册软件著作权 3 项，获得各种教学及科研奖项 40 余项。

学科发展必须依靠科技项目和研究成果充实内涵，只有拥有大批高水平的项目、成果，才能更好地奠定学科发展的基础；科研是最好的创新活动，将科研与学科建设紧密结合起来，科学研究、学科建设、人才培养就能形成一个良好的循环和互动。

（六）本学科建设已具备的支撑条件

包括实验平台和大型仪器设备等，国家和省部级创新平台或研究基地等在项目中所起的作用。

（1）较为完善的校内实践教学基地

现有专业实验室 20 个（包括计算机网络类实训室 4 个和软件设计类实训室 7 个），可承

担培养方案中所有网络类实验和软件设计及开发类实验，实验开出率100%。为了建设应用型本科专业，学院建成了一批专业基础实验室(6个)。这些实验室将为培养计算机科学与技术应用型本科人才奠定坚实的物质基础。

(2) 充足的校外实践教学基地

在长期的教学实践与社会服务中，已与××××网络科技有限公司、××××计算机技术服务有限公司、××××通信科技股份有限公司、××××信息科技有限公司等20多家单位展开合作，并签订了校企合作协议书。保证了学生需要实习时有充足的实习岗位，能学到并掌握岗位需要的技能。

(3) 适合学生发展的校企共建实践教学基地

2014年6月与××××计算机技术服务有限公司合作共建了××××学院××××计算机技术服务有限公司软件技术实践教学基地。为学生的实习实训提供充分的场所、技术及师资保障。

(4) 先进的智能制造研究院

学院与某地区人民政府和某地区数控装备协同创新研究院合作建立了××××智能制造研究院，研究院将建造智能制造(机器人)应用推广基地，搭建高要机器人应用创新中心，形成机器人“个性研发—批量生产—产业规模”的生态链，展示适应高要本地产业特点的国内外最新工业机器人，为企业提供“机器换人”的产业升级方案和关键技术的解决方案。××理工学院作为应用型本科院校，深入贯彻国家省市创新驱动发展战略，顺应地区经济发展，密切服务地方经济是学院发展的需要。

(七) 本学科的人才培养情况

包括人才培养的规模和结构、推进人才培养模式改革的情况以及保证人才培养质量的主要措施和已取得的成效。

计算机科学与技术专业于2015年开始招收本科生，首届招生××××人，超出预计招生人数1倍以上，说明该专业受到了考生的欢迎。

本学科面向区域经济建设和社会发展，以计算机科学与技术专业人才培养目标为建设依据，以学生的层次和实际出发，以改革教学内容、优化教学方法和手段为重点，以加强课程教学基础条件为保障，构建融传授知识、培养能力、提高素质于一体的“工程化、应用型、理论与实践并重”的课程体系。

建立了以学生创新能力和工程应用能力培养为目标的“两个平台、一个结合、三个途径”的应用型人才培养模式，即搭建校内实训平台和企业实训平台；教育形式坚持“产—学—研—用”结合；构筑三个实践训练途径：校内实训，校外实践基地实训以及顶岗实训、项目引领、创业培育多种形式和途径，培养和提高学生工程实践能力。

(八) 本学科主要研究内容和项目基础与国内外相比的特色和优势，以及取得重大突破的可行性分析

近几年来，我院在计算机科学与技术方面的研究紧跟国际步伐，取得了一定的成绩，并在移动应用技术、软件工程理论、云计算技术和网络安全技术等方面做了一些应用研究探索，预计在以下几个方面取得突破：

(1) 移动应用技术方面，在线益智休闲手机游戏方面进行了研究与开发；

(2) 软件工程理论方面，学科主要带头人在该方向取得了丰硕成果，学科组青年教师在

该方向进行了一些研究探索，发表了多篇研究论文；

(3) 云计算技术和网络安全技术方面，学科组教师承担了该方向科研课题两项。

三、项目建设目标

针对本学科的内涵提升，以及解决国家和区域(行业)重大需求的预期贡献，在汇聚资源、学科水平提升、人才队伍建设、高层次创新平台建设、承担重大项目、专利创造与应用、成果转移转化、高层次人才培养等方面分别提出具体量化的考核目标。

凝练研究方向，加强研究方向的队伍建设，积极推动各研究方向的科学研究，努力培养研究团队的素质、活力和创新意识，提高团队的整体水平。

师资队伍：建设有利于中青年教师成长的机制和环境。全面实施人才战略，采取"引进与培养并重"的原则，建设和造就一支学术水平高、结构合理、能适应学科快速发展需要的学术梯队。致力培养年轻教师，鼓励年轻教师出外合作研究，博士教师从事博士后研究，至××××年年底，力争培养和引进45岁以下的学科带头人1名，引进博士2～3人。至××××年底，力争培养和引进45岁以下的学科带头人2～3名，培养"省杰青"1人、××省教学名师1人、引进博士3～5人。

人才培养：培养本科生2500余名，本科生考研比例逐年达到15%～20%；至××××年年底，力争建设省级精品开放课程1门，至××××年年底，力争建设省级精品开放课程1～3门和××省教学成果奖1～2项。

科学研究：着重研究网络新技术、云计算技术、移动应用技术、软件工程理论和多媒体技术；平均每年获省级项目1～2项，科研经费年均保持在100万元以上；在学科重点研究方向上形成鲜明的特色。至××××年年底，获发明专利3～4项，专著(教材)3～5部，高水学术论文20篇以上；至××××年年底，获发明专利3～5项，专著(教材)2～5部，高水学术论文30篇以上。力争获得省部级及以上科研奖励。

条件建设：××××年年底，建成校级实验教学示范中心1个、校级产学研结合示范基地1个，建设某地区工程技术研究中心1个；至××××年年底，力争建成省级实验教学示范中心1个、省级产学研结合示范基地1个，力争建设省级工程技术研究中心1个。

社会服务：坚守以服务社会为宗旨，以就业为导向，以培养应用技术技能为核心，以职业发展为根本，立足某地区，面向某地区，主要培养××省特别是某地区区域经济发展所需要的应用型、技术技能型人才。同学界和企业界建立广泛交流结合，通过产学研合作，5年内有科研成果转化并实现产业化，并产生较大的经济效益。

通过5年的建设，力争获得专业硕士点。

四、学科建设任务及措施

建设任务要重点阐述围绕国家和区域(行业)经济社会发展和产业转型升级需求或瞄准学科前沿所要解决的关键问题的内涵。

(一) 主要研究方向(原则上不超过3个)

分别简要阐述各研究方向的具体研究内容和拟解决的主要问题、学术带头人简况(年龄、专业、职称、主要学术业绩等)以及确定该方向的依据。

学科方向名称：应用软件设计理论与方法。

本方向研究应用软件设计理论与方法，开发应用软件。

特色：①理论先导：以应用软件产品及产品规格描述为中心，提出形式化软件方法与非形式化软件方法相结合的设计理论，研究基于移动计算机的应用软件设计理论与方法。②面向应用：研究基于分布式网络环境，软件产品实时、多业务等问题；率先在国内开展了移动计算系统面向方面的方法的研究，将软件理论及软件工程领域取得的研究成果应用到移动计算系统的开发过程中，具有理论和应用相结合的特色。

优势：参与并完成国家自然科学基金3项，完成省、部级科研项目两项；完成一批在××省有影响的项目，2009年成功开发了"中国电信手机芯片操作系统"；完成省质量工程项目等重要项目8项，完成校级项目13项。近3年团队教师在省级及以上期刊发表论文50余篇，注册软件著作权3项，获得各种教学及科研奖项40余项。

学术带头人×××教授，研究方向软件工程、软件体系结构、数据库应用、计算机网络与分布式计算等。2000年以来，已毕业硕士研究生53人，工程硕士研究生84人，其中3名硕士生考取国内名牌大学等的博士研究生。主要荣誉：三次获省科学技术进步奖三等奖(第一名次)；主要论文有 *Algorithm on Thinking in Term of Images*(ICISIP-2005，152—155)；主要著作有《软件工程》(清华大学出版社)等53篇(部)；参加国家级项目5项；省部级项目6项；主持省自然科学基金项目2项，省重点攻关项目1项；横向课题49项。

(二) 本学科在人才队伍建设

主要是领军人物和学科学术带头人的培养和引进、高层次创新平台建设、创新人才培养、科研与服务经济社会发展等方面的计划和具体措施(包括政策保障、经费投入计划、实施步骤等)。

加强学科队伍建设和高水平学科带头人的培养，引进高层次人才和学术带头人，计划引进1～2名学科带头人。每年争取引进1～2名博士，每年力争送出1名青年教师攻读博士学位，送出1名教师到国内或国外的名牌大学进行学习或做访问学者，以提高学术水平和科研能力。

(三) 学科建设进度计划

2016—2017年度，引进和培养学科带头人各1名；出版专著(教材)2本，发表高水平论文10篇；申报省级项目1项；建成专业实验室2个。

2017—2018年度，引进学科带头人1名；出版专著(教材)1～2本；发表高水平论文10篇；建成专业实验室1个，建设某地区工程技术中心1个；申报省级项目1项；获发明专利2～3项。

2018—2019年度，培养学科带头人1名；出版专著(教材)1～2本；申报省级项目1项，发表高水平论文10篇；获发明专利1～2项；建成某地区产学研结合示范基地1个，申报省级产学研结合示范基地1个、省级工程技术研究中心1个；完成学科建设中期目标。

2019—2020年度，引进高水平学科带头人1名；申报省级项目1项；获发明专利3项；发表高水平论文20篇；力争建成省级实验教学示范中心1个、省级产学研结合示范基地1个、省级工程技术研究中心1个；力争获得专业硕士点。

五、体制机制改革任务和目标

建立有利于学科发展和协同创新的运行机制、有利于人才创造性发挥的绩效考核和评价机制等的基本思路和切实可行的具体措施。包括大学治理体系、人事制度、教育教学、科研管理、资源汇聚与配置等方面内容。

(1) 建立学科建设责任专家组制度，为学科建设保驾护航。学科建设管理采用责任专家制度，外聘国内外本学科知名专家组成责任专家组，围绕学科建设目标，制定科学合理的学科发展规划、绩效考评以及人才激励制度；建立科学研究、成果转化、发展经济及人才培养相结合的创新人才培养模式；建立和完善资源配置与绩效结合的考核机制；指导、检查和考核项目的执行情况；适时优化调整学科布局，促进学科的建设和发展。

（2）加强科研团队建设，提高科学研究水平。加强学科研究团队的建设，完善研究团队管理办法，定期开展学术交流，培养造就高水平学术带头人，提高科学研究水平，组织申报地区和国家重大科研项目；定期召开教授、博士学术交流会。定期和不定期邀请国内外学术大师来学院讲学与交流；积极争取举办国际学术会议；制定并执行科研奖励政策，对获得国家自然科学基金项目、国家重大科技计划项目、各级政府奖励、知识产权、SCI 收录高档次论文等给予奖励；加强与国内外名校合作，提升我院科研水平；加强与著名大企业的合作，形成产学研的优良环境，加强科技转化。

（3）加强科研条件建设力度，建立资源共享的运行机制。积极创造条件，建设省级实验教学示范中心。加强学院高性能网络建设，建立基于区域云的计算机学科优质课程群平台。建设一批重点实验室、工程技术研究中心、产学研结合示范基地。

（4）加强青年教师培养力度，建设高水平师资队伍。建立与健全师资队伍建设规范化、制度化保障机制；鼓励中青年教师成长，制订计划，提供条件与举措，建立与健全有利于中青年教师成长的机制和环境，选送中青年教师外出学习，提升中青年教师的学历与科研水平。全面实施人才战略，采取各种引进方式，建设和造就一支学术水平高、数量和结构合理、能适应学校快速发展和地方经济建设需求的学术队伍。制订计划和目标，加强校际合作与交流，与国内外名校建立合作关系。发动全院教职工，制定可行的办法与方案。

（5）发挥学科优势，完善创新人才培养模式与方法。制定并完善人才培养的细则及规范；建立网络教学资源、网络实验资源；建立各类课外科技活动兴趣小组；奖励学生获得各类奖励；落实我院创新班建设，以建立基于区域云的计算机学科优质课程群为契机，建设以学生科研实践、创新人才科研能力提升为目的的一批开放式课程。制定政策，引导大学生，促使学生脱颖而出。

（6）产学研结合，提高社会服务质量。结合某地区经济发展特色，坚持为地方经济建设、社会发展和科技进步服务。注意专业设置、课程教学、实验、实习与社会发展需要对接，与就业及经济发展对接。

六、项目预期标志性成果

分析建设本学科在解决关键问题，服务国家和区域（行业）经济发展需求，促进学科发展、队伍建设、平台建设、科学研究和人才培养等方面所产生的影响，描述预期取得的主要标志性成果（分 2018 年、2020 年两个阶段），可以是获得重大科研奖励、发表高水平论著、重大专利及其转化、研制新技术新产品新工艺、获批重大创新平台等。

至 2018 年年底，引进和培养学科带头人各 1～2 名，引进博士 2～3 人；出版专著（教材）3～5 本，发表高水平论文 20 篇以上；申报省级项目 1～2 项；建成专业实验室 2～3 个、校级实验教学示范中心 1 个；申报省级项目 1 项；获发明专利 3～4 项。

至 2020 年年底，引进高水平学科带头人 1～2 名；引进博士 3～5 人，培养省杰青 1 人；申报省级项目 2～3 项；获发明专利 3～5 项，发表高水平论文 30 篇，出版专著（教材）2～5 本，争取获得省级奖励；力争建成省级实验教学示范中心 1 个、省级产学研结合示范基地 1

个、省级工程技术研究中心 1 个；力争获取省部级科研奖励 1～2 项。

七、项目建设资金预算及主要用途

(一) 需省里支持的专项资金预算及主要用途

重点学科建设期 2016—2020 年，建设期间需省里每年支持 80 万元专项经费，共计 400 万元。其中 280 万元用实验基地建设和购买科研设备，120 万元用于高水平人才引进和师资培训。

(二) 其他各级财政资金预算及主要用途(说明资金来源、筹措计划、保障措施、如何管理等)(略)

(三) 学校自筹资金预算及主要用途(说明资金来源、筹措计划、保障措施、如何管理等)(略)

学院自筹资金 500 万元，按学科建设相关制度，每年入账 100 万元，按学院财务管理制度进行使用。其中 350 万元用于实验室建设和购买科研设备，150 万元用于人才培养、人才引进和师资培训。

(四) 企业投入资金预算及主要用途

企业投入资金 200 万元，按学院财务管理制度使用。主要用于项目研究、软件开发，以及购买必要的项目研究所需设备、仪器和软件等。

八、学科申报简况表(略)

第6章 课程实验3

6.1 实验题目

软件需求分析。

6.2 实验安排

6.2.1 实验目的

(1) 掌握系统的功能描述、性能描述方法。

(2) 掌握需求分析工具数据流图、数据字典等。

(3) 掌握系统需求分析的步骤和方法。

6.2.2 实验内容

用结构化数据流分析技术进行软件系统需求分析,得出系统的数据流图和数据字典。

6.2.3 实验步骤

(1) 对于所选定的题目和本题的《可行性研究报告》充分理解要求。

(2) 将理解的所有用户可能的需求列出,同时也列出存疑的问题,向问题提出者(老师)提出疑问并获得解答。

(3) 收集资料,了解国内外对于题目中各类需求的最新求解方法及其解。

(4) 将用户提出的需求和分析得出的需求列出,并进行初步的描述。以此与用户反复交流,并认真听取意见,反复修改。

(5) 对所有用户需求进行整理,使其具有系统性。

(6) 与用户交流系统中必备的系统需求,同时解释系统不可能实现的需求。

(7) 认真进行严格的系统定义。

(8) 对所有需求进行一致性整理。

(9) 画出系统数据流图(分清系统是事务型还是加工型)。

(10) 得出系统数据字典。

(11) 撰写需求分析报告。

6.2.4　实验要求

要求做到使用结构化数据流分析技术分析课题需求，写出详细的数据流图和数据字典，数据流图基本处理的个数不得少于5个。

6.2.5　实验学时

本实验学时为4学时。

6.3　实验结果

软件需求说明书的编写提纲指南如下。

1. 引言

1）编写目的

说明编写这份软件需求说明书的目的，指出预期的读者。

2）背景

(1) 待开发的软件系统的名称。

(2) 本项目的任务提出者、开发者、用户及实现该软件的计算中心或计算机网络。

(3) 该软件系统同其他系统或其他机构基本的相互来往关系。

3）定义

列出本文件中用到的专门术语的定义和外文首字母组成的原词组。

4）参考资料

列出用得着的参考资料，如：

(1) 本项目经核准的计划任务书或合同、上级机关的批文。

(2) 属于本项目的其他已发表的文件。

(3) 本文件中各处引用的文件、资料，包括所要用到的软件开发标准。列出这些文件资料的标题、文件编号、发表日期和出版单位，说明能够得到这些文件资料的来源。

2. 任务概述

1）目标

叙述该项软件开发的意图、应用目标、作用范围以及其他应向读者说明的有关该软件开发的背景材料。解释被开发软件与其他有关软件之间的关系。如果本软件产品是一项独立的软件，而且全部内容自含，则说明这一点。如果所定义的产品是一个更大的系统的一个组成部分，则应说明本产品与该系统中其他各组成部分之间的关系，为此可使用一张方框图来说明该系统的组成和本产品同其他各部分的联系和接口。

2）用户的特点

列出本软件的最终用户的特点，充分说明操作人员、维护人员的教育水平和技术专长，以及本软件的预期使用频度。这些是软件设计工作的重要约束。

3）假定和约束

列出进行本软件开发工作的假定和约束，例如经费限制、开发期限等。

3. 需求规定

1）对功能的规定

用列表的方式逐项定量和定性地描述对软件所提出的功能要求，说明输入什么量，经怎样的处理，得到什么输出，说明软件应支持的终端数和应支持的并行操作的用户数。

2）对性能的规定

(1) 精度。说明对该软件的输入、输出数据精度的要求，可能包括传输过程中的精度。

(2) 时间特性要求。说明对于该软件的时间特性要求，如对响应时间、更新处理时间、数据的转换和传送时间以及解题时间等要求。

(3) 灵活性。说明对该软件的灵活性的要求，即当需求发生某些变化时，该软件对这些变化的适应能力，如操作方式上的变化、运行环境的变化、同其他软件的接口的变化、精度和有效时限的变化以及计划的变化或改进。

对于为了提供这些灵活性而进行的专门设计的部分应该加以标明。

3）输入/输出要求

解释各输入/输出数据类型，并逐项说明其媒体、格式、数值范围、精度等。对软件的数据输出及必须标明的控制输出量进行解释并举例，包括对硬复制报告（正常结果输出、状态输出及异常输出）以及图形或显示报告的描述。

4）数据管理能力要求

说明需要管理的文卷和记录的个数、表和文卷的大小规模，要按可预见的增长对数据及其分量的存储要求作出估算。

5）故障处理要求

列出可能的软件、硬件故障以及对各项性能而言所产生的后果和对故障处理的要求。

6）其他专门要求

如用户单位对安全保密的要求，对使用方便的要求，对可维护性、可补充性、易读性、可靠性、运行环境可转换性的特殊要求等。

4. 运行环境规定

1）设备

列出运行该软件所需要的硬设备，说明其中的新型设备及其专门功能，包括：

(1) 处理器型号及内存容量。

(2) 外存容量、联机或脱机、媒体及其存储格式，设备的型号及数量。

(3) 输入及输出设备的型号和数量，联机或脱机。

(4) 数据通信设备的型号和数量。

(5) 功能键及其他专用硬件。

2）支持软件

列出支持软件，包括要用到的操作系统、编译（或汇编）程序、测试支持软件等。

3）接口

说明该软件同其他软件之间的接口、数据通信协议等。

4）控制

说明控制该软件的运行的方法和控制信号，并说明这些控制信号的来源。

6.4 参考实例

软件需求说明书的编写实例如下。

学生实验报告

<table>
<tr><td>年级</td><td></td><td rowspan="2">班号</td><td rowspan="2"></td><td>学号</td><td colspan="3"></td></tr>
<tr><td>专业</td><td></td><td>姓名</td><td colspan="3"></td></tr>
<tr><td rowspan="2">实验名称</td><td colspan="3" rowspan="2">企业技术开发系统需求分析</td><td rowspan="2">实验类型</td><td>设计型</td><td>综合型</td><td>创新型</td></tr>
<tr><td>√</td><td></td><td></td></tr>
<tr><td>实验目的或要求</td><td colspan="7">实验目的
(1) 掌握系统的功能描述、性能描述方法。
(2) 掌握需求分析工具数据流图、数据字典等。
(3) 掌握系统需求分析的步骤和方法。
实验要求
要求做到使用结构化数据流分析技术分析课题需求，写出详细的数据流图和数据字典，数据流图基本处理的个数不得少于5个。</td></tr>
<tr><td>实验原理（算法流程）</td><td colspan="7">软件工程的基本原理
(1) 用分阶段的生命周期计划严格管理。
(2) 坚持进行阶段评审。
(3) 实行严格的产品控制。
(4) 采纳现代程序设计技术。
(5) 结果应能清楚地审查。
(6) 开发小组的人员应少而精。
(7) 承认不断改进软件工程实践的必要性。
实验步骤
(1) 到相关单位进行需求分析。
(2) 综合利用 Internet 网和相关书籍整理并完善需求分析。
(3) 画出系统数据流图(分清系统是事务型还是加工型)。
(4) 得出系统数据字典。</td></tr>
</table>

<table>
<tr><td>组内分工（可选）</td><td>人员分工表如下。<table>
<tr><td>姓名</td><td>技术水平</td><td>所属部门</td><td>角色</td><td>工作描述</td></tr>
<tr><td></td><td></td><td></td><td></td><td></td></tr>
<tr><td></td><td></td><td></td><td></td><td></td></tr>
<tr><td></td><td></td><td></td><td></td><td></td></tr>
<tr><td></td><td></td><td></td><td></td><td></td></tr>
<tr><td></td><td></td><td></td><td></td><td></td></tr>
<tr><td></td><td></td><td></td><td></td><td></td></tr>
</table></td></tr>
</table>

实验结果分析及心得体会

企业技术开发系统需求分析

第1章 引言

1.1 背景说明

万里通集团公司技术开发作业处(简称技开处)肩负着创新和成熟生产技术、提高产品的科技含量、实现产品的多样化和系列化等重任,因而在“万里通集团公司网络信息管理系统”中,将技术开发作业处作为一个独立但又开放的子系统进行分析、设计和实现。该子系统包括开发作业、试作处理、技术转移、模具作业及开版作业等功能。技开处的组织机构图如图1-1所示,一般说来,开发科和样品科主要负责开发作业,技术科和技转科主要负责生产前试作、技术转移、模具作业、纸版和网版作业。

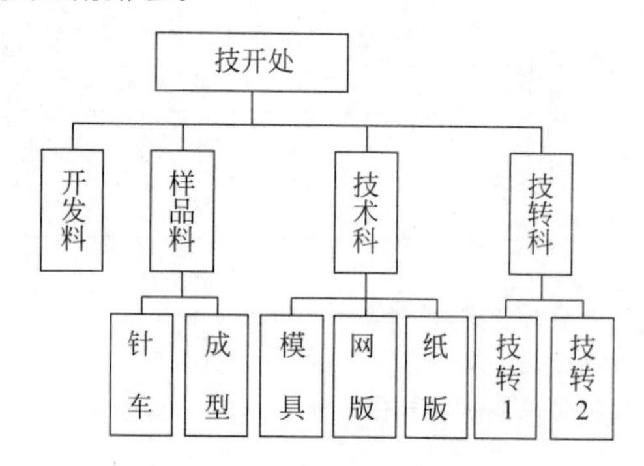

图1-1 技开处组织机构图

1.2 参考资料

参考资料如下:

K6-P-041	技术开发作业管制程序	97.11.01	技开处
K6-W-04103	手剪试作作业指导书	1998.01.02	技开处
K6-W-04104	斩刀试作工作指导书	1997.11.07	技开处
K6-W-04105	量产试作作业指导书	1997.11.07	技开处
K6-W-05102	工程技术资料管制指导书	1998.03.20	技开处
K6-P-094	模具管理程序	1997.11.01	技开处
K6-W-09403	模具立案发包指导书	1997.12.28	技开处
K6-W-09404	模具检查作业指导书	1997.12.28	技开处
K6-W-09428	后套、鞋头定型模制程作业指导书	97.11.13	技开处
K6-W-09412	高周波模制作业指导书	97.11.13	技开处
K6-W-0932	电绣版带制程作业指导书	97.11.13	技开处
K6-W-09411	画线版制程作业指导书	97.11.14	技开处
K6-W-09407	网版制作作业指导书	97.11.13	技开处
K6-W-09410	印刷、电绣、高周波版制程指导书	97.11.14	技开处
K6-W-09409	压底模制作指导书	97.11.18	技开处

1.3 术语和缩写词

新样品开发库:用来存储技开处直接从客户接获的新样品开发接案信息而建立的数据库。

订单合约库、新进订单立案库:用来存储技开处从业务处接获的客户订单——业务处新进订单立案表、订单合约审查表中的信息而建立的数据库。

斩刀试作:用机械实施产品批量前的一个必经阶段,其中包括对制鞋用的刀模的检查、校验,对材料基准用量和制造说明书的修正,对试作问题点的研讨及解决等工作。

第2章 软件总概述

2.1 目标

1. 功能目标

根据ISO 9002质量保证体系的要求,建立起计算机质量信息管理系统,实现四个方面的目

实验结果分析及心得体会

标：①样品制作及确认；②技术标准之订立及修正；③模具制作及分发、使用、修正；④生产试作、生产技术转移、技术指导、技术问题解决和技术训练，从而确保现场生产顺利展开，保证产品质量和交期。

2. 性能目标

结合实际，不强调完全的计算机和自动化，主张人机结合，突出人的智能水平，尽量利用已有的资源，同时考虑系统的实用性、开放性及可维护性。因技开处原有一个 NOVELL 网，并运行 AutoCAD 等绘图软件，而这次使用的是 Windows NT 网络操作系统平台，所以要考虑数据库及其他应用软件的跨平台运行的兼容性和稳定性。

2.2 系统模型

技术开发作业子系统可分为开发作业、订单处理、试作处理、技术转移、模具作业和开版作业六个模块。其中，订单处理是一接口模块，其他五个为业务性或者说作业性特点鲜明的功能模块。

该软件的功能模块树形图如图 2-1 所示。

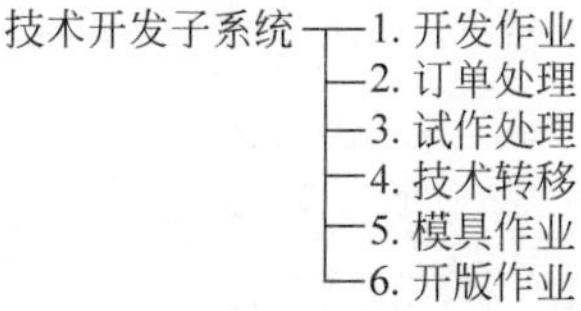

技术开发子系统
- 1. 开发作业
- 2. 订单处理
- 3. 试作处理
- 4. 技术转移
- 5. 模具作业
- 6. 开版作业

图 2-1 功能模块树形图

技术开发子系统的 0 层输入/输出如图 2-2 所示。

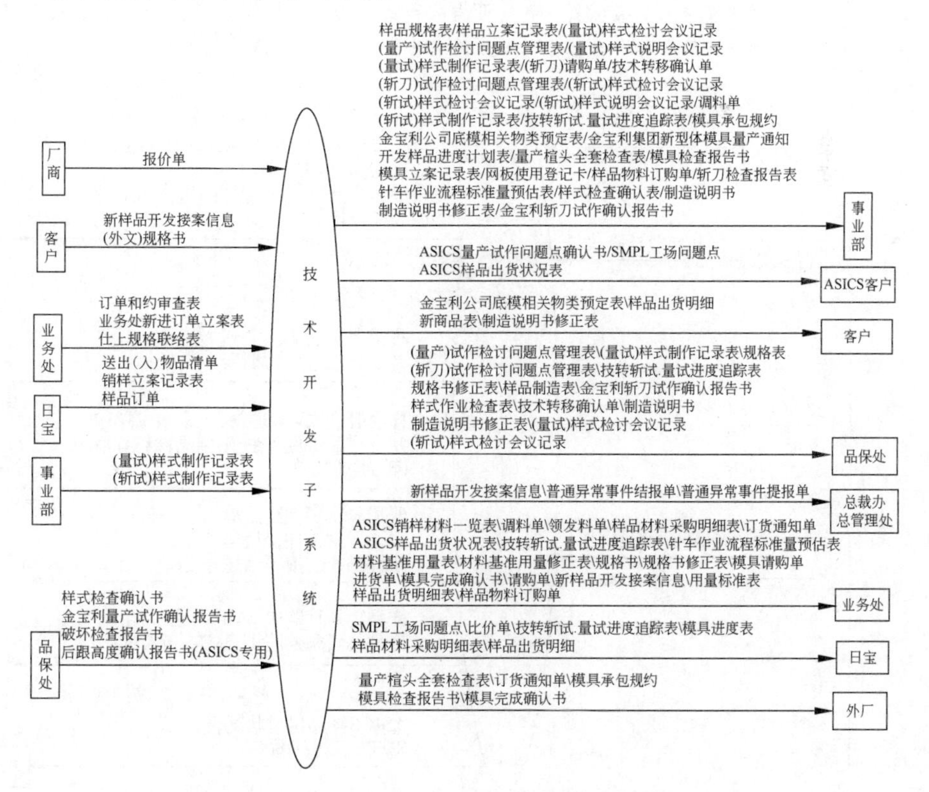

图 2-2 技术开发子系统 0 层输入/输出图

实验结果分析及心得体会

随后分解系统，每个子系统有哪些流动着的数据，哪些需要暂时保存的数据，通过什么加工使数据发生变换。根据系统功能在0层图上分解系统为6个加工，加工的名称及加工之间的数据流在功能说明中有动词和名词与之对应。如图2-3所示为1层图，它说明系统分为6个子系统。

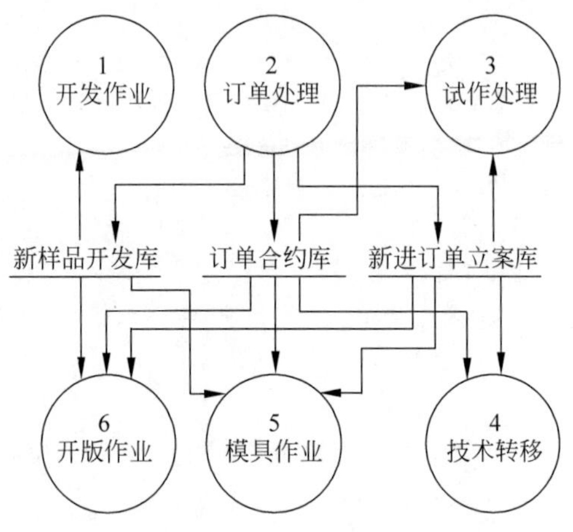

图 2-3 技术开发子系统1层图

第3章 详细需求

3.1 功能需求

1. 开发作业模块

概述该模块主要实现新样品的开发方面的管理工作。其中涉及新模具开模和新版开版管理工作时另调用模具作业和开版作业两个功能模块。开发作业模块的顶层流图如图3-1所示。

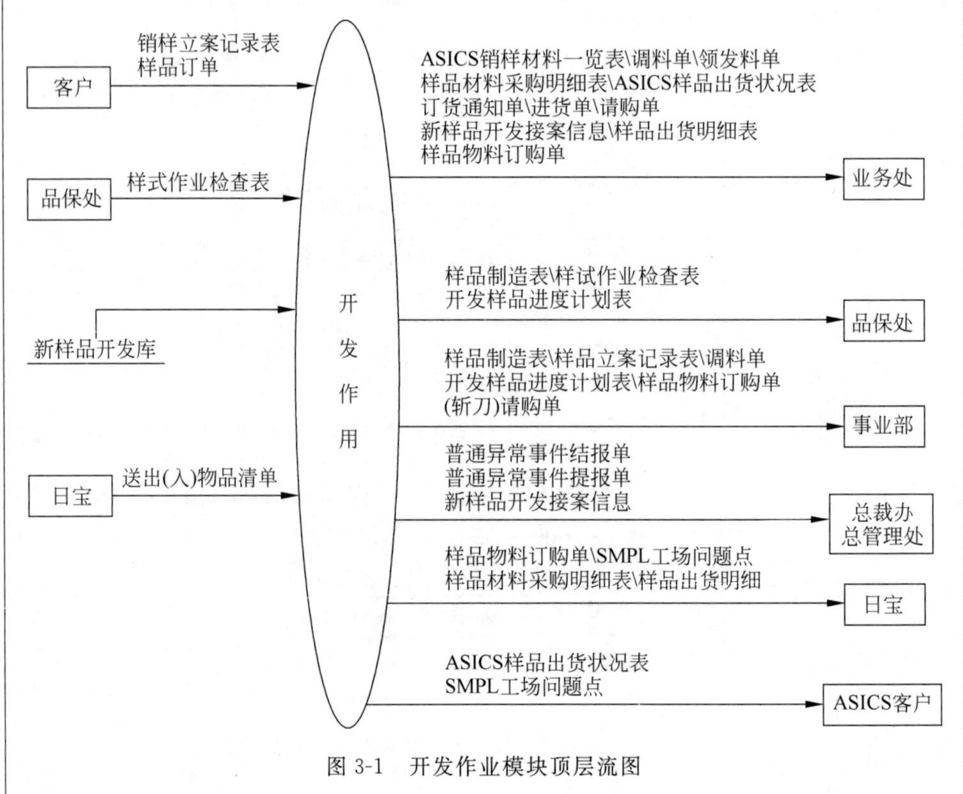

图 3-1 开发作业模块顶层流图

实验结果分析及心得体会

开发作业数据流图分别如图 3-1～图 3-5 所示。

输入：新样品开发库、销样立案记录表、样品订单、样式作业检查表。

处理：开发作业分销售样品和开发样品两类。前者主要指运动鞋样品的开发，后者主要指非运动鞋样品的开发，两者的作业流程大同小异，所以被集成于同一模块中。开发作业模块现行的业务流思路如下。

客户提出样品需求，必须为书面文件，除 ASICS 以外，其他客户的开发需求案件须经有权人签认。

受理的案件由技开处进行作业准备。准备内容包括鞋样/鞋图、规格书、材料色卡、楦头、底图等资料到位，样品规格表的制作及确认。

对于销售样品，客户（主要指日宝）直接传来销样立案记录表及样品订单，因而无须立案即可作业。收到的是开发样品订单——新样品开发接案信息时，则需要立案，立案作业小组由技开处最高主管负责召集，开发人员及相关技术人员参加，共同商议得出结论，当场编立样品立案记录表，由参加人员共同签认。

样品所需的材料被分类制成样品材料采购明细表（又称代请购单）、样品物料订购单，调料作业时由开发科填调料单、领发料单给业务处，如果缺料，则由日宝购料，则传出代请购单，购料就绪后，由日宝填发送出（入）物品清单给开发科；若缺料由技开内部采购，则填发订货通知单给厂商和业务处，购料就绪后，由开发科填进货单，并把厂商发的送货单一同交给业务处；若缺料则由业务处采购科采购，开发科填发请购单给业务处采购科。

样品制造前，应制订开发样品进度计划表、ASICS 开发销样进度追踪表实施进度管理，样品制造过程中和制造结束后应填发样品制作记录表、SMPL 工厂问题点、样品科生产日报表、样品科生产月报表、手剪试作检查表。

样品出货前由品保处填写样式作业检查表进行逐项比对检查，开发样品出货时只需填写样品出货明细，销售样品出货时则要填写样品出货明细、ASICS 销样材料一览表、ASICS 样品出货状况表。

输出：见图 3-1。

内部生成数据：见图 3-2～图 3-5。

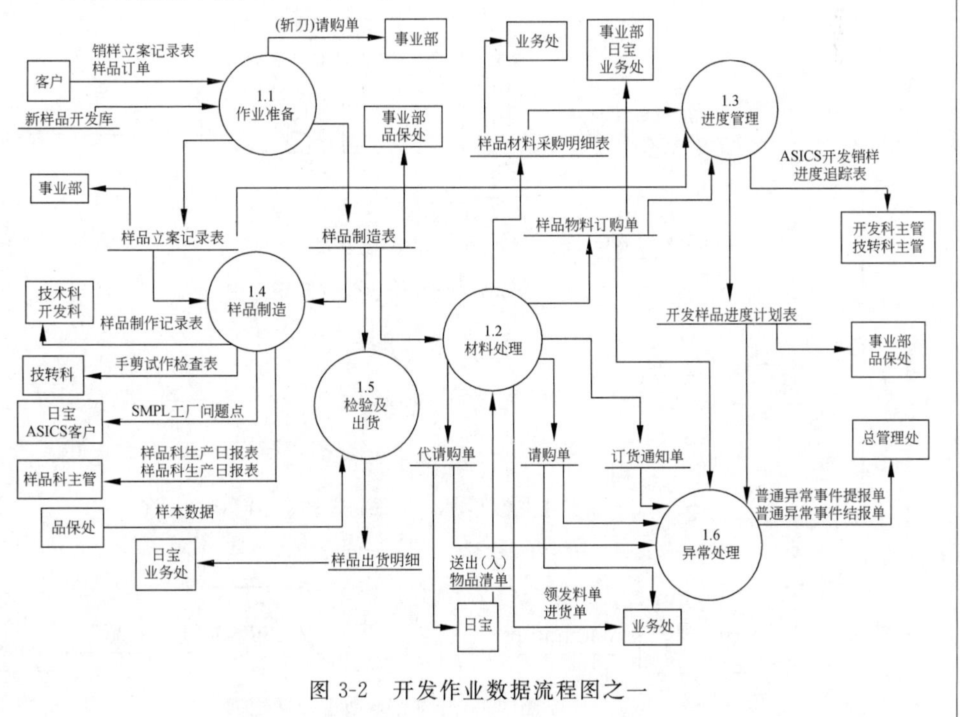

图 3-2　开发作业数据流程图之一

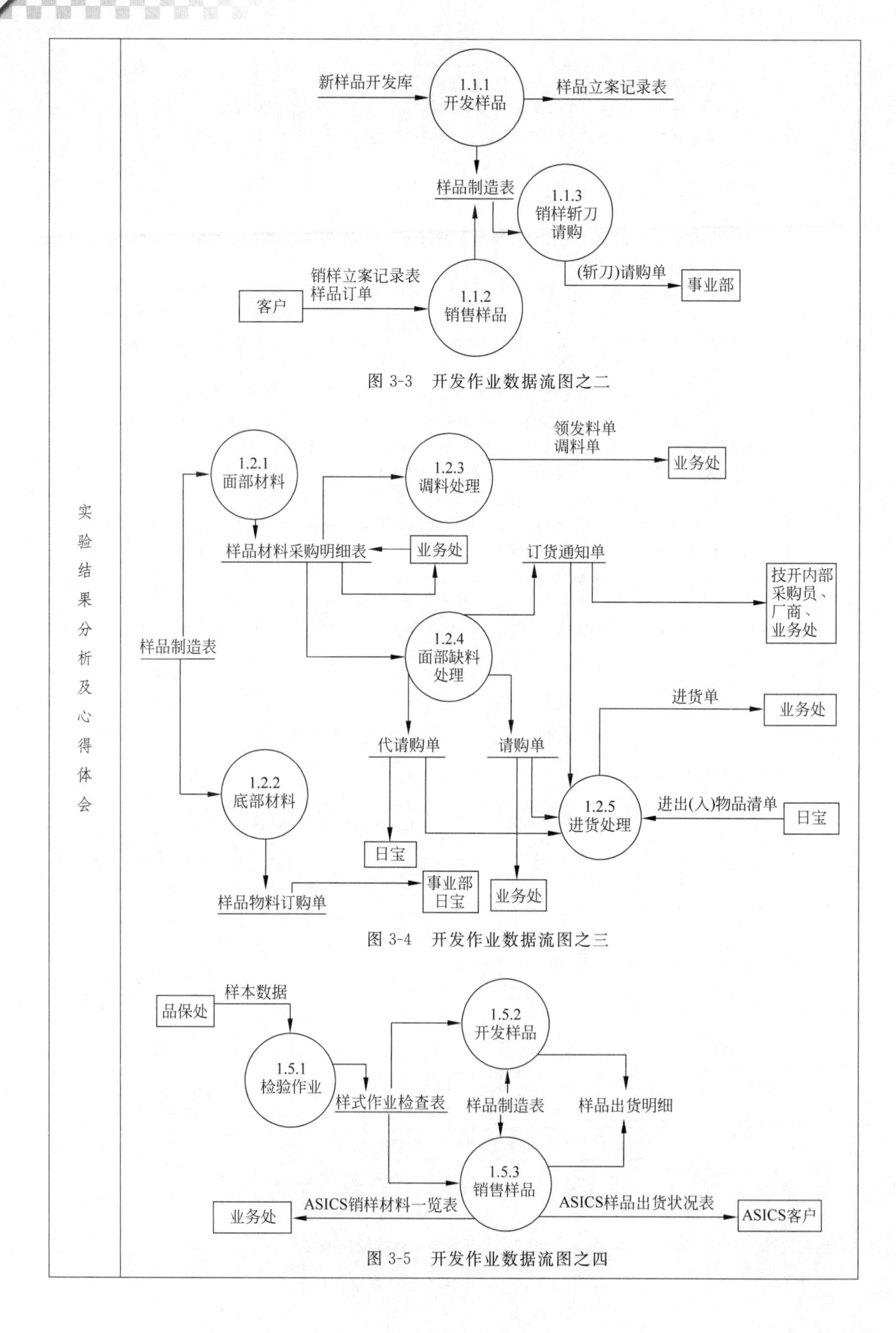

图 3-3 开发作业数据流图之二

图 3-4 开发作业数据流图之三

图 3-5 开发作业数据流图之四

实验结果分析及心得体会

2. 订单处理模块

概述：该模块是一接口模块，用来描述和处理其他子系统同一条数据流(表单)进入技术开发处理子系统后流向多个功能模块的情形。该模块的顶层流图及内部数据流图分别如图 3-1 和图 3-2 所示。

输入：新样品开发接案信息、订单合约审查表、业务处新进订单立案表。

处理：对客户直接传来的订单或者业务处中转过来的客户订单进行处理，在内部数据流图上描述时建立数据库存档，而对其他功能模块顶层流描述时则直观地从数据库中读取数据。

输出：见图 3-6。

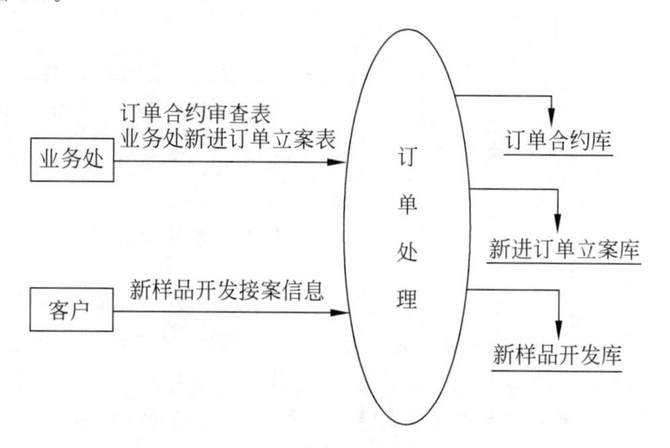

图 3-6　订单处理顶层流图

内部数据生成：见图 3-7。

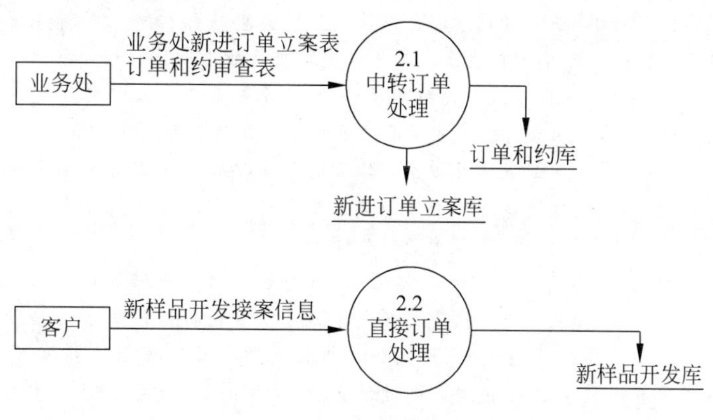

图 3-7　订单处理数据流图

3. 试作处理模块

概述：该模块用于实现生产前试作，即手剪试作和斩刀试作阶段的电脑化管理工作。其中涉及的新模具开模管理在模具作业模块中有详尽叙述。试作处理模块的顶层图如图 3-8 所示。

输入：订单合约库、新进订单立案库、(外文)规格书、仕上规格联络表、(斩试)样式制作记录表。

处理：该模块基于的现行的业务流思路如下。

业务处接获新型体订单时，应立即抄送技开处进行生产前试作有关作业准备，准备内容包括规格书、材料明细、用量计算表等有关文件制作，楦头、纸版、模制具、材料到位及品质确认，材料使用及制作技术的研讨。

实验结果分析及心得体会

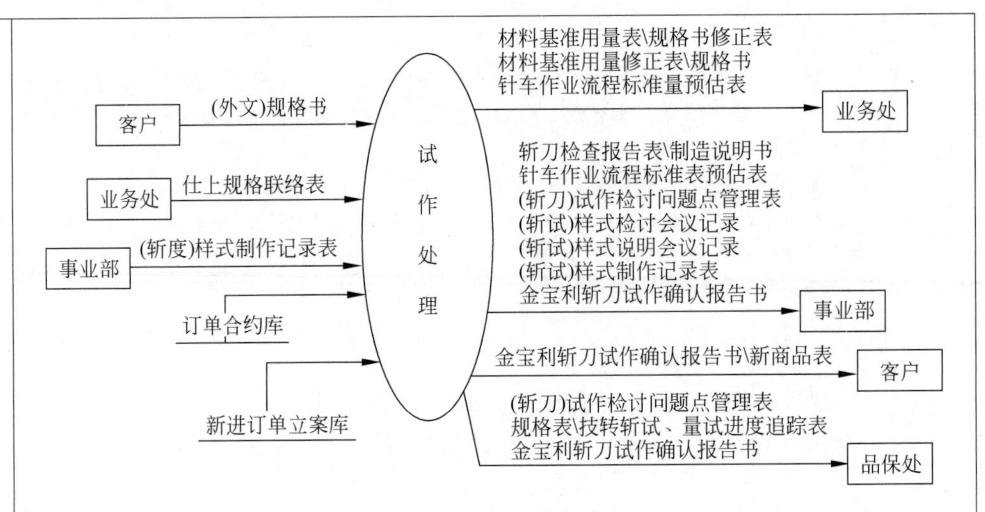

图 3-8 试作处理模块顶层图

试作前的立案由技开处最高主管负责召集，依作业准备做成结论，当场编立试作立案记录表。手剪试作前应制定好技转斩试量试进度追踪表、纸版级放手剪进度表、手剪样式说明会议记录等表单，手剪试作过程中及时研讨，研讨时由相关人员提出问题点，版师和技开最高主管确认结果，并把检讨结果填在手剪试作检查表上，由版师将问题点完全处理后级放全套纸版整理送打刀，随后要计算针车标准量预估，经以上环节，要填写手剪样式制作记录表、手剪样式检讨会议记录、针车作业标准流程量预估表，并制定好制造说明书，为斩刀试作作准备。

斩刀试作说明会召开后到斩刀回厂前，生产单位应抓紧备料，通用材料由资材发料，特殊材料由技开提供，手剪负责人应在手剪试作时盘查特殊材料。模制具应在斩试前 24h 内提供给事业单位。生产单位在生产过程中如发现欠料应通知技开处协助追踪处理。手剪试作制程负责人应及时填写斩刀试作说明会资料，经技开最高主管核准后分发相关单位作参考并存档备查，斩试说明会由案件负责主管召集事业单位制造作业之主管召开，会议针对各制程作业重点、注意事项进行详细说明及讨论。斩刀回厂后，生产单位应用新斩刀斩灰纸版提供给技开确认，确认后的灰纸版提供给现场作为查证斩刀的依据。在以上环节中，应填写两个重要表单：斩试样式说明会议记录、斩刀检查报告表。

斩试过程中，技开应与生产单位一起，追踪斩试作业进度，事业单位应参考并依据材料基准用量表、制造说明书，斩刀试作试时(斩试)样式制作记录表由事业部和技开共同填写，万里通斩刀试作确认报告书、斩试试作检讨问题点管理表由技开填写，在生产过程中，有可能根据需要修改材料用量计算和制造技术，因而要填写材料基准用量修正表、制造说明书修正表。

输出：见图 3-8。

内部生成数据：见图 3-9。

4. 技术移转模块

概述：叙述功能名称、目标和作用。该模块实现量产试作阶段的技开方面的计算机管理工作，从而确保量产作业顺畅实施，一次性通过。该模块的顶层图如图 3-10 所示。

输入：输入该功能的信息，包括规格书、订单合约库、新进订单立案库、制造说明书、材料基准用量表、万里通斩刀量产试作确认报告书、破坏检查报告书、后跟高度确认报告书(ASICS 专用)、样式检查确认表。

处理：描述此功能做什么，为何对输出信息进行加工并转化成输出信息。该模块现行的业务流思路如下。

实验结果分析及心得体会

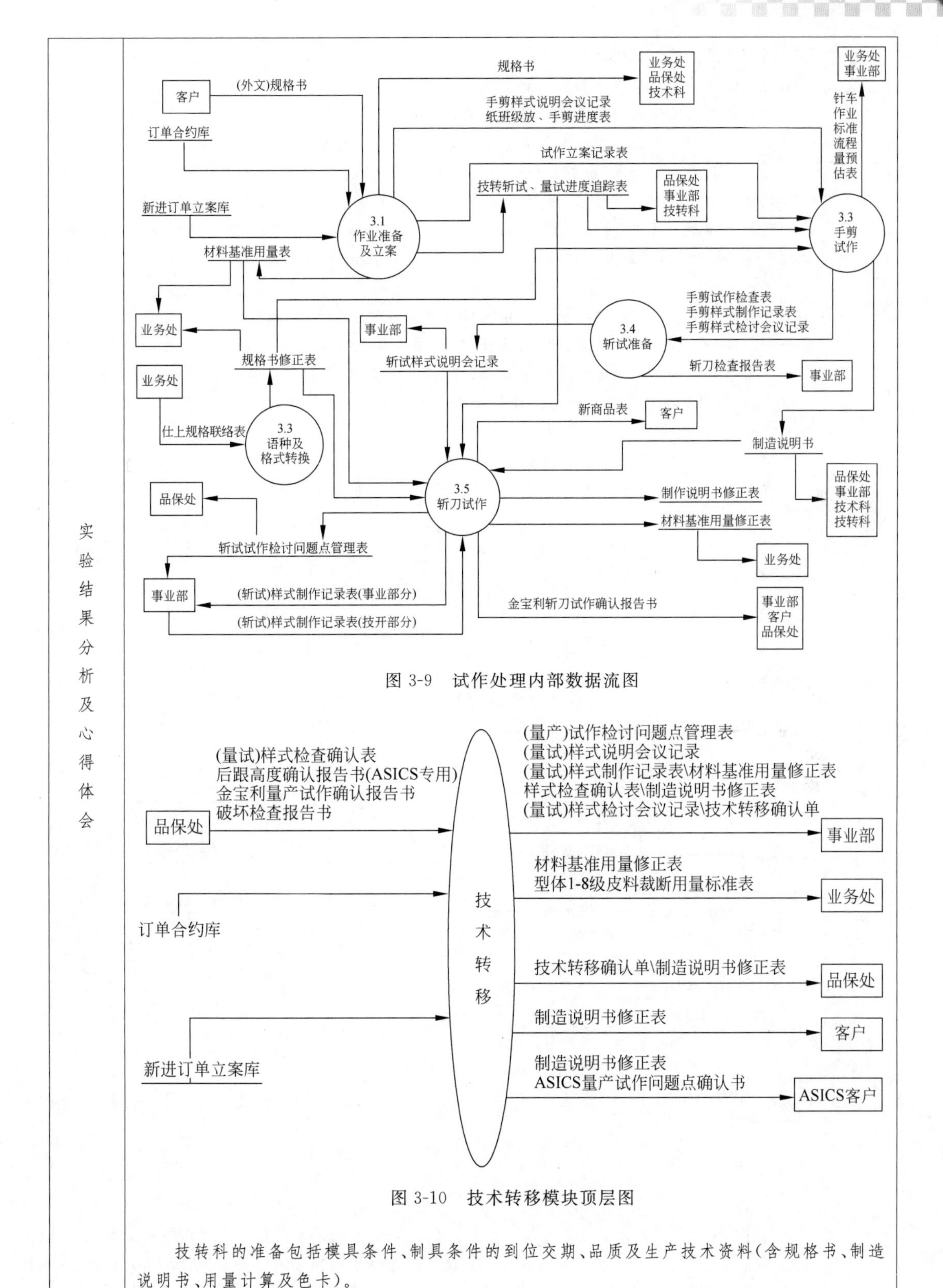

图 3-9 试作处理内部数据流图

图 3-10 技术转移模块顶层图

技转科的准备包括模具条件、制具条件的到位交期、品质及生产技术资料(含规格书、制造说明书、用量计算及色卡)。

实验结果分析及心得体会

新型体量产试作说明会由技开案件负责人主持，相关部门主管参加，技开填写(量试)样式说明会议记录给事业部作为首件试作及量试的依据之一。

新型体量产试作前由事业单位最高主管指定专人完成首件试作。首件试作完成后由技开案件负责人及相关单位负责人共同审查确认，填写样式检查确认表决定是否重新试作。

量产及制程列管阶段，由技转科和事业部共同填写(量试)样式制作记录表，生产过程中有可能调整用量计算和制造技术，因而要由技开填写材料基准用量修正表、制造说明书，对量试中出现的问题及其解决，由技转科、品保处和事业部共同填写量产试作检讨问题点管理表，量试结束后，技转科应填写量产试作检讨问题点管理表、ASICS量产试作问题点确认书，并生成技术资料分发签收记录表、技术资料一览表。

量试的成品检验及技转确认环节由品保处参加品质检验并填写万里通斩刀量产试作确认报告书、破坏检查报告书，后跟高度确认报告书、样式检查确认表作为量产是否顺利的依据之一。技术转移的收尾工作由技转科主管、品管主管、生产课级主管共同填立技术转移确认书，签认后，送交技开处最高主管及生产单位最高主管签认结案，签认前生产技术作业问题责任归属技开处，签认后生产技术问题责任归属生产厂。

输出：详述该功能输出的信息。见图 3-10。

内部数据生成：列出用户所关心的内部数据生成。见图 3-11。

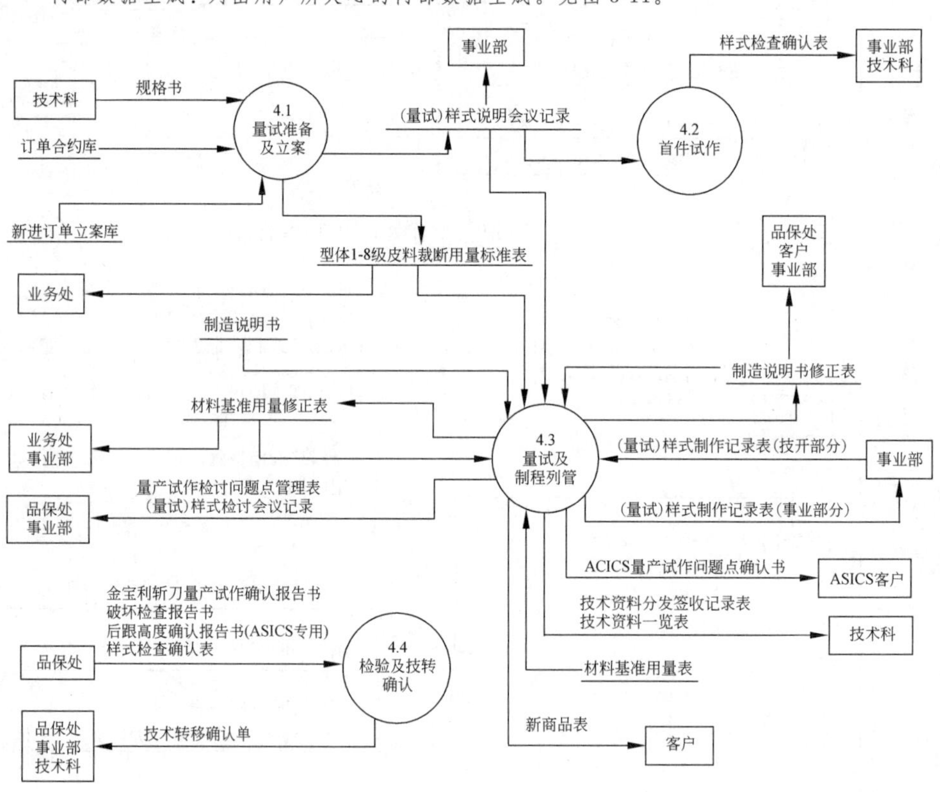

图 3-11　技术转移内部数据流图

5. 模具作业模块

概述：该模块实现模治具开发制作、监控品质和交期方面的管理工作。其中涉及纸版作业时所用表单在开版作业模块中予以叙述。模具作业模块的顶层图如图 3-12 所示，内部数据流图如图 3-12 和图 3-13 所示。

实验结果分析及心得体会

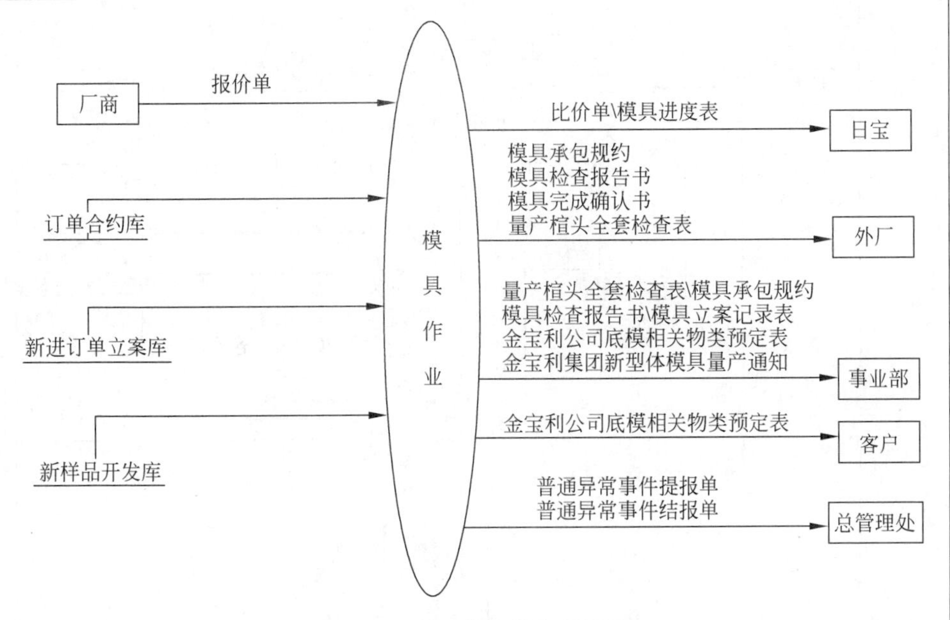

图 3-12　模具作业模块顶层图

输入：报价单、订单合约库、新进订单立案库、新样品开发库。

处理：生产过程中要用到新模具时，必须进行开模作业。该模块现行的业务流思路如下。

开模立案前发询价单给厂商，待厂商发回报价单后，经过立案，发比价单给日宝，并制定好模具立案记录表、模具立案管理表。

经过请购及发包准备环节后，填写模具请购单、模具承包规约，发包结束后应填写模具发包查检表。

在验收阶段，有模具检查和楦头确认两个环节后，前者要填写模具检查报告书、万里通底模相关预定表、万里通集团新型体模具量产通知、模具进度表、模具完成确认书，而后者则需要技开处填写量产楦头全套检查表给事业部和外厂。

模具作业中应依据模具立案管理表、模具立案记录表、模具检查报告书和模具完成确认书，及时进行异常事件的提报和结报。

输出：见图 3-12。

内部数据生成：见图 3-13 和图 3-14。

6. 开版作业模块

概述：该模块从软件的逻辑描述的角度将生产中可能涉及的网版作业和纸版作业写在一块，简称开版作业模块，从而实现对有关表单的管理，但并不表示网版作业和纸版作业必须同时展开。该模块的顶层图如图 3-15 所示，数据流图如图 3-16 所示。

输入：订单合约库、新进订单立案库、新样品开发库。

处理：该模块现行的业务流思路如下。

接获订单后，需要进行网版作业时，应填写网版使用登记卡给事业部，作业过程中应及时生成网版生产日报、网版生产周报、网版生产月报给技术科；需要进行纸版作业时，在作业过程中要填写纸版检查记录表、试版制作记录表给开发科、技术科。

输出：见图 3-15。

内部数据生成：见图 3-16。

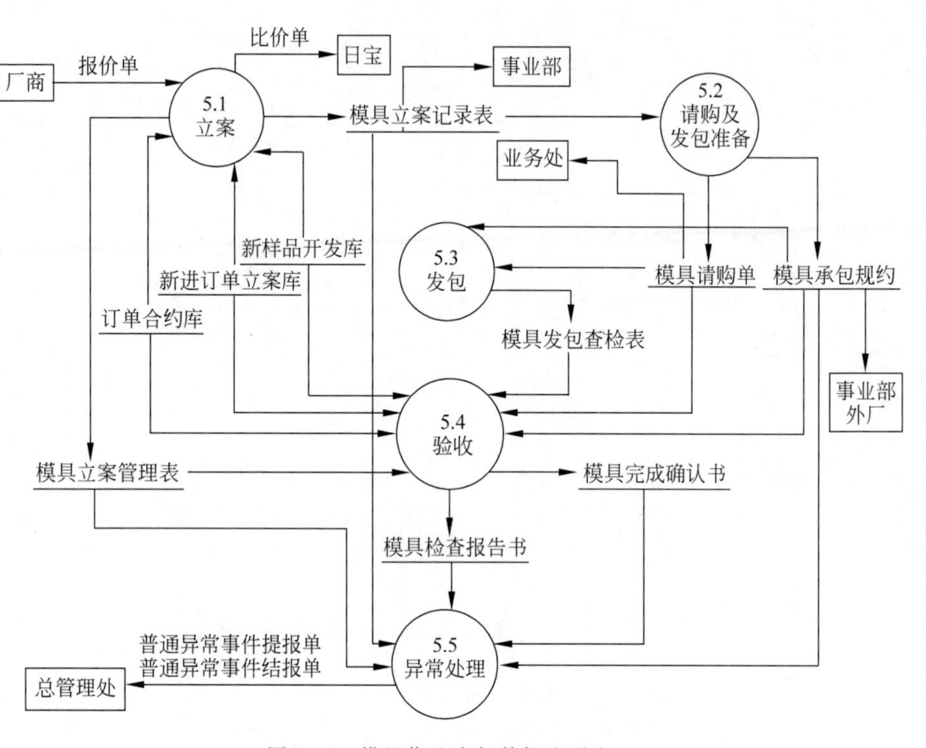

图 3-13　模具作业内部数据流图之一

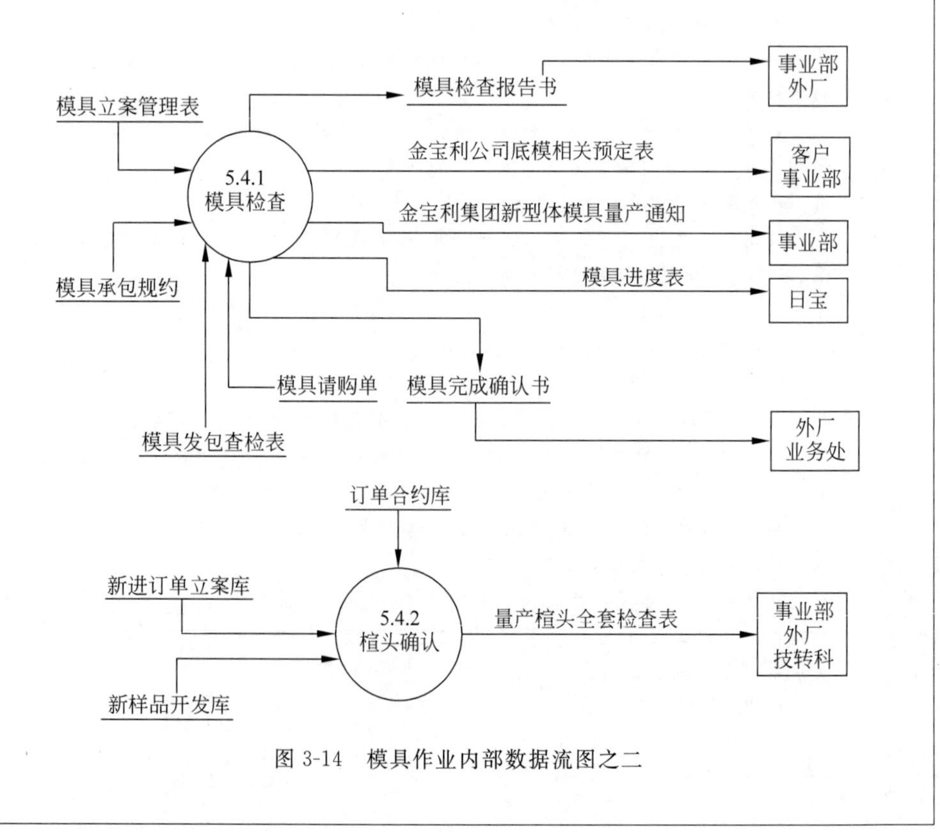

图 3-14　模具作业内部数据流图之二

实验结果分析及心得体会	(见下文)

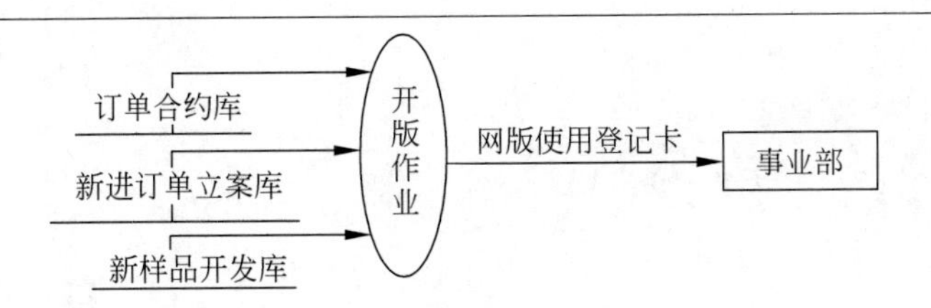

图 3-15　开版作业模块顶层图

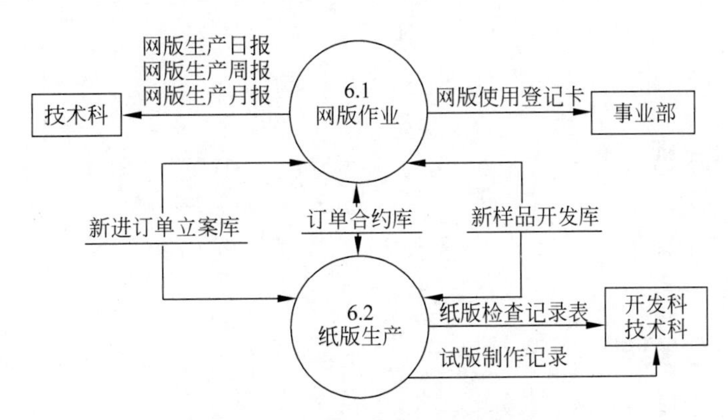

图 3-16　开版作业内部数据流图

3.2　性能需求

1. 精度

数据的精度要求：在技术开发中对材料用量进行计算时，为确保材料配比的精确和产品质量的稳定性，关键计算数据应保留小数点后四位数(单位为克时，精确到千分之一克)。

图形的精度要求：由于在产品开发中要用到很多鞋图，为使鞋图在显示、打印、剪切及生产现场照样作业时符合实际需要，软件对图形的存储和加工处理不能降低其分辨率，不能造成图形畸变。

2. 时间特性

由于技开处的开发产品很多，仅制造说明书每月就多达 50 册，每册约 50 页，其中的鞋图存储占用了大量空间，加上不断增长的其他生产数据，因此系统既要有足够的磁盘空间，又要从软件角度节省硬盘空间，提供资源共享，如相同鞋图的复用、制造说明书的共用等。另外，除了某些远距离条件查询和系统负载高峰时段，软件与用户的交互时间的延迟一般不超过 10s。

3. 灵活性

界面丰富，易学易用，提供条件查询和部分报表自动生成功能，为用户提供最大的方便。

成绩评定	教师签名： 20××年　　月　　日

备注：

课程实验4

7.1 实验题目

软件概要设计。

7.2 实验安排

7.2.1 实验目的

(1) 掌握系统总体结构的设计。

(2) 掌握系统接口设计,数据结构设计。

(3) 掌握系统概要设计的步骤和方法。

7.2.2 实验内容

主要解决实现该系统需求的程序模块设计问题(包括如何把该系统划分成若干个模块,决定各个模块之间的接口、模块之间传递的信息,以及数据结构、模块结构的设计等)。

7.2.3 实验步骤

(1) 认真阅读题目和本题的需求分析报告。

(2) 收集资料了解国内外对于题目中各类需求的最新求解技术及其解。

(3) 根据系统定义,确定系统总体设计方案。根据需求分析报告来分清系统是事务型还是加工型。

(4) 转换需求分析报告中的数据流图和数据字典,完成系统的模块结构图及模块的功能图。

(5) 将初步的结果进行关键点实验。与同行和用户反复交流,并认真听取意见,反复修改。

(6) 在软件质量的框架下,对系统结构进行调整优,使系统最优化。

(7) 完成系统的接口设计。

(8) 完成系统的数据结构设计。

(9) 有条件时可以用快速原型法做出的原型系统在特定环境下设计出的系统在一般环境下运行,分析系统结构的优劣。

(10) 做出系统结构图、功能图、数据结构、性能描述、接口等概要设计结果。

(11) 撰写设计报告。

7.2.4　实验要求

用面向数据流的软件设计技术,对课程实验 3 的数据流图和数据字典进行总体设计;要求做到对上一实验的软件需求进行软件结构设计,模块数不少于四个。

7.2.5　实验学时

本实验为 2 学时。

7.3　实验结果

概要设计提纲指南如下。

1. 引言

1) 编写目的

说明编写这份概要设计说明书的目的,指出预期的读者。

2) 背景

(1) 待开发软件系统的名称。

(2) 列出此项目的任务提出者、开发者、用户以及将运行该软件的计算站(中心)。

3) 定义

列出本文件中用到的专门术语的定义和外文首字母组成的原词组。

4) 参考资料

列出有关的参考文件,如:

(1) 本项目经核准的计划任务书或合同,上级机关的批文。

(2) 属于本项目的其他已发表文件。

(3) 本文件中各处引用的文件、资料,包括所要用到的软件开发标准。列出这些文件的标题、文件编号、发表日期和出版单位,说明能够得到这些文件资料的来源。

2. 总体设计

1) 需求规定

说明对本系统的主要的输入/输出项目、处理的功能性能要求。

2) 运行环境

简要说明对本系统的运行环境(包括硬件环境和支持环境)的规定。

3) 基本设计概念和处理流程

说明本系统的基本设计概念和处理流程,尽量使用图表的形式。

4）结构

用一览表及框图的形式说明本系统系统元素（各层模块、子程序、公用程序等）的划分，扼要说明每个系统元素的标识符和功能，分层次地给出各元素之间的控制与被控制关系。

5）功能需求与程序的关系

本条用如下的矩阵图说明各项功能需求的实现同各程序的分配关系。

	程序 1	程序 2	…	程序 n
功能需求 1	√			
功能需求 2		√		
⋮				
功能需求 n		√		√

6）人工处理过程

说明在本软件系统的工作过程中不得不包含的人工处理过程（如果有的话）。

7）尚未问决的问题

说明在概要设计过程中尚未解决而设计者认为在系统完成之前必须解决的各个问题。

3. 接口设计

1）用户接口

说明将向用户提供的命令和它们的语法结构，以及软件的回答信息。

2）外部接口

说明本系统同外界所有接口的安排，包括软件与硬件之间的接口、本系统与各支持软件之间的接口关系。

3）内部接口

说明本系统之内各个系统元素之间接口的安排。

4. 运行设计

1）运行模块组合

说明对系统施加不同的外界运行控制时所引起的各种不同的运行模块组合，说明每种运行所历经的内部模块和支持软件。

2）运行控制

说明每一种外界的运行控制的方式方法和操作步骤。

3）运行时间

说明每种运行模块组合将占用各种资源的时间。

5. 系统数据结构设计

1）逻辑结构设计要点

给出本系统内所使用的每个数据结构的名称、标识符以及它们之中每个数据项、记录、文卷和系统的标识、定义、长度及它们之间层次的或表格的相互关系。

2）物理结构设计要点

给出本系统内所使用的每个数据结构中每个数据项的存储要求、访问方法、存取单位、存取的物理关系（索引、设备、存储区域）、设计考虑和保密条件。

3）数据结构与程序的关系

说明各个数据结构与访问这些数据结构的形式。

6. 系统出错处理设计

1）出错信息

用一览表的方式说明每种可能的出错或故障情况出现时，系统输出信息的形式、含义及处理方法。

2）补救措施

说明故障出现后可能采取的变通措施，包括：

（1）后备技术。说明准备采用的后备技术，当原始系统数据万一丢失时启用副本的建立和启动的技术，例如，周期性地把磁盘信息记录到磁带上去就是对于磁盘媒体的一种后备技术。

（2）降效技术。说明准备采用的后备技术，使用另一个效率稍低的系统或方法来求得所需结果的某些部分，例如一个自动系统的降效技术可以是手工操作和数据的人工记录。

（3）恢复及再启动技术。说明将使用的恢复再启动技术，使软件从故障点恢复执行或使软件从头开始重新运行的方法。

3）系统维护设计

说明为了系统维护的方便而在程序内部设计中做出的安排，包括在程序中专门安排用于系统的检查与维护的检测点和专用模块，以及各个程序之间的对应关系。

7.4　参考实例

软件概要设计参考实例如下。

学生实验报告

<table>
<tr><td>年级</td><td></td><td rowspan="2">班号</td><td rowspan="2"></td><td>学号</td><td colspan="3"></td></tr>
<tr><td>专业</td><td></td><td>姓名</td><td colspan="3"></td></tr>
<tr><td rowspan="2">实验名称</td><td colspan="3" rowspan="2">基于短信的电力通信网集中告警系统概要设计</td><td rowspan="2">实验类型</td><td>设计型</td><td>综合型</td><td>创新型</td></tr>
<tr><td>√</td><td></td><td></td></tr>
<tr><td>实验目的或要求</td><td colspan="7">实验目的
（1）掌握系统总体结构的设计。
（2）掌握系统接口设计、数据结构设计。
（3）掌握系统概要设计的步骤和方法。
实验要求
用面向数据流的软件设计技术，对前面需求分析阶段实验的数据流图和数据字典进行总体设计；要求做到对前期实验的软件需求进行软件结构设计，模块数不少于四个。</td></tr>
</table>

实验原理（算法流程）

软件工程的基本原理

(1) 用分阶段的生命周期计划严格管理。

(2) 坚持进行阶段评审。

(3) 实行严格的产品控制。

(4) 采纳现代程序设计技术。

(5) 结果应能清楚地审查。

(6) 开发小组的人员应少而精。

(7) 承认不断改进软件工程实践的必要性。

组内分工（可选）

人员分工表如下。

姓名	技术水平	所属部门	角色	工作描述

实验结果分析及心得体会

集中告警系统是网管监控系统的一部分，它集中监视各省级传输网络的告警信息。集中告警系统的总体要求是：

(1) 实时采集各省级传输网络告警信息，针对各种传输网管提供的接口方式进行告警信息采集。

(2) 对采集的各网管系统告警信息进行过滤、压缩及格式化等预处理。

(3) 对告警信息进行统一管理，集中入库，告警数据须保存 3 个月以上。

(4) 对告警信息进行短信转发，实现无人值守功能。

(5) 对于网管监控系统的网络建设应做到网络结构清晰、易于管理、投资较少，便于网络系统的维护，对关键的网络核心交换机连接采用主备方式，以保证数据的传输的可靠性。

(6) 网络的安全性。要确保各个网管系统原有的独立性，并且确保数据不会被随意访问。

(7) 数据的安全性。增加新的系统后，由于网络是全部打通的。因此要考虑增加相应的硬件和软件，做好病毒的预防和控制，并须添加备份服务器。

(一) 综合网管监控系统总体构架

根据综合网管监控系统设计目标，××××公司总部网管中心应该建立各省级骨干传输网管远程工作站，映射其网管信息，实现对各个骨干传输网的监视功能。同时建立各个网管系统的集中告警系统。监控系统结构图如图 7-1 所示。

具体方案如下。

1. ××××电网公司骨干传输网管远程工作站设计方案

考虑到目前××××电网公司骨干传输网配置有 3 套网管的现状，因此须在网管中心配置 3 台工作站，通过电网 IP 数据网建立网管信息的一一映射。

三台工作站全为普通 PC 配置，操作系统为 Windows 系列，且分别配置 EM-OS、NMS-100、MV-36 客户端软件。

假定在 1024×768 分辨率大小的图像中有 80 000 个点（近 10% 的刷新面积）同时刷新，每个像素颜色为 32 位，显示传输时间不迟于 5s，则 3 个网管系统要求的网络带宽要求为：3×80 000×32/5=1.5Mb/s。

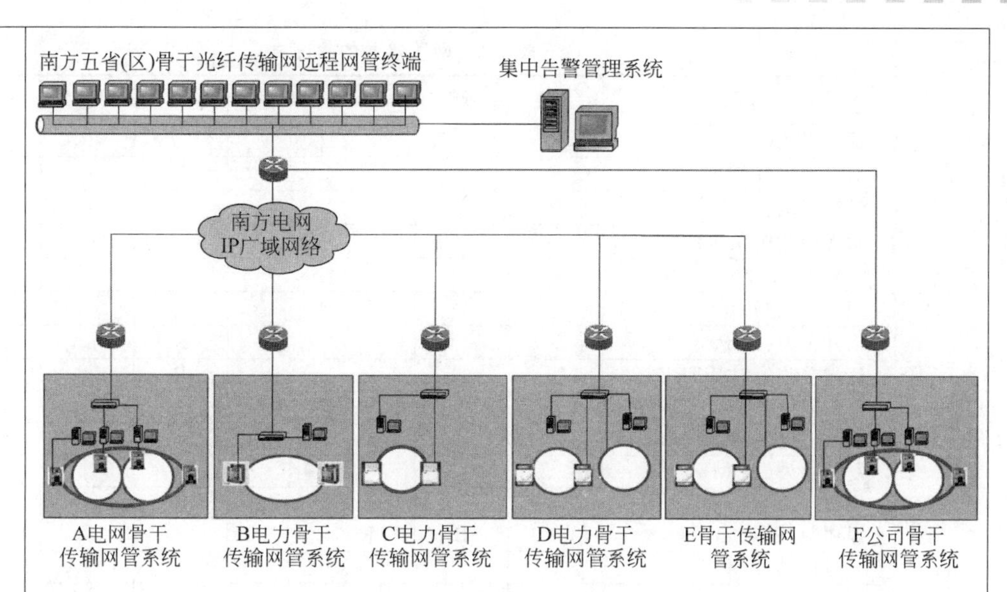

图 7-1 综合网管监控系统结构图

实验结果分析及心得体会

在峰值(如出现故障)情况下,信息量会增加,对带宽的需求更大,因此为了保证信息显示的及时性,要保证基本的网络带宽。

2. B电力骨干传输网管远程工作站设计方案

须在网管中心配置一台工作站及相应的客户端软件。工作站配置的操作系统为 Windows 2000。网络带宽要求为:80 000×32/5=500Kb/s。

3. C电力骨干传输网管远程工作站设计方案

须在网管中心配置一台工作站及相应的客户端软件。工作站配置的操作系统为 Windows 2000。网络带宽要求为:80 000×32/5=500Kb/s。

4. D电力骨干传输网管远程工作站设计方案

须在网管中心相应地配置两台工作站及相应的客户端软件。工作站配置的操作系统为 Windows 2000。网络带宽要求为:2×80 000×32/5=1Mb/s。

5. E传输网管远程工作站设计方案

须在网管中心相应地配置两台工作站及相应的客户端软件。工作站配置的操作系统为 Windows 2000。网络带宽要求为:2×80 000×32/5=1Mb/s。

6. F电网骨干传输网管(本地)设计方案

对于F电网骨干传输网管系统的建设,只须将原有放置在××××公司的传输网管系统 EM-OS、MV-36、MV38 搬迁到网管中心即可,无须再额外配置。

总的网络带宽要求为:1.5+0.5+0.5+1+1=4.5Mb/s,考虑到峰值情况下信息量会增加,所以带宽的需求应大于4.5Mb/s。

(二) 集中告警系统总体设计

1. 管理范围

集中告警系统管理范围包括南网下属五省(区)省级传输网的告警和性能事件。

告警主要指由各传输网管接入的各种告警;性能事件主要指由各传输网管接入的性能越门限提示信息。表7-1列出了需要各网管接入的部分故障参考。

原则上,各省级传输网须集中监控的网管都要接入集中告警系统。在不具备专业内集中监控网管时,可从OMC接入。

实验结果分析及心得体会

表 7-1 网管接入的故障

缺陷	SPI	RS	MS	HOVC	LOVC	PPI/LPA	SETS
发送失效(TF)	R					R	
信号丢失(LOS)	R					R	
激光器偏置电流	R					R	
激光器发送光功率	O					O	
帧丢失(LOF)		R				R+	
帧失步(OOF)		R				R+	
指针丢失(LOP)				R	R		
远端接收失效(FERF)			R	R	R		
追踪识别符失配(TIM)		O	O	O			
信号标记失配(SLM)				O	O		
复帧丢失(LOM)				R*	O		
告警(AIS)			R	R	R		
误块数(B1/B2)		R	R				
超量误码(EXC)			O				
误块秒(ES)、严重误码秒(SES)和不可用时间		R	R				R
定时输入丢失(LTI)			R				
信号劣化(SD)							

注：

(1) R——需要；O——选择*，仅适用于需要复帧指示的净负荷，+仅适用于字节同步映射。

(2) SPI——同步物理接口；RS——再生段；MS——复用段；HOVC——高阶虚容器；LOVC——低阶虚容器；SETS——同步设备定时源。

PPI/LPA——PDH 物理接口/低阶通道适配。

(3) 功率放大器(BA)、预放大器(PA)及线路放大器(LA)的缺陷内容及其指示由投标方提供。

须接入集中告警系统的传输网管内容为：

(1) WDM 网管系统的告警和性能事件。

(2) SDH 网管系统的告警和性能事件。

(3) DXC 网管系统的告警和性能事件等。

(4) PDH 网管系统的告警和性能事件等。

(5) 同步时钟网管系统的告警和性能事件等。

(6) 光缆监测系统的告警事件。

2. 系统总体结构

集中告警系统是在现有各类型传输网管基础上，通过告警信息的采集、过滤、分析、处理，实现告警信息的集中呈现与管理，并为维护人员提供告警显示和短信转发。

集中告警管理系统总体结构如图 7-2 所示。

系统采用三层架构体系，从功能结构上分为数据采集层、数据处理层和数据应用层三层结构，实现界面表现与业务逻辑分离，采集系统独立的构架方式，如图 7-3 所示。

告警采集层：采集层是集中告警系统与被管网管系统的接口。告警采集层用来分隔服务处理层与网管系统，使两者的耦合度很低。一方面，采集层可以根据网管系统的变化进行重新定义或修改；另一方面，采集层的标准化输出使得集中告警系统只须做极小的调整就可以完成网管数据的识别和处理。

告警采集层实现对所有专业网管的采集适配工作，依据可配置的映射规则，实现将告警信息转换为 X.733 的格式。

实验结果分析及心得体会

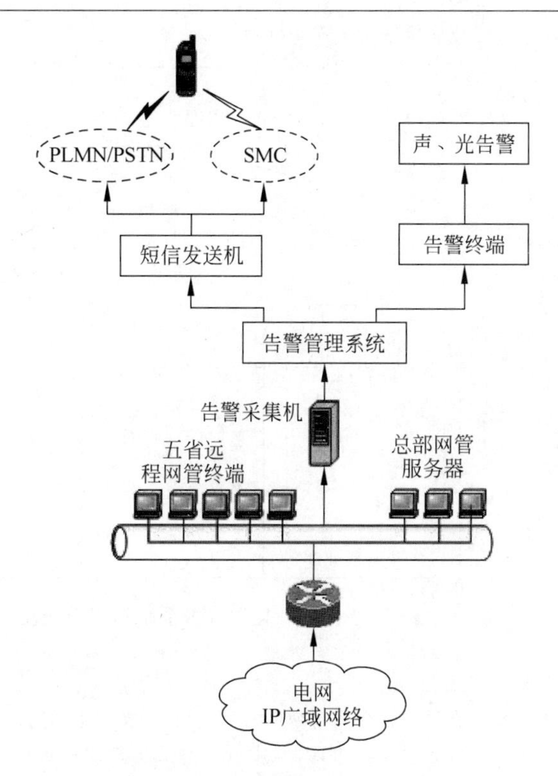

图 7-2 集中告警管理系统总体结构

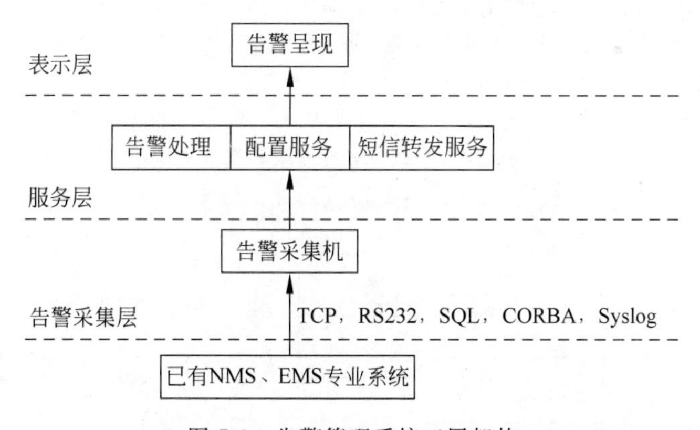

图 7-3 告警管理系统三层架构

底层的采集系统部署在采集机上，可以实现对多套网管系统的采集适配，采集目标完全可以通过界面配置实现；一旦配置完毕，系统可以自管理，自运行。系统采用数据库同步技术，采用本地数据库，可以把集中告警系统接入的告警数据进行分布处理，配置和分析工作依赖本地数据库完成，这样就大大减缓了主数据库的压力；系统同时采用队列技术，使告警采集实时可靠，保障在网络传送过程中不会丢失，而实现细节可由中间件完成，对用户使用完全透明。

服务层：服务层的主要任务是将各网管系统不同的告警数据内容转换为统一的格式，并将其保存在归一化数据库中。服务层向表示层提供各类服务供表示层的应用访问，服务主要包括告警处理、告警查询与统计、短信转发、用户管理服务等。

表示层：表示层主要是提供用户界面、用户操作和使用功能。

实验结果分析及心得体会

集中告警系统功能模块如图 7-4 所示。

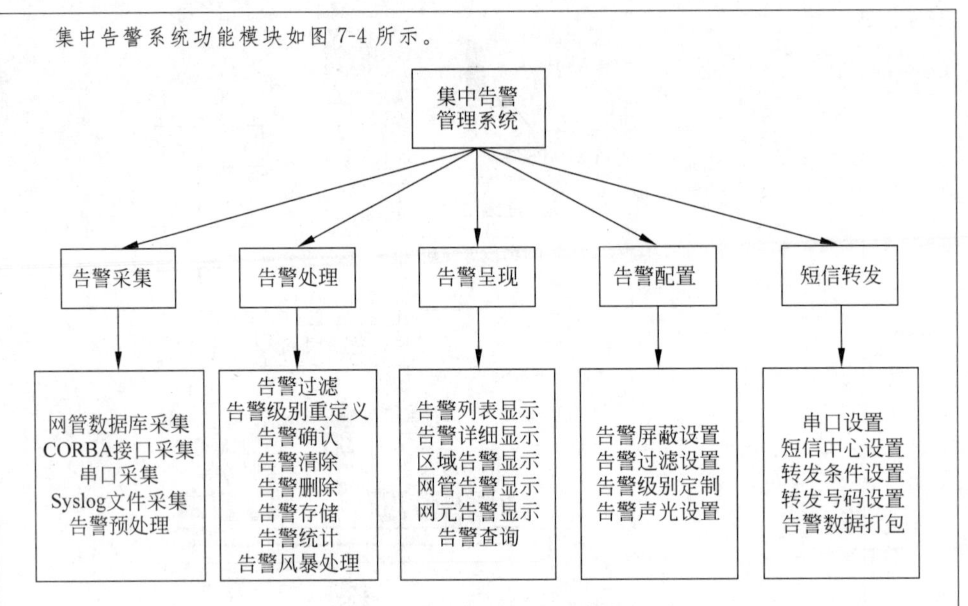

图 7-4 集中告警系统功能模块图

3. 网络规划与配置

本次接入的专业网络主要是省级传输网。根据集中告警系统的接入需要，各省级传输网管都将与系统网络进行联通。所以，本次项目的网络建设需要从以下几个方面来考虑：

(1) 各系统网络的安全性。原有的各个系统之间彼此是相互独立的，增加新的系统后，仍然要确保各个系统原有的独立性，并且确保数据不会被随意访问。

(2) 数据的安全性。增加新的系统后，由于网络是全部打通的，要考虑增加相应的硬件和软件，做好病毒的预防和控制，并须添加备份服务器。

系统通过在采集机上配置双网卡来连接原有的网络和新的网络。这样，原有的网络系统就会存在一定的安全隐患，为了加强原有系统的安全性，须对原有各个网管系统配置防火墙设备，与监控系统进行安全隔离，如图 7-5 所示。

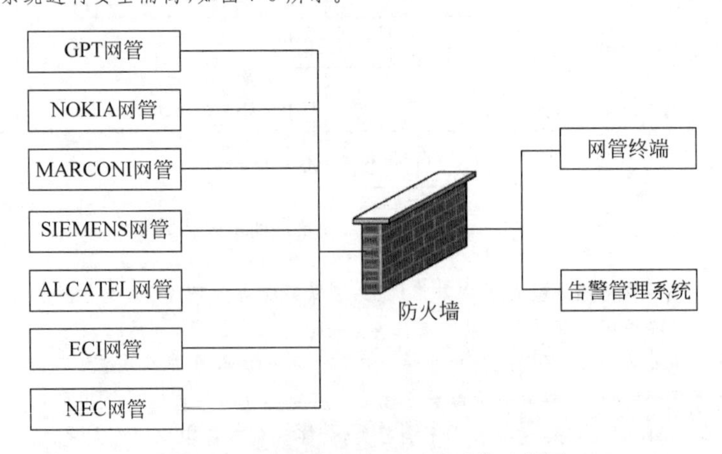

图 7-5 监控系统与专业网管系统连接图

建议在每个子网的出口配置 Cisco PIX 防火墙，Cisco Secure PIX 防火墙能够提供空前的安全保护能力，它的保护机制的核心是能够提供面向静态连接防火墙功能的自适应安全算法，

实验结果分析及心得体会	可以跟踪源和目的地址、传输控制协议(TCP)序列号、端口号和每个数据包的附加TCP标志。只有存在已确定连接关系的正确的连接时,访问才被允许通过Cisco Secure PIX防火墙。这样做,内部和外部的授权用户就可以透明地访问网管资源,而同时也保护了内部网络不会受到非授权访问的侵袭。这样可以解决以下几方面的问题: (1) 通过防火墙对特定协议、端口进行限制,原来系统的资源不会被随意访问,保证了原有系统本身的安全性。 (2) 通过防火墙可以控制广播包的传播,有效地控制病毒的扩散。 (3) 由于老的系统有些地址是重叠的,通过防火墙的地址转换,可以解决防火墙的地址冲突问题。
成绩评定	教师签名: 20××年 月 日

备注:

课程实验5

8.1 实验题目

软件详细设计。

8.2 实验安排

8.1.1 实验目的

(1) 掌握模块的程序描述。

(2) 熟练使用流程图、PDL 等详细描述工具。

(3) 掌握详细设计的步骤和方法。

8.1.2 实验内容

进行软件系统的结构设计、逐个模块的程序描述(包括各模块的功能、性能、输入、输出、算法、程序逻辑、接口等)。

8.1.3 实验步骤

(1) 认真阅读题目和本题的系统概要设计报告。

(2) 收集资料了解国内外对于题目中各类详细设计技术。

(3) 根据系统概要设计结果确定各个功能模块与性能的设计方案。

(4) 根据系统概要设计结果完成数据结构设计。

(5) 根据系统概要设计结果和数据结构设计不同功能和性能的程序结构和算法。

(6) 完成系统的接口参数设计。

(7) 完成系统的数据结构物理设计。

(8) 在软件质量的框架下,对数据结构和程序结构进行关键试验、调整并优化。

(9) 有条件时,将在特定环境下设计出的程序与数据结构改在一般环境下运行,分析设计的优劣。

(10) 画出程序结构图、数据结构、性能描述、接口等设计结果。

(11) 撰写设计报告。

注意：应该同时进行用户界面设计，用户界面设计也按照上述步骤进行。

8.1.4 实验要求

确定应该如何具体地实现所要求的系统，从而在编码阶段可以把这个描述直接翻译成用具体的程序语言书写的程序。

8.1.5 实验学时

本实验 2 学时。

8.3 实验结果

详细设计说明书报告提纲指南如下。

1. 引言

1) 编写目的

说明编写这份详细设计说明书的目的，指出预期的读者。

2) 背景

说明：

(1) 待开发软件系统的名称。

(2) 本项目的任务提出者、开发者、用户和运行该程序系统的计算中心。

3) 定义

列出本文件中用到专门术语的定义和外文首字母组成的原词组。

4) 参考资料

列出有关的参考资料，如：

(1) 本项目的经核准的计划任务书或合同、上级机关的批文。

(2) 属于本项目的其他已发表的文件。

(3) 本文件中各处引用到的文件资料，包括所要用到的软件开发标准。列出这些文件的标题、文件编号、发表日期和出版单位，说明能够取得这些文件的来源。

2. 程序系统的结构

用一系列图表列出本程序系统内每个程序(包括每个模块和子程序)的名称、标识符和它们之间的层次结构关系。

3. 程序 1(标识符)设计说明

逐个地给出各个层次中每个程序的设计考虑。以下给出的提纲是针对一般情况的。对于一个具体的模块，尤其是层次比较低的模块或子程序，其很多条目的内容往往与它所隶属的上一层模块的对应条目的内容相同，在这种情况下，只要简单地说明这一点即可。

1）程序描述

给出对该程序的简要描述，主要说明安排设计本程序的目的意义，并且还要说明本程序的特点（如是常驻内存还是非常驻，是否子程序，是可重入的还是不可重入的，有无覆盖要求，是顺序处理还是并发处理等）。

2）功能

说明该程序应具有的功能，可采用IPO图（即输入—处理—输出图）的形式。

3）性能

说明对该程序的全部性能要求，包括对精度、灵活性和时间特性的要求。

4）输入项

给出对每一个输入项的特性，包括名称、标识、数据的类型和格式、数据值的有效范围、输入的方式。数量和频度、输入媒体、输入数据的来源和安全保密条件等。

5）输出项

给出对每一个输出项的特性，包括名称、标识、数据的类型和格式，数据值的有效范围，输出的形式、数量和频度，输出媒体，对输出图形及符号的说明，安全保密条件等。

6）算法

详细说明本程序所选用的算法、具体的计算公式和计算步骤。

7）流程逻辑

用图表（例如流程图、判定表等）辅以必要的说明来表示本程序的逻辑流程。

8）接口

用图的形式说明本程序所隶属的上一层模块及隶属于本程序的下一层模块、子程序，说明参数赋值和调用方式，说明与本程序相直接关联的数据结构（数据库、数据文卷）。

9）存储分配

根据需要说明本程序的存储分配。

10）注释设计

说明准备在本程序中安排的注释，如：

（1）加在模块首部的注释。

（2）加在各分支点处的注释。

（3）对各变量的功能、范围、默认条件等所加的注释。

（4）对使用的逻辑所加的注释等。

11）限制条件

说明本程序运行中所受到的限制条件。

12）测试计划

说明对本程序进行单体测试的计划，包括对测试的技术要求、输入数据、预期结果、进度安排、人员职责、设备条件驱动程序及模块等的规定。

13）尚未解决的问题

说明在本程序的设计中尚未解决而设计者认为在软件完成之前应解决的问题。

4. 程序 2(标识符)设计说明

说明第 2 个程序乃至第 N 个程序的设计考虑。

8.4 参考实例

如下为软件详细设计的参考实例。

学生实验报告

<table>
<tr><td>年级</td><td></td><td rowspan="2">班号</td><td rowspan="2"></td><td>学号</td><td colspan="3"></td></tr>
<tr><td>专业</td><td></td><td>姓名</td><td colspan="3"></td></tr>
<tr><td rowspan="2">实验名称</td><td colspan="3" rowspan="2">COS 详细设计</td><td rowspan="2">实验类型</td><td>设计型</td><td>综合型</td><td>创新型</td></tr>
<tr><td>√</td><td></td><td></td></tr>
<tr><td>实验目的或要求</td><td colspan="7">实验目的
(1) 掌握模块的程序描述。
(2) 熟练使用流程图、PDL 等详细描述工具。
(3) 掌握详细设计的步骤和方法。
实验要求
确定应该如何具体地实现所要求的系统,从而在编码阶段可以把这个描述直接翻译成用具体的程序语言书写的程序。</td></tr>
<tr><td>实验原理(算法流程)</td><td colspan="7">软件工程的基本原理
(1) 用分阶段的生命周期计划严格管理。
(2) 坚持进行阶段评审。
(3) 实行严格的产品控制。
(4) 采纳现代程序设计技术。
(5) 结果应能清楚地审查。
(6) 开发小组的人员应少而精。
(7) 承认不断改进软件工程实践的必要性。</td></tr>
</table>

<table>
<tr><td>组内分工(可选)</td><td>人员分工表如下。
<table>
<tr><td>姓名</td><td>技术水平</td><td>所属部门</td><td>角色</td><td>工作描述</td></tr>
<tr><td></td><td></td><td></td><td></td><td></td></tr>
<tr><td></td><td></td><td></td><td></td><td></td></tr>
<tr><td></td><td></td><td></td><td></td><td></td></tr>
<tr><td></td><td></td><td></td><td></td><td></td></tr>
<tr><td></td><td></td><td></td><td></td><td></td></tr>
<tr><td></td><td></td><td></td><td></td><td></td></tr>
</table></td></tr>
</table>

实验结果分析及心得体会

智能卡 3G COS 项目系统详细设计

这里介绍详细设计部分，其他部分不予叙述。

一、功能模块接口数据结构设计

1. 事务 1

描述：ATR 复位应答指令

数据结构：

```
Struct  ATR_T0{            //T = 0 时的基本 ATR 结构
        Byte m_TS;         //指明正向约定,值为 0x3B
        Byte m_T0;         //TB1 和 TC1 存在,值为 0x97,7byte 的历史字节
        Byte m_TA1         //FI = 1(F = 372),DI = 1(D = 1),值 0x11
Byte m_TD1                 //只有 TD2 存在,USIM 支持 T = 0 协议,值为 0x80
Byte m_TD2                 //只有 TA3 存在, T = 15,值为 0x1F
Byte m_TA3                 //3V 技术的 USIM,值为 C3
Byte m_T1                  //80
Byte m_T2                  //31,卡的数据服务
Byte m_T3                  //C0, EFDIR 的存在,支持 AID 的选择
Byte m_T4                  //73,卡的性能
Byte m_T5                  //BE, SFI 支持
Byte m_T6                  //21,数据译码字符
Byte m_T7                  //00,没有 Lc 和 Le,没有信道支持
Byte m_TCK                 //47,校验字符
        };
Struct  ATR_T1{            //T = 1 的基本 ATR 结构
        Byte m_TS;         //指明正向或反向约定,值为 0x3B 或 0x3F
        Byte m_T0;         //TB1 和 TC1 存在,值为 0x6X,X 表示历史字节的存在个数
        Byte m_TB1;        //不使用 VPP
        Byte m_TC1;        //指明所需额外保护时间的长度
        Byte m_TD1;        //TA2～TC2 不存在,TD2 存在; 使用 T = 1 协议,值为 0x81
        Byte m_TD2;        //TA3～TB3 存在,TC3 和 TD3 不存在; 使用 T = 1 协议,值为 0x81
        Byte m_TA3;        //表示 IC 卡的信息域大小的初始值且具有 16～254B 的 IFSI
        Byte m_TB3;        //BWI = 0～4,CWI = 0～5
        Byte m_tck;        //校验字节
};                         //ATR_T1
```

函数:

```
        Void Send_ATRT0(ATR_T0);     //发送 T = 0 协议的,ATR 复位应答指令
        Void Send_ATRT1(ATR_T1);     //发送 T = 1 协议的,ATR 复位应答指令
```

2. 事务 2

描述：APDU 输入指令

数据结构：

```
#define APDU_DATA_MAX_SIZE 255        //定义有效数据的最大长度
Struct  APDU_IN_buffer{
BYTE m_CLA;                           //表示命令头的 CLA 字段
BYTE m_INS;                           //表示命令头的 INS 字段
BYTE m_p1;                            //表示命令头的 P1 字段
BYTE m_p2;                            //表示命令头的 P2 字段
BYTE m_p3;                            //表示命令头的 P3 字段
```

实验结果分析及心得体会	BYTE m_data[APDU_DATA_MAX_SIZE] //表示命令头的数据域,最大长度为 APDU_DATA_MAX_SIZE
	};
	函数:
	Bull APDU_CHECK(APDU_IN_buffer); //检测 APDU 指令结构的完整性
	Struct APDU_OUT_buffer logic_function(APDU_IN_buffer);
	//处理 APDU 输入指令的功能层入口,APDU_OUT_buffer APDU 响应指令的输出缓冲区结构
	
	3. 事务 3
	描述:APDU 响应指令
	数据结构:
	#define APDU_RETDATA_MAX_SIZE 255 //定义有效数据的最大长度
	Struct APDU_OUT_buffer{
	BYTE m_response[APDU_RETDATA_MAX_SIZE];
	// APDU_RETDATA_MAX_SIZE 表示命令响应数据域的最大数据长度
	BYTE m_datalen; //表示响应数据的实际有效长度,也就是 m_response 中保存的有效
	//数据长度,不包括状态字 SW1,SW2
	BYTE m_sw1; //表示命令头的 P1 字段
	BYTE m_sw2; //表示命令头的 P2 字段
	};
	函数:
	Void Send_ApduResponse(APDU_OUT_buffer); //检测 APDU 指令结构的完整性
	
	4. 事务 4
	描述:暂列为空,对底层 I/O 的调用由 main 函数实现。
	5. 事务 5
	描述:安全管理模块向通信管理模块返回响应数据(包括正常响应和异常响应)。
	6. 事务 6
	描述:命令解释模块向通信管理模块返回的异常响应数据。
	7. 事务 7
	描述:文件管理模块向通信管理模块返回的异常响应数据。
	8. 事务 8
	描述:通信管理模块向安全管理模块发出函数调度请求。
	9. 事务 9
	描述:安全管理模块向 COS 微内核调用底层硬件接口函数请求。
	10. 事务 10
	描述:命令解释模块向安全管理模块返回响应数据。
	11. 事务 11
	描述:安全管理模块向命令解释管理模块函数调度请求。
	12. 事务 12
	描述:命令解释模块向 COS 微内核发出的调用底层硬件接口函数请求。
	13. 事务 13
	描述:文件管理模块向通信管理模块返回响应数据。
	14. 事务 14
	描述:命令解释模块向文件管理模块发出的函数调度请求。

实验结果分析及心得体会

15. 事务 15

描述：文件管理模块向COS微内核发出的调用底层硬件接口函数请求。

二、系统主调度流程设计

1. 中断处理的一般过程

广义上中断处理是由计算机的硬件和软件配合起来完成的，其中硬件部分完成的过程称为中断响应，软件完成的过程则是执行中断处理程序的过程，不同的硬件中断实现的方式有一定差别，一个典型的处理过程如下：

(1) 设备给处理器发送一个中断信号。

(2) 处理器处理完当前指令后响应中断。

(3) 处理器处理完当前指令后检测到中断，判断出中断来源并向中断的设备发送确认中断信号，确认信号使得该设备将处理信号恢复到一般状态。

(4) 处理器开始为软件处理中断做准备：保存中断点的程序上下文环境(中断处理后从中断点恢复被中断程序的重要信息)，这通常包括程序状态字PSW、程序计数器PC中的下一条指令位置、一些寄存器的值，它们通常保存在系统堆栈中，处理器被切换到管态。

(5) 处理器根据中断源查询中断向量表获得与该中断相联系的处理器入口地址，并将PC置成该地址，处理器开始一个新的指令周期，结果是控制转移到中断处理程序。

(6) 中断处理程序开始工作，其中包括检查I/O相关的状态信息，操作I/O设备或者在设备和内存之间传送数据等。

(7) 中断处理结束时，处理器检测到中断返回指令，从系统堆栈中恢复被中断程序的上下文环境。如处理器状态恢复成原来的状态。

(8) PSW和PC被恢复到中断前的值，处理器开始一个新的指令周期，中断处理结束。

整个过程如图8-1所示。

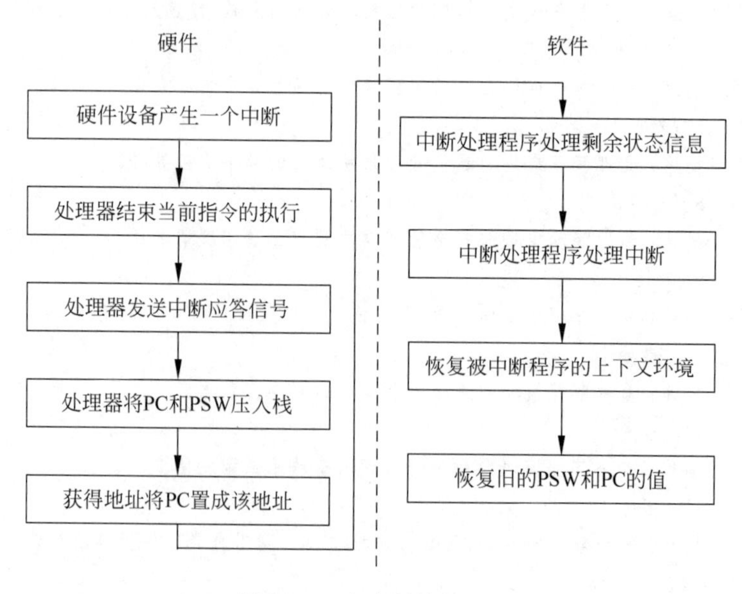

图8-1 一般中断处理过程

2. COS系统中断源及中断服务程序

COS系统是一个被动的系统，外界向COS系统发送命令，系统通过接收命令、响应命令、命令处理，最后命令应答。对于外界输入指令，COS可采用轮询和中断方式进行处理，对于手

实验结果分析及心得体会

持设备中断采用中断方式处理指令可以达到省电节能目的。

1）中断源

根据当前UICC的硬件资料分析，UICC主要有4种可屏蔽中断源，优先级从高到低排列如下：

(1) 监视器中断。例如芯片提供的非正常状态检测，检测到CPU电压过低，产生中断信号。

(2) IART中断。外部输入命令。

(3) 定时器中断。

(4) 软件中断。例如系统调试用的TARP指令，或者除法出错、溢出等。

由于UICC的中断源较少，COS的中断设计以效率为第一目的，重点处理外部指令输入，引起IART中断，所以中断系统设计时，采用按中断优先级高低顺序处理方式进行。

2）中断服务程序

与每一个中断源相对应的是中断服务程序，对系统产生的中断进行处理。中断源与中断表的对应关系如表8-1所示。

表8-1　中断源与中断服务程序对应表

中断源	优先级	中断服务程序	入口地址
监视器中断	4	Sensor_interrupt	ADD_Sensor
IART中断	3	IART_interrupt	ADD_IART
定时器中断	2	Timer_interrupt	ADD_Timer
软件中断	1	Software_interrupt	ADD_Software

监视器中断Sensor_interrupt：监视器中断是由于芯片遇到非正常状态，此时需要CPU及时处理。在COS系统里，需要及时发送警告信号，通知用户处理。

```
Void Sensor_interrupt(){
发送警告;
}
```

IART_interrupt将I/O输入寄存器中的数据存储到I/O输入缓冲区，组成APDU指令结构数据。

```
Void IART_interrupt(){
将输入寄存器数据存储到APDU输入缓冲区APDU_IN_buffer中;
清空输入寄存器;
}
```

定时器中断Timer_interrupt：本系统中暂时不处理定时器中断，中断处理函数，暂列为空。

```
Void Timer_interrupt()
{
}
```

软件中断Software_interrupt：本系统初步设计阶段中暂不考虑软件中断，中断函数，暂列为空。

```
Void Timer_interrupt()
{
}
```

实验结果分析及心得体会

3. 主调度流程

COS系统的调度流程分主调度流程和功能子流程，主流程对终端输入指令的接收采用轮询方式、中断方式。本COS系统中计划采用中断调度方式。

COS主调度流程的执行步骤以下。

(1) 卡上电复位。

(2) 发送ATR复位应答指令的第一字节。

(3) 初始化系统运行环境：初始化安全环境，清空I/O输入输出缓冲区APDU_IN_buffer、APDU_OUT_buffer。

(4) 发送ATR剩余字节。

(5) 等待中断指令信号。

(6) 调度中断处理程序，获取与中断源相对应的中断服务程序入口地址。

(7) 根据中断服务程序入口地址调度执行中断服务程序。

(8) 判断输入缓冲区APDU指令的完整性。

(9) APDU指令不完整则返回(5)继续等待中断指令信号。

(10) APDU指令完整则系统关中断，调度功能执行子流程进行命令处理，返回处理结果到输出缓冲区APDU_OUT_buffer。

(11) 调用输出I/O输出驱动，将APDU响应指令发给终端。

(12) 清空输入/输出缓冲区。

(13) 开中断，返回(1)。

主调度流程图如图8-2所示。

算法描述如下。

部分数据结构定义：

```
ATR_DATA  m_atr;
APDU_IN_buffer  m_inbuffer;
APDU_OUT_buffer  m_outbuffer;
Word INT_ENTRY;          //中断入口地址
Bull m_adpu;             //检测 APDU 指令结构是否完整
```

系统main()的算法描述过程：

```
Void main()
{
    Send_ATR_firstbyte(BYTE m_atr_first);    //发送 ATR 的第一字节
    COS_Initializtion();                     //初始化运行环境
    Send_ATR_ Remnantbyte(BYTE m_atr_ remnant);
                                             //发送 ATR 剩余字节 WHILE(中断产生)
{
INT_ENTRY = Interrupt_dispose()              //执行中断服务程序,获得中断入口地址
Go INT_ENTRY;
m_apdu = APDU_CHECK(m_inbuffer);             //检测 APDU 指令结构完整性
if (m_apdu = true)
{
  Close interrupt;
  m_outbuffer = logic_function(m_inbuffer);  //调用逻辑功能处理输入的 APDU 指令,
                                             //并获得 APDU 响应数据
  Send_ApduResponse (m_outbuffer);           //发送 APDU 输出缓冲区指令到终端
  clear m_inbuffer;                          //清除输入输出缓冲区
```

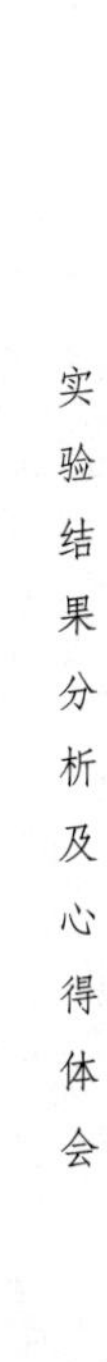


```
  clear m_outbuffer;
  open interrupt;                    //开中断
 }
}
```

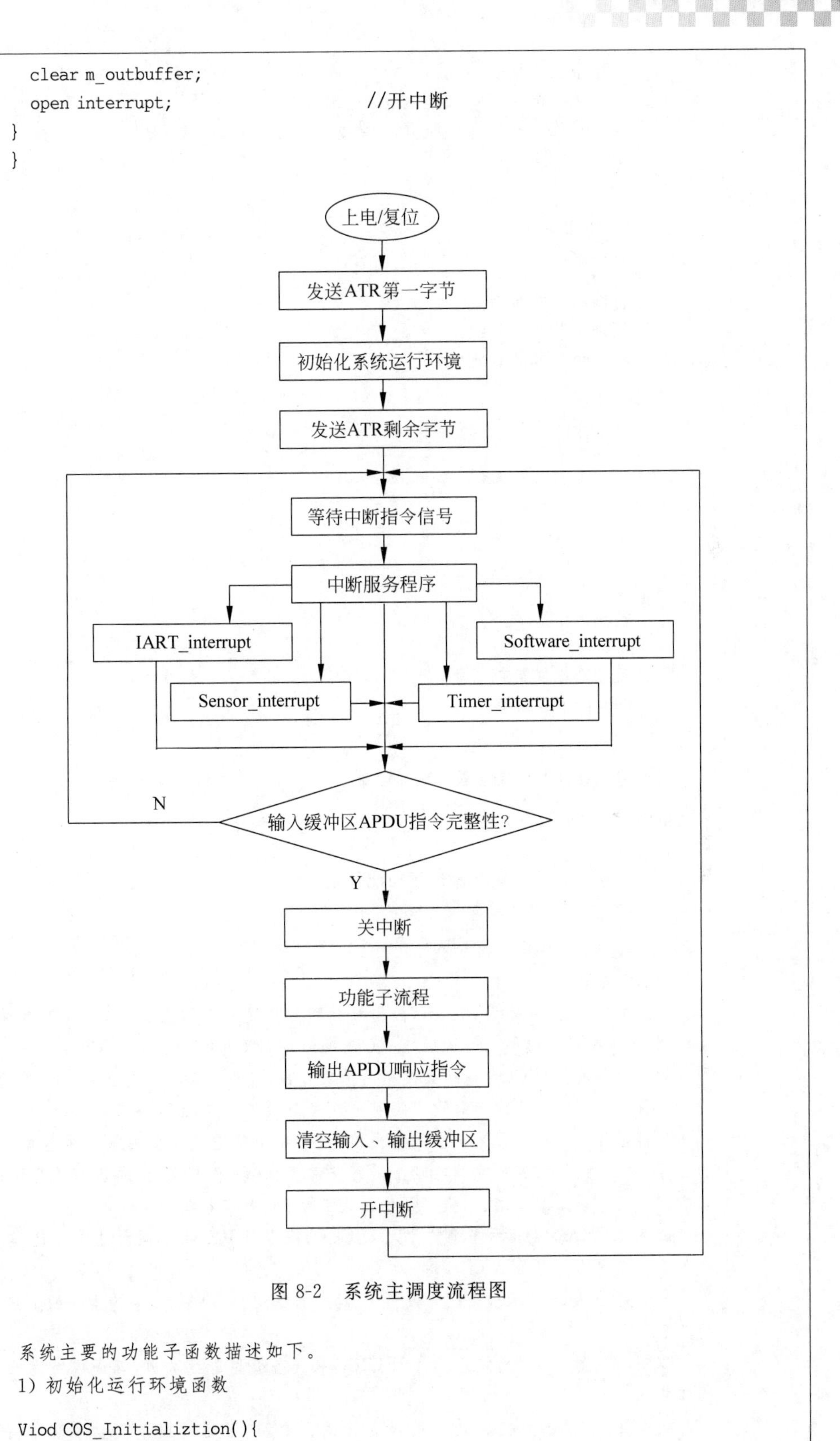

图 8-2　系统主调度流程图

系统主要的功能子函数描述如下。

1）初始化运行环境函数

```
Viod COS_Initializtion(){
    系统关中断;
```

实验结果分析及心得体会

```
    建立中断向量表;
    初始化系统的 APDU 指令输入、输出缓冲区;
    设置系统的初始安全环境、安全状态;
    系统开中断;
}
```

2) 中断处理函数

```
BYTE Interrupt_dispose(){
    查询中断向量表;
    判别中断的优先级;
    Return 中断入口地址;
}
```

3) 检测 APDU 输入指令完整性函数

```
BULL  APDU_CHECK(APDU_IN_buffer)
{
    检测 CLA;
    检测 INS;
    检测 P1;
    检测 P2;
    检测 P3;
    检测数据域数据长度;
    Return 检测结果
}
```

4) 完整 APDU 的功能逻辑处理函数

```
APDU_RESPONSE  logic_function(APDU_IN_buffer)
{
    从通信管理模块开始进行功能处理;
    Return APDU 响应指令;
}
```

三、微内核设计

按照本项目 COS 的设计目标，微内核模型应该是一个覆盖模型，建立覆盖模型的目的是要加强 COS 在不同硬件上的适应性；而掩模灌装到 UICC 平台上的 COS 是一个专门针对一种芯片而裁剪的微型 COS 到抽象模型的抽象过程，对覆盖模型进行针对性裁剪的目的是为了减少 COS 的代码量，保留相对较大的用户数据量，并缩减产品的存储成本。

分析报告中分析了覆盖模型的微内核结构，并抽象描述了微内核由覆盖模型到抽象模型的过程。在本设计报告中具体实现上采用硬件库、驱动库、COS 生成器的概念进行设计，并在体系结构设计模型的基础上，提出了如图 8-3 所示的覆盖模型。

硬件库 ChipSet：表示多个芯片元 UICC 的集合，UICC 由不同硬件属性 P_i 构成，每一种属性与驱动库中的一种驱动 D_i 相对应。

驱动库 DrSet：表示多个硬件属性 P_i 对应的驱动 D_k 的集合，理论上 k 的上限大于或等于 i 的上限。

COS 生成器：针对特定的芯片元 UICC 将覆盖模型进行裁剪，编译成特定的 COS 进行掩模灌装。

接口层：向功能层提供统一的设备访问函数，向下通过搜索驱动管理器寻找下层驱动程序。

实验结果分析及心得体会

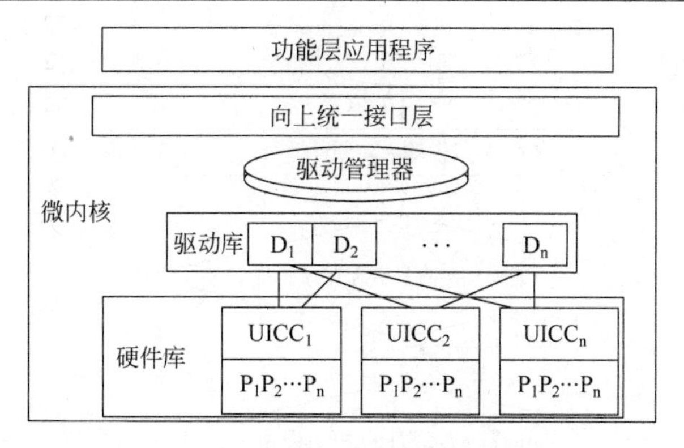

图 8-3　覆盖模型

驱动管理器：实现对下层驱动程序的管理，提供接口层到驱动的映射。

微内核的设计过程包括：统一接口层的设计、驱动管理器的设计、驱动库的建立、硬件库的建立、覆盖模型到抽象模型的建立、COS 生成器的设计。以下部分内容将逐步描述这六方面的内容。

1. 统一接口层的设计

为了给上层应用提供统一、一致的系统设备调用接口，需要对上层应用程序对系统设备的访问操作进行抽象，在本层中将功能层对硬件的访问抽象为打开设备、读设备、写设备、设备控制和关闭设备，分别对应 5 个函数访问接口 UDFOpen()、UDFRead()、UDFWrite()、UDFIoctrl()、UDFClose()。五个函数对底层的调用通过驱动管理器的映射实现。

2. 驱动管理器的设计

驱动管理器的设计是微内核设计的核心部分，主要实现对下层驱动程序的管理，提供接口层到驱动的映射，是微内核实现的关键，管理器通过设置驱动配置表 DCT 实现对底层驱动的管理，接口层通过查找 DCT 找到相应的底层驱动入口。DCT 为管理器的索引总表，总表下分设备子类表，逻辑结构如图 8-4 所示.

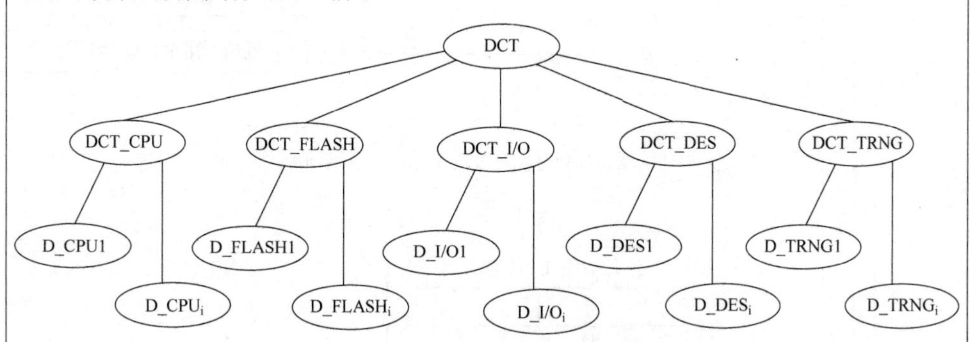

图 8-4　驱动管理器逻辑结构

DCT_CPU 表示 CPU 这一大类属性，其下有多种不同特征的子属性 D_CPU_1、D_CPU_i，其余类似。各种 DCT 控制表的数据结构和函数在深化设计阶段进行详细设计。

3. 驱动库的建立

驱动库的建立过程可理解为驱动管理器控制表由空表到逐步添加子表项的过程，主要的流程如图 8-5 所示。

实验结果分析及心得体会

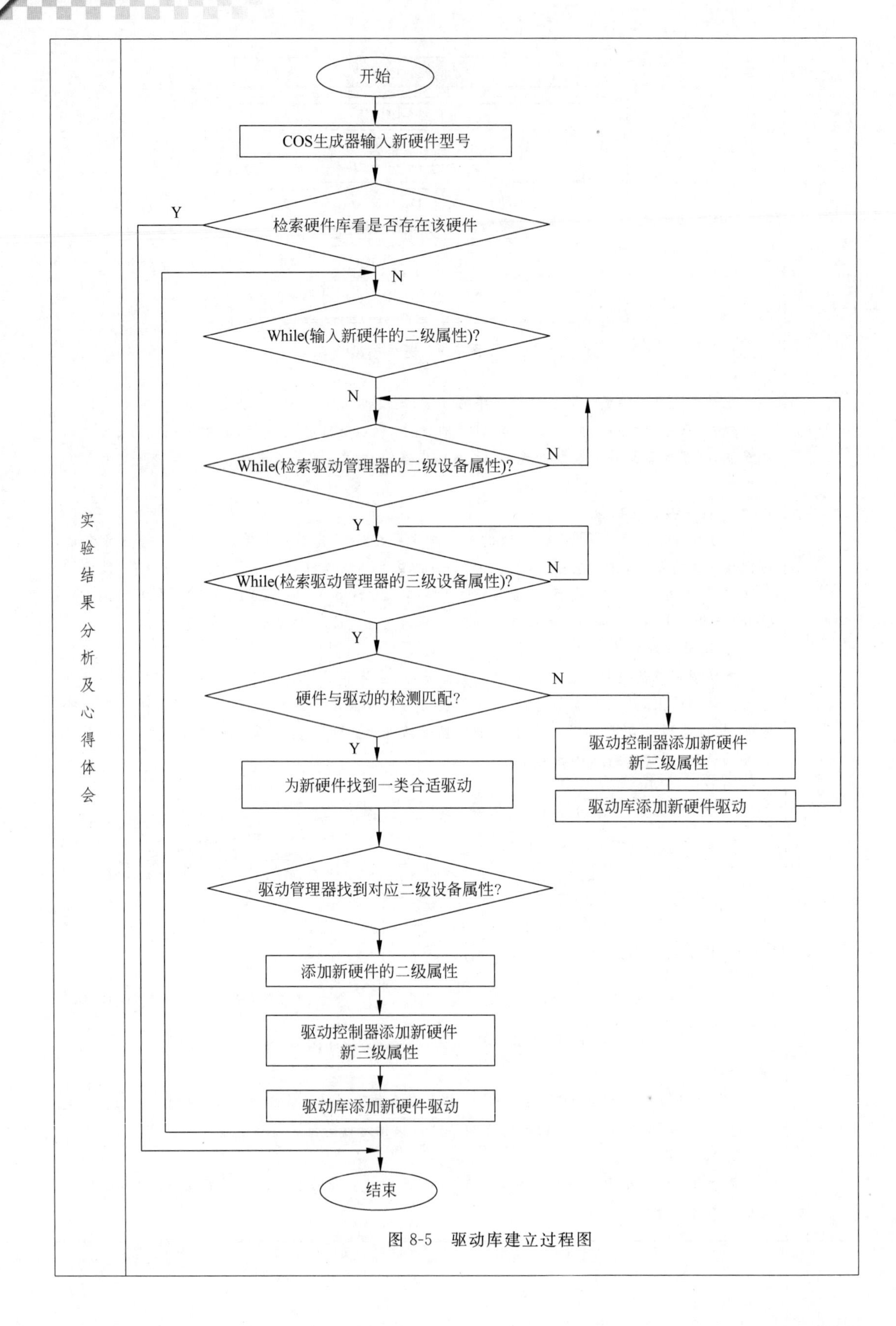

图 8-5 驱动库建立过程图

实验结果分析及心得体会

注意：图 8-5 中二级属性表示新 UICC 的 I/O、CPU、RAM、flash 等设备分类，三级属性表示具体的适合该硬件的分类驱动。本部分的算法设计在深化设计中详细描述。

4. 硬件库的建立

硬件库以设备管理表的方式对设备进行管理。设备管理表 DMT 的逻辑结构如图 8-6 所示，图中叶节点表示一个硬件的驱动，二级节点表示一个具体型号的 UICC 硬件。

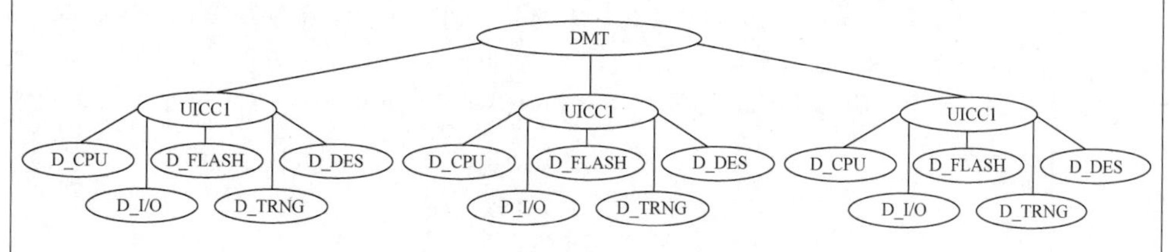

图 8-6 设备管理表逻辑结构

硬件库是建立在驱动库基础之上的，其建立过程与驱动库的建立过程类似，可以表示为设备管理表 DMT 由空表到逐步添加硬件元的过程，主要算法描述如下：

主要数据结构描述如下：

```
Struct UICC_DMT
{  UICC_DMT * parents;
   UICC_DMT * firstchild;
   UICC_DMT * nextsibling;
   DMT_DATA dmtdata;
}
Struct DMT_DATA
{  char[10] uicctype;
   char module_number;
   int * driverentry;
   …
}
```

算法描述如下：

参数：uicc_node，新的 uicc 节点；dct_node，DCT 中的节点；uicctype，新 UICC 的型号。

```
STATUS add_dmt(UICC_DMT * uicc_node,DCT * dct_node,char uicctype)
{  status = research_dmt(uicctype,uicc_node);//检索 DMT 中是否有新型号的 UICC
    if (status == SW9000)
        return SW9000;           //有则返回
    add_node(uicc_node);         //没有则添加新型号的 UICC 节点
    while(input module driver) //输入新型号的 UICC 模块驱动属性
    {  status = driver_matching(match new uicc module driver);
                                 //DCT 中是否有适合当前电路模块的驱动
    if(status! = sw9000)
    {  add_node(uice_node);      //没有则添加新的 UICC 驱动模块节点
       …                         //在 DCT 中加入该模块驱动
    }
    else
    …                            //在 DMT 中记录下 DCT 中驱动的入口地址
    }
}
```

实验结果分析及心得体会

5. COS生成器的设计

建立COS生成器的主要目的是：对驱动控制表和设备管理进行维护控制，针对新的UICC硬件能生成新硬件的定制COS。COS生成器的输入为新UICC的硬件属性输入，共分三级输入：第一级为设备型号；第二级为设备二级属性子类，如I/O、TRNG、Timer等；第三级输入为二级子类的特征输入，如I/O控制器的位数、在总线上的地址、TRNG的位数等。COS生成器的输出为针对指定UICC的Mini_COS。为了生成Mini_COS，COS生成器需要对设备管理表、驱动管理表进行检索匹配过程，因此为COS生成器设置了专门的驱动匹配器来完成该流程。COS生成器的模型图如图8-7所示。图8-8为COS生成器的部分输入界面设计。

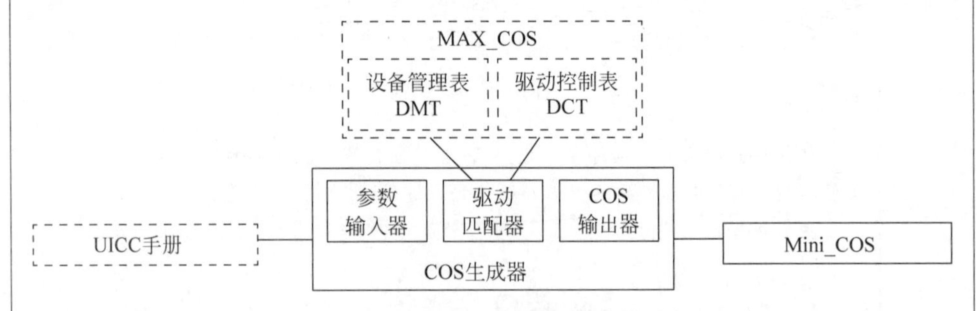

图8-7　COS生成器模型图

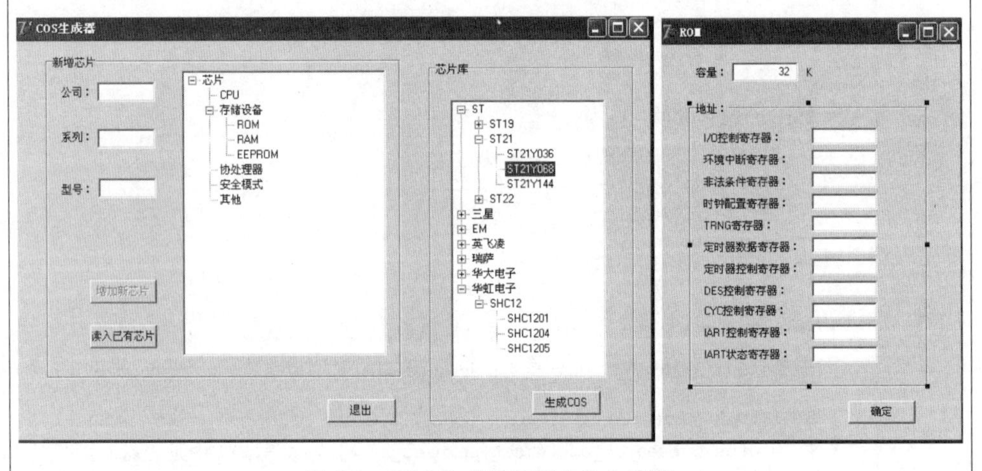

图8-8　COS生成器的部分输入界面

驱动匹配器的工作过程包括一种新硬件加入到驱动库的过程、加入到硬件库的过程，从硬件库中检索生成指定UICC的Mini_DMT的过程如图8-9所示。

驱动匹配器的工作过程中硬件与软件驱动的匹配算法(即如何判断已经有的驱动是否适合一种新硬件的问题)是匹配器设计的重点和难点，也是整个MAX_COS设计的关键点。

6. 覆盖模型到特殊模型的建立过程

覆盖模型MAX_COS到特殊模型Mini_COS的建立过程与前面描述的驱动库的建立过程、硬件库的建立过程、提取Mini_COS的过程联系紧密，整个建立过程也是堆积冗余代码到剥离冗余驱动代码的过程。由MAX_COS到Mini_COS的最终目的是生成一张专属于指定UICC的Mini_DMT设备驱动链表，使功能层应用软件能透过Mini_DMT链表直接实现对底层驱动的访问，并剥离与指定UICC无关的驱动代码，最终生成的Mini_COS代码容量应远小于MAX_COS容量，整个演化过程如图8-10所示。

实验结果分析及心得体会

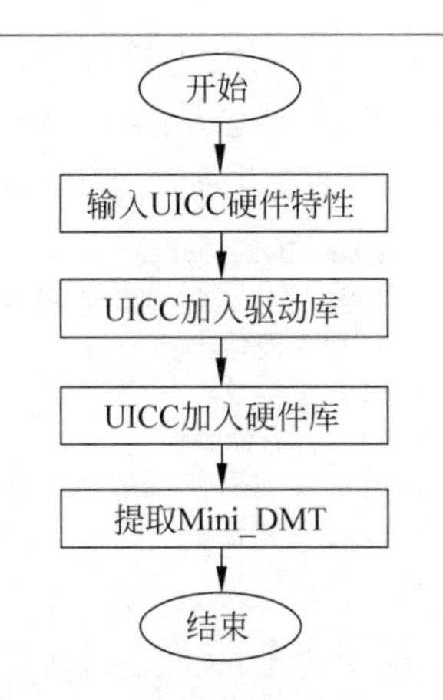

图 8-9 驱动匹配器工作流程图

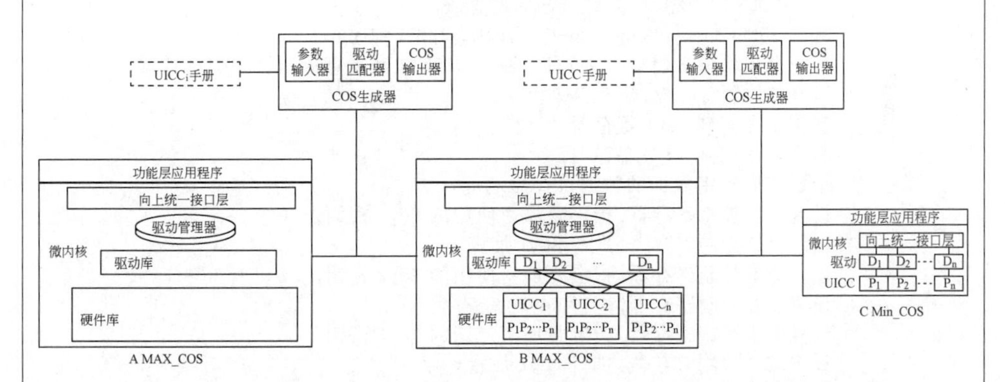

图 8-10 覆盖模型到抽象模型的演化流程图

图 8-10 中展示了演化过程，部分定义解释如下：

$UICC_i$ 手册：表示第 i 个需要添加到 MAX_COS 硬件库、驱动库中的硬件属性。

UICC 手册：表示一种指定的硬件属性，需要为这种固定的属性生成 Mini_COS。

COS 生成器：表示一种外界的作用力，可对 MAX_COS 发生作用力，使之出现状态的迁移。

A MAX_COS：表示 MAX_COS 的初始状态，此时驱动管理器、驱动库、硬件库为空。

B MAX_COS：表示 MAX_COS 的覆盖状态，此时驱动管理器、驱动库、硬件库填充入相应元素。

C Mini_COS：表示根据固定硬件属性产生的 Mini_COS，此时驱动管理器、硬件库、驱动库引退，转换为硬件接口、驱动、硬件的直接对应关系。

A-B MAX_COS 过程：表示在 COS 生成器的作用下，MAX_COS 由空状态到填充状态的转换，其中包括驱动库的建立过程、硬件库的建立过程。

B MAX_COS—C Mini_COS 过程：表示在 COS 生成器的作用下，MAX_COS 由填充状态到固化状态的转换，转换的结果为生成 Mini_COS，其中包括驱动库的建立过程、硬件库的建立过程、生成 Mini_DMT 的过程。

四、部分硬件驱动设计

1. 安全管理模块对底层调用接口

安全管理模块向 COS 微内核发出调用底层硬件调用 CRC 运算器，DES、RSA、AES 协处理器。

实验结果分析及心得体会

调用 DES 协处理器可以进行 DES 加密、DES 解密、3DES 加密和 3DES 解密，DES 协处理器一方面可以减轻 CPU 的负担，并且为 DES 加密算法设计硬件电路可以达到更高的运算速度。安全管理模块可以通过下面函数调用 DES 处理器。

```
Byte DES_Encrypt(Byte Key,Byte Data){
//安全模块输入需要加密数据,通过 DES 加密运算返回已经加密数据
写 DES 控制寄存器,启动 DES 模块;
密钥放到指定寄存器,key 寄存器;
指定需要加密数据的数据寄存器地址;
设置 DES 控制寄存器,指定要加密使用的密钥;
再设置 DES 控制寄存器,进行加密;
返回数据寄存器的值;
}
Byte DES_Disencryt(Byte Key1,Byte Data){
//安全模块输入需要解密字节,通过 DES 解密运算返回已经解密字节
}//和 DES 加密相反,参照 DES 加密算法
Byte 3DES_Encrypt(Byte Key1,ByteKey2,Byte Data){
//安全模块输入需要加密数据,通过 3DES 加密运算返回已经加密数据
写 DES 控制寄存器,启动 DES 模块;
密钥 1 存储到 Key1 寄存器;
密钥 2 存储到 Key2 寄存器;
指定需要加密数据的数据寄存器地址;
设置 DES 控制寄存器,指定要加密使用的 Key1 密钥;
设置 DES 控制寄存器,进行 Key1 加密;
设置 DES 控制寄存器,指定要加密使用的 Key2 密钥;
设置 DES 控制寄存器,进行 Key2 解密;
设置 DES 控制寄存器,指定要加密使用的 Key1 密钥;
设置 DES 控制寄存器,进行 Key1 加密;
返回数据寄存器的值;
}
Byte 3DES_Disencryt(Byte Key1,ByteKey2,Byte Data {
//安全模块输入需要解密字节,通过 3DES 解密运算返回已经解密字节
}//和 3DES 加密相反,参照 3DES 加密算法
Byte AES_Encrypt(Byte Key,Byte Data){
//安全模块输入需要加密数据,通过 AES 加密运算返回已经加密数据
}
Byte AES_Disencrypt(Byte Key,Byte Data) ){
//安全模块输入需要解密数据,通过 AES 解密运算返回已经解密数据
}
Byte RSA_Encrypt(Byte Key,Byte Data){
//安全模块输入需要加密数据,通过 RSA 加密运算返回已经加密数据
}
Byte RSA_Disencrypt(Byte Key,Byte Data) ){
//安全模块输入需要解密数据,通过 RSA 解密运算返回已经解密数据
}
Byte RNG(){
//没有输入,直接返回一个随机数
发送信号,触发随机数生成器;
返回随机数生成器寄存器的值;
}
Byte CRC(Byte Data){
    //下层硬件输入数据,通过 CRC 循环冗余校验把结果和数据返回给安全模块
}
```

实验结果分析及心得体会

2. 文件管理模块对底层调用接口

文件管理模块向COS微内核发出的调用底层硬件用于读取文件，写文件，删除文件和改写文件。

因为每个厂家芯片存储器不仅仅是存储容量大小不同，而且存储器的地址都不一样。为了加强COS系统对不同厂家芯片的适应性，在功能层上的地址存取统一使用逻辑地址。当需要向底层读取文件时候，通过接口层将逻辑地址转换成物理地址，再对存储器进行读取。

```
Byte Read_Flash_Text(Byte Address){
//文件模块指定逻辑地址读取文件,返回需要读取的数据
//读取 Flash 里面的数据
if(内存有所需要读取数据)
   在内存中读取数据;
else{
          逻辑地址和相应寄存器运算出物理地址;
          屏蔽所有中断;
          根据物理地址,把数据读到内存中;
          开启中断; }
}
Byte Read_EEPROM_Text(Byte Address){
//文件模块指定逻辑地址读取文件,返回需要读取的数据
//读取 EEPROM 里面的数据,单个读取,不用判别内存是否存有数据。直接读取
          逻辑地址和相应寄存器运算出物理地址;
          屏蔽所有中断;
          根据物理地址,把数据读到内存中;
          开启中断;
}
Void Write_Text(Byte Address,Byte Data){
//文件模块需要在指定的地址上存储数据,返回存储是否成功
          逻辑地址和相应寄存器运算出物理地址;
          屏蔽所有中断;
          根据物理地址,把数据写到内存中;
          开启中断;
}
Void Erase_Text(Byte Address){
//文件模块需要在指定的地址上擦除数据,返回擦除是否成功;
          逻辑地址和 CPU 索引寄存器运算出物理地址;
          屏蔽所有中断;
          根据物理地址,把内存中的数据清空;
          开启中断;
}
Void Overwrite_Text(Byte Address,Byte Data){
//文件模块需要在指定的地址上改写数据,返回改写是否成功
          逻辑地址和 CPU 索引寄存器运算出物理地址;
          屏蔽所有中断;
          根据物理地址,把内存数据清空,再写入数据;
          开启中断;
}
```

COS整体设计的关键点为微内核设计、系统总调度流程设计。微内核设计的核心关键点驱动匹配问题的算法设计，此算法的设计关系到整个微内核的成败。总调度流程设计采用中断技术则是重点考虑了系统的效率问题和电池供电终端的节能问题。

成绩评定	教师签名： 20××年　　月　　日

备注：

第9章 课程实验6

9.1 实验题目

面向对象需求分析。

9.2 实验安排

9.2.1 实验目的

(1) 能根据系统的功能分析系统的用例组成。

(2) 确定用例图中的执行者、执行者与用例之间的关系。

(3) 能分析每一个用例的事件流。

9.2.2 实验内容

学校的网上选课系统的用例图的设计和实现,或者自己定义一个题目。

9.2.3 实验步骤

(1) 对于所选定的题目和本题的可行性研究报告进行充分理解。

(2) 将理解的所有用户可能的需求列出,同时也列出存疑的问题,向问题提出者(老师)提出疑问并获得解答。

(3) 收集资料了解国内外对于题目中各类需求的最新求解方法及其解。

(4) 将用户提出的需求和分析得出的需求列出,并进行初步的描述,以此与用户反复交流,并认真听取意见,反复修改。

(5) 对所有用户需求进行整理,使其具备系统性。

(6) 与用户交流系统中必备的系统需求,同时解释系统不可能实现的需求。

(7) 认真进行严格的系统定义。

(8) 对所有需求进行一致性整理。

(9) 尽可能得出系统对象及其服务(行为)与属性(特征)。

(10) 画出系统用例图,包括对象图、类图、关系图、数据流图及其他辅助图。

(11) 撰写需求分析报告。

9.2.4 实验要求

根据需求文档确定每一个用例的名称、参与执行者(活动者)、前置条件、主事件流、辅事件流和后置事件流。

9.2.5 实验学时

本实验为2学时。

9.3 实验结果

报告提纲指南如下。

9.3.1 软件需求说明书

编写软件需求说明书的目的是为了使用户和软件开发人员双方对该软件的初始规定有一个共同的理解,并以此作为开发者进行软件设计、用户进行验收的依据。该文件包括对软件的功能、性能、安全保密和运行环境的要求。

其编写内容为如下。

1. 引言

1) 背景说明

说明被开发软件的名称、任务提出者、开发者、用户及安装场所。

2) 参考资料

列出有关资料(名称、发表日期、出版单位、作者等)。

3) 术语和缩写词

列出本文件中用到的专门术语的定义及术语缩写词。

2. 软件总体概述

1) 目标

软件开发背景材料。

2) 系统模型

图示说明该软件的所有功能及其相互关系和数据传递情况。

3) 假设和约束

说明影响软件开发和运行环境的某些假设和约束,还应论述影响系统能力(如预告出错类型的能力)的若干限制。

假设的例子有机构的作用、预算决定、运行环境或推广使用要求;约束的例子有操作环境、预算限制、系统实现的最后期限和管理方针等。

3. 详细需求

详细描述此软件系统的功能需求和性能需求。

1）功能需求

对系统中每一个功能要详细描述(图示或文字)。

(1) 概述：叙述功能名称、目标和作用。

(2) 输入：输入该功能的信息。

(3) 处理：描述此功能做什么，为何对输入信息进行加工并转换成输出信息。

(4) 输出：详述该功能输出的信息。

(5) 内部生成数据：列出用户所关心的内部生成数据。

2）性能要求

定量地描述此软件系统应满足的具体性能需求。

(1) 精度

说明系统的精度要求，如：

① 数据的精度要求。

② 数字计算的精度要求。

③ 数据传送的误码率要求。

(2) 时间特性

说明系统的时间特性要求，如：

① 解题时间。

② 询问和更新数据文件的响应时间。

③ 系统各项功能的顺序关系。

④ 由于输入类型的不同和操作方式的变化而引起的优先顺序。

⑤ 在峰值负载期，与所规定的响应时间的允许偏离范围。

(3) 灵活性

说明当需求发生某些变化时系统的适应能力，指出为适应这些变化而需要设计的软件成分和过程。

3）输入和输出

描述输入和输出的每个数据元素。对每个数据元素可列出如下信息：

(1) 数据元素名。

(2) 同义名。

(3) 定义。

(4) 格式。

(5) 值域。

(6) 度量单位。

(7) 数据项名、缩写词和代码。

对于输入数据，还要说明时间要求、优先顺序(常规作业、紧急情况)和所有物输入媒体(如磁盘、卡片等)；对于输出数据，也要说明时间要求、优先顺序和输出形式(显示器、打印机等)，并要描述对特殊输出项的保密措施。

4）数据库特性

详细描述数据库中要用到的各种数据元素。对每个数据元素列出：

(1) 数据元素名。

(2) 同义名。
(3) 定义。
(4) 格式。
(5) 值域。
(6) 度量单位。
(7) 数据项、缩写词和代码。
要根据记录的规模和数量来估计数据存储要求，并要预测数据的增长率。
5) 故障处理
列出在系统出现故障时，为满足信息处理要求而可能采取的技术措施，如：
(1) 后备技术。
(2) 低效技术。
(3) 再启动技术。

4. 环境

描述现有的软件环境，并设计满足软件需求的环境。
1) 设备环境
描述运行软件系统所需的设备能力，如：
(1) 处理器的数量和内存容量。
(2) 存储媒体的数量。
(3) 输入、输出设备的数量。
(4) 通信网络(包括说明网络结构、线路速度及通信协议等)。
2) 支持软件环境
列出与待开发的软件互相配合的支持软件(包括名称、版本号和文件资料)，必要时还应列出测试软件。
3) 接口
说明本系统与其他系统和子系统的接口。
(1) 软件接口
说明本软件系统与其他软件的接口。
(2) 硬件接口
说明本软件与其硬件之间的接口，包括信息的传递方式、响应时间和精度要求等。
4) 安全保密
说明本系统在安全和保密方面的要求。

5. 其他(略)

9.3.2 数据要求说明书

数据要求说明书的编写目的是为了向整个开发期提供关于被处理数据的描述和数据采集要求的技术信息。其编写内容如下。

1. 引言

1) 背景说明

说明被开发软件系统的名称、任务提出者、开发者、用户及安装场所。

2) 参考资料

列出本文件中引用的文件、资料的标题、编号、作者、出版日期、密级和来源。

3) 术语和缩写词

列出本文件专用的名词术语的定义及缩写词。

4) 安全保密

描述本系统的数据、数据文件及输入/输出的敏感度，必须对数据进行密级划分，还应说明对它们的保密安全要求。

2. 数据描述

数据可分为静态和动态两种。前者称为参数数据，后者称为非参数数据，它们都由若干个数据元素组成。除数据元素名外，对每个数据元素须提供：

(1) 同义名。

(2) 定义。

(3) 格式。

(4) 值域。

(5) 度量单位。

(6) 数据项名、缩写词和代码。

1) 静态数据的逻辑结构

列出所有静态数据元素(可按功能、主题或便于应用的组合方式排列)。

2) 动态输入数据的逻辑结构

列出所有动态输入数据元素(可按功能、主题或便于应用的组合方式排列)。

3) 动态输出数据的逻辑结构

列出所有动态输出数据元素(可按功能、主题或便于应用的组合方式排列)。

4) 内部生成数据

列出用户关心的内部生成的数据元素。

5) 数据约束

说明在软件需求说明中没有提到的而可预料到的数据约束。概括指出若要进一步扩充或使用系统时所受到的限制(如对文件、记录和数据元素的最大容量和最多个数)。

3. 数据采集

描述用户必要的数据采集活动。

1) 要求和范围

对每个要采集的数据，应描述数据元素名、同义名、格式、值域、度量单位、数据项名、缩写词和代码，还须说明：

(1) 数据元素的输入源，例如操作员、输入站还是某个专门的输入机构。

(2) 输入设备。

(3) 接收者。例如用户或程序。

(4) 临界值。

(5) 换算因子。对必须经模拟转换和数字转换处理的实测量要规定换算因子。

(6) 输出形式和设备。

(7) 扩充因子。指出系统进行扩充时数据元素项能增加到最大数目的扩充因子(例如，如果输入设备现在最多是12个，期望三年后达到96个，则扩充因子为700%)。

(8) 更新频率。指输入到系统或在一个周期内由系统修改的数据元素的更新频率，如果输入是随机的或以“偶然”的方式出现的，则须指出其平均频率和均方偏差。

2) 输入数据的来源

说明输入数据的来源。

3) 数据采集和传递方式

说明数据采集方式，包括应用的详细格式，还必须叙述通信媒体和输入/输出时间特性。

(1) 输入格式

描述所有的输入(卡片、磁带等)格式，包括本系统使用的文件格式。

(2) 输出格式

描述本系统产生的所有输出(打印机、显示器、磁带等)格式。

4) 数据的影响

说明数据的采集和维护对设备、软件、机构、运行和开发环境的影响，还应给出由于数据的故障导致的对系统的影响。

4. 其他(略)

9.4 参考实例

需求分析的参考实例如下。

学生实验报告

<table>
<tr><td>年级</td><td></td><td rowspan="2">班号</td><td rowspan="2"></td><td>学号</td><td colspan="3"></td></tr>
<tr><td>专业</td><td></td><td>姓名</td><td colspan="3"></td></tr>
<tr><td rowspan="2">实验名称</td><td colspan="3" rowspan="2">网络并行计算对象分析</td><td rowspan="2">实验类型</td><td>设计型</td><td>综合型</td><td>创新型</td></tr>
<tr><td>√</td><td></td><td></td></tr>
<tr><td>实验目的或要求</td><td colspan="7">实验目的
(1) 能根据系统的功能分析系统的用例组成。
(2) 确定用例图中的执行者、执行者与用例之间的关系。
(3) 能分析每一个用例的事件流。
实验要求
根据需求文档确定每一个用例的名称、参与执行者(活动者)、前置条件、主事件流、辅事件流和后置事件流。</td></tr>
</table>

实验原理（算法流程）

软件工程的基本原理

（1）用分阶段的生命周期计划严格管理。

（2）坚持进行阶段评审。

（3）实行严格的产品控制。

（4）采纳现代程序设计技术。

（5）结果应能清楚地审查。

（6）开发小组的人员应少而精。

（7）承认不断改进软件工程实践的必要性。

组内分工（可选）

人员分工表如下。

姓名	技术水平	所属部门	角色	工作描述

实验结果分析及心得体会

一、案例简述

在科学技术的发展中，许多领域需要进行大规模的数值计算，运用并行计算技术是提高计算效率的有效方法。目前并行计算技术的主要研究包括两类：一种是基于以并行机为对象的并行算法研究；另一种则是基于网络环境的并行计算研究。基于并行机的研究一次性的投资大，计算能力有限；而网络环境的并行计算投资较小，计算能力强，特别适合我国国情，从一定意义上讲其计算能力是无限的。

许多大型科学与工程问题的计算可归结为求解满足边值问题的 Poisson 方程：

$$\begin{cases} \dfrac{\partial^2 U}{\partial x^2}+\dfrac{\partial^2 U}{\partial y^2}+\dfrac{\partial^2 U}{\partial y^2}=f \\ U\Big|_{G_1}=\text{已知} \\ \dfrac{\partial U}{\partial n}\Big|_{G_2}=0 \end{cases} \tag{1}$$

上述方程等价的泛函极值问题用有限元方法求解。于是泛函极值问题就变为多元函数值的极值问题，其矩阵形式为

$$\boldsymbol{AX}=\boldsymbol{B} \tag{2}$$

其中系数矩阵 $\boldsymbol{A}=(a_{ij})_{M\times N}$ 的一般情况下的特点是对称、正定的。在微型计算机上无论采用解方程组的 Jacobi 法，还是 Cholesky、Gauss_Seidel、SOR、LSOR、SSOR、CG 法，因为一般情况下 $\boldsymbol{B}$ 不变，求解只进行一次，所以计算耗费虽有差别，但其耗费是可以接受的。

然而，在工程问题中，要分析求解区中不同场源情况下的结果，式中 $\boldsymbol{B}$ 的各元素必须取不同值对方程进行 N 次求解。当 $\boldsymbol{A}$ 的条件数巨大时，各种算法的计算耗费都难以接受。

另外，由于 $\boldsymbol{A}$ 的条件数巨大，导致大量的数据交换，也增加了求解时间，因此优秀串行算法的优越性不能体现，如何利用分布式进行并行计算具有十分重要的意义。

实验结果分析及心得体会

二、网络并行计算对象的发现

网络并行计算是机群系统进行网络并行计算，编程模式为主从(Master/Slave)模式，并行处理是由一个控制块Master和若干从属性块Slave组成，Master中有维持全局数据结构并负责任务的划分，负责用户界面，包括接收任务、启动计算、回收结果。而每个Slave负责完成子任务计算，包括局部的初始化、计算和数据间的通信，并把结果返回Master。它们都是操作系统的进程，进程一旦登录了PVM就成为PVM的控制任务，PVM将任务自动加载到合适的处理器。图9-1为并行处理的控制关系图，图9-2为Master/Slave并行计算流程图。

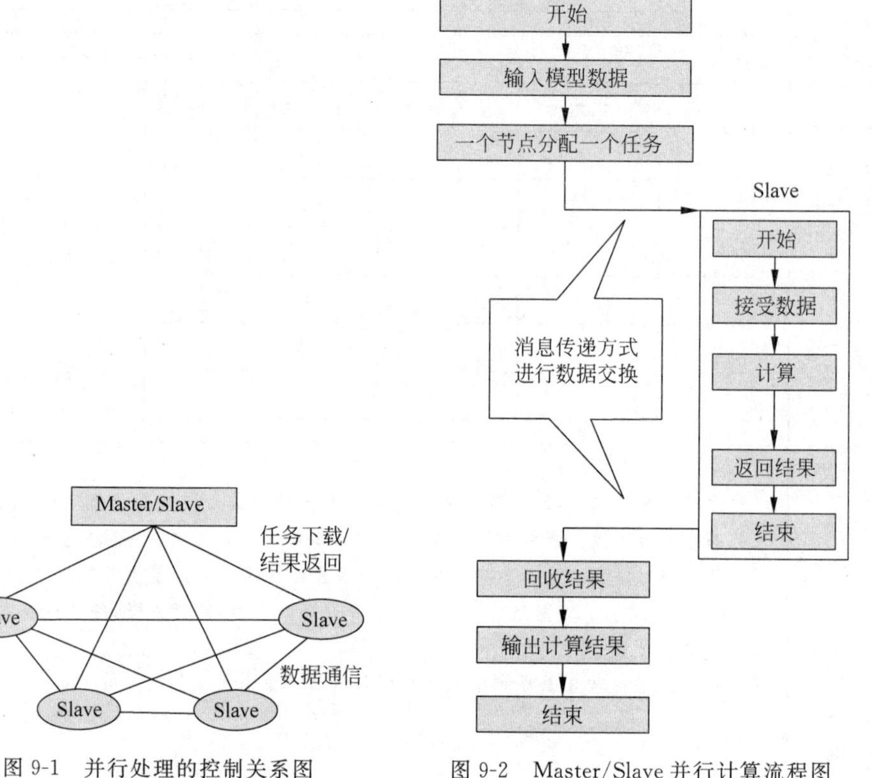

图9-1 并行处理的控制关系图

图9-2 Master/Slave并行计算流程图

(一) 分析Master程序发现对象

Master主程序算法：

(1) 接收用户输入的数据，包括测量场区和异常体的物理数据。

(2) 对场区在X轴方向划分，并记录各点的X坐标。

(3) 向各Slave传输数据，分派任务，并启动Slave应用程序。任务分派应用二次均分，其中loop[i]数组保存了第i台Slave机器需要处理的节点数。

(4) 循环等待，对每台Slave回收计算结果，即电极加在loop[i]某一点时，X轴上各点的电位值，pu[loop[i]][m xpointnum]。

(5) 合并结果成pu[m xpointnum][m xpointnum]，然后根据电位值计算视电阻率，画图输出。

下面来详细分析Master程序，分析该程序实例化了哪些对象，定义了哪些类，以及这些对象与类之间的关系。

实例化全局数据对象：

实验结果分析及心得体会

```
CGlobalData Gbldata;
…
```

获取原始数据：

```
Gbldata.ValueGiven();
…
```

利用获得的六面体数据将要计算的区域进行网格划分，案例根据所研究的地点条件灵活地将求解区限定为六面体形状，并灵活采用任意适当六面体形状的网格来剖分求解区。将划分六面体形状的要求输入系统，由系统自动分割。一般一个小六面体再分割为五个四面体。代码为

```
Gbldata.ModifyShape();
…
```

任务分派采用二次均分，其中 loops[i]数组保存了第 i 台 Slave 需要处理的节点数，该处用到的数据为 Gbldata.m_xPointNum。

二次均分核心代码如下：

```
loop = Gbldata.m xPointNum/ProcNum;
for(i = 0;i < ProcNum;i++)
    loops[i] = loop;
for(i = 0;i < Gbldata.m_xPointNum-Gbldata.m_xPointNum/Proc
Num * ProcNum;i++)
    loops[i]++;
```

向 slave 发送数据并且返回发送数据的结果(发送成功或者发送失败)，其中的数据有：Gbldata.m_Height，Gbldata.m_Length，Gbldata.m_Width，Gbldata.m_Stride，Gbldata.m_xConLen，Gbldata.m_yConLen，Gbldata.m_xConNum，Gbldata.m_xModNum，Gbldata.m_yModNum，Gbldata.m_yConNum，Gbldata.m_ObtLength，Gbldata.m_ObtWidth，Gbldata.m_ObtHeight，Gbldata.m_ObtDeep、Gbldata.m_NodeValue、Gbldata.m_Sigma1，Gbldata.m_Sigma2 。

Send()函数的核心代码如下：

```
Send()
{  //测量场数据
   Height = Gbldata.m_Height;
   Length = Gbldata.m_Length;
   Width = Gbldata.m_Width;
   …
   //被测物体数据
   ObtLength = Gbldata.m_ObtLength;
   ObtWidth = Gbldata.m_ObtWidth;
   …
   //电极数据
   NodeValue = Gbldata.m_NodeValue;
   //导电率
   Sigma1 = Gbldata.m_Sigma1;
   Sigma2 = Gbldata.m_Sigma2;
   …
   return info_cast;
}
```

实验结果分析及心得体会

循环等待，回收 slave 的计算结果（即电极加在 loops[i]中某一点时，X 轴上各点的电位值：pU[loops[i]][Gbldata. m_xPointNum]），并返回回收情况（回收结果成功或者回收结果失败）。该函数用到的数据有 Gbldata. m_xPointNum。

Receive()函数核心代码如下：

```
Receive()
{
…
        for(j = 0;j < loops[who];j++)
        {
            if(pos + j > = Gbldata.m_xPointNum)
                break;
            printf(" % d\n",pos + j);
            pvm_upkfloat(pU[pos + j],Gbldata.m_xPointNum,1);
        }
        printf("back form % d\n",who);
    }
    return info_recv;
}
```

把计算所用到的数据和计算的结果写入文件中保存，WriteFile()函数所用到的数据有如下几个：Gbldata. m_xPointNum，Gbldata. m_Stride，Gbldata. m_NodeValue，Gbldata. m_Height，Gbldata. m_Obtx1，Gbldata. m_Obtx2，Gbldata. m_Obtz1，Gbldata. m_Obtz2。

WriteFile()函数的实现代码如下：

```
void WriteFile()
{
…
    fp = fopen("u.txt","w");        //保存 X 轴上各点的电位值
    for(i = 0;i < Gbldata.m_xPointNum;i++)
    {
    …
    }
    fclose(fp);
    fp = fopen("num.txt","w");      //保存测量原始数据
    …
    fclose(fp);
    fp = foper("x.txt","w");        //保存 X 轴各点的坐标值
    …
    fclose(fp);
```

从以上的程序片段中可以知道，Master 程序只有一个类 CGlobalData，它也只实例化了一个对象 Gbldata。那么来分析一下 Master 程序为什么只实例化一个对象，为什么只需要一个类，该类完成什么样的功能。

结合问题域和以上对 Master 的分析，可以知道 Master 程序主要的功能是：获取原始数据→等额网格划分→广播数据，分发任务→回收结果→保存数据。

程序用得最多的是测量场区和被测物体的物理数据：测量场的长、宽、深、测距，被测物体的长、宽、高、埋深，被测物体的电阻率，测量场区的电阻率，六面体坐标平面数据等等，并且其定义的方法也是对这些数据进行的操作：获取数据、网格划分、发送、回收数据、保存数据。显然我们会考虑定义一个全局的数据类来管理这些数据，这些数据作为该类的属性而存在，而对

实验结果分析及心得体会	这些数据的操作 ValueGiven()，ModifyShape()则可以作为该类的服务存在。图 9-3 为 CGlobalData 类和 Gbldata 对象的关系图。

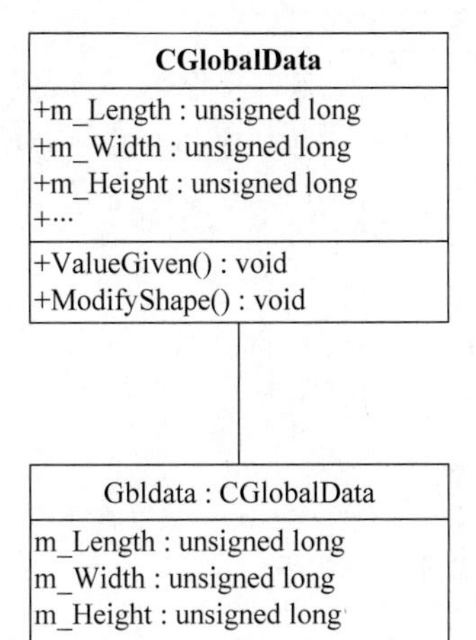

图 9-3 CGlobalData 类和 Gbldata 对象的关系图

注：Gbldata 是 CGlobalData 类实例化的一个对象，两者是一般和特殊的关系。

（二）分析 Slave 程序发现对象

Slave 从程序算法：

(1) 接收 Master 发送过来的数据。

(2) 按照与 Master 一样的方法，对场区进行 X 轴方向的划分，并记录各点的 X 坐标。

(3) 对场区进行 Y 和 Z 方向上的划分，记录各点的坐标和点的个数。

(4) 令 m_pointnum＝X 轴点数×Y 轴点数×Z 轴点数，m_halfband＝X 轴点数×Y 轴点数＋X 轴点数＋1，构造大型稀疏矩阵 pTK[m_halfband][m_pointunm]并初始化，全置 0。

(5) 对每一个点设置导电率，若点在异常体内，则设为 sigma2；若点在场区内异常体外，则设为 sigmal。

(6) 对于测量区域中划分所得的六面体，再将每一个六面体划分为五个小的四面体，并对五个四面体的各点编号。然后对于每个四面体，根据各点的异电率，求出每一个四面体的单元刚度矩阵。

(7) 由各个四面体的单元刚度矩阵合成矩阵 pTK。

(8) 用共轭梯度法求解方程[K]·{U}＝{I}，U 为未知量，I 则根据 Slave 收到的 loop[i]计算本地需要开始计算得初始节点，形成右端矢量 I。然后将于本机问题域上的每一点作为电极，循环 loop[i]次，回代求解 U 值。故每一机子形成结果矩阵 pu[loop[i]][m_xpointnum]。

(9) 将 pu 回送给 Master。

下面我们来看看 Slave 程序中实例化的对象和定义的类。

首先程序实例化的第一个对象是 Gbldata：

```
CGlobalData Gbldata;
…
```

程序接收来自 Master 程序发送过来的数据：

```
//接收来自 master 的数据
long Receive()
{
```

实验结果分析及心得体会

```
        log info_recv;
        //测量场数据
        unsigned long Height;
        unsigned long Length;
        …
        info_recv = pvm_recv(Mastertid,msg_cast);
        if(info_recv < 0)
            return info_recv;
        //数据解包
        //测量场数据
        pvm_upkulong(&Length,1,1);
        pvm_upkulong(&Height,1,1);
        …
        //对数据赋值
        //测量场数据
        Gbldata.m_Length = Length;
        Gbldata.m_Width = Width;
        …
        return info_recv;
    }
```

程序对接收到的数据进行处理。按照与 Master 一样的方法,对场区进行 X 轴方向的划分,并记录各点的 X 坐标。

```
        //数据处理
        Gbldata.ModifyShape();
    …
```

令 m_pointnum＝X 轴点数×Y 轴点数×Z 轴点数,m_halfband＝X 轴点数×Y 轴点数＋X 轴点数＋1,构造大型稀疏矩阵 pTK[m_halfband][m_pointnum]并初始化,全置 0;对每一个点设置导电率,若点在异常体内,则设为 sigma2,若点在场区内异常体外,则设为 sigma1。

```
        void CGlobalData::ModifyShape()
    {
        …
        m_PointNum = m_xPointNum * m_yPointNum * m_zPointNum;
        m_HalfBand = m_xPointNum * m_yPointNum + m_xPointNum + 1;
        …
    }
```

在计算总刚度矩阵时候,程序实例化了几个典型的对象:

```
    //  获得总刚度矩阵
    void TKGet()
    {
    …
        for(iPoint = 0;iPoint < Gbldata.m_PointNum;iPoint++)
        {
            CSPoint * Point = new CSPoint(iPoint);
            …//处理边缘点
            …//处理 sigma 数据
            CCube  * pCube = new CCube(iPoint);
            pCube -> Cut();
```

实验结果分析及心得体会

```
            for(iElem = 0;iElem < 5;iElem++)
            {
                pCube->Elem[iElem].sigma = sigma;
                //求解四面体单元刚度矩阵
                pCube->Elem[iElem].AskKe();
                ...
            }
            delete pCube;
        }
    }
```

从以上的程序片段可以看到求解总刚度矩阵时候程序实例化了一个 CSPoint 类型的指针对象 * Point,接着程序又实例化了一个 CCube 类型的指针对象 * pCube。

其中 * Point 对象指向的是六面体结构中的各个点,由各点给出的坐标范围给电阻率赋值; * pCube 对象指向的是结构中六面体各参考顶点(最靠近原点的顶点),利用各参考顶点的编号对六面体进行划分,利用方法 pCube—> Cut()把每个六面体划分为五个四面体单元。

为了求解总单元刚度矩阵,必须对划分出来的四面体先求出各个四面体的单元刚度矩阵 pCube→Elem[iElem]. AskKe()。最后由各个四面体的单元刚度矩阵合成矩阵 pTK。在求解单元刚度矩阵是程序也实例化了 CSPoint 类型的数组对象 Point[4],程序片段如下:

```
void CPyramid::AskKe()
{
    ...
    CSPoint Point[4];
    由编号得四面体各顶点坐标
    for(i = 0;i < 4;i++)
    {
        Point[i].Num_Point = num[i];
        Point[i].Locate();
    }
        ...//对矩阵的各行各列进行赋值操作
        ...
        //获得单元刚度矩阵 EK[i][j]
        for(j = 0;j < 4;j++)
        {
            EK[i][j] = sigma * (b[i] * b[j] + c[i] * c[j] + d[i] * d[j])/36/v;
        }
```

程序利用乔勒斯基分解法 Cholesky()求解方程:[K]·{U}={I}。U 为未知量,I 则根据 Slave 收到的 loop[i]计算本地需要开始计算得初始节点,形成右端矢量 I。

```
void Cholesky()
{
  ...
  //Cholesky 分解
  for(iTK = 0;iTK < Gbldata.m_PointNum;iTK++)
  {   for(jTK = 0;jTK < Gbldata.m_HalfBand;jTK++)
      {
          for(p = 0;p < iTK;p++)
          {if(iTK - p < Gbldata.m_HalfBand&&jTK - p + iTK < Gbldata.m_halfBand)
```

```
    pTK[iTK][jTK] - = pTK[p][iTK - p] * pTK[p][0] * pTK[p][jTK - p + iTK];}
         if(jTK! = 0)  pTK[iTK][jTK] = pTK[iTK][jTK]/pTK[iTK][0];
      }
   }
}
```

将本机问题域上的每一点作为电极，循环 loop[i]次，回代求解 U 值。

```
//  回代解方程
void UGet(unsigned int NodePosition, int iU)
{
    …  //电极定位
    …  //电流向量赋值
       //解方程组
    for(iPoint = 0;iPoint < Gbldata.m_PointNum;iPoint++)
    {
    …
    }
       保留表面各点的电位
    …
    for(i = 0;i < Gbldata.m_xPointNum, i++)
       pU[iU][i] = ptemp[i];
```

实验结果分析及心得体会

将 pU 回送给 Master，Slave 任务结束。

从上面对 Slave 程序的分析可以看到 Slave 程序的功能是：接收数据→对场区进行坐标划分→六面体分割为四面体→求解四面体单元刚度矩阵→求解结构总单元刚度矩阵→解方程求得电位值 pU。

Slave 一开始接收的数据就是一个六面体数据，它就像 Master 一开始获取的数据，只不过现在的数据是 Master 进行网格划分后的六面体罢了。因此 Slave 也应该有一个类来管理这些数据，该类声明的数据类型应该和 Master 中的全局数据类 CGlobalData 类中对应的数据类型一致，并且该类对原始数据的操作只有网格划分 ModifyShape()，而没有原始数据获取 ValueGiven()，因为数据都来自 Master。图 9-4 为 CGlobalData 类和对象 Gbldata 的关系图。

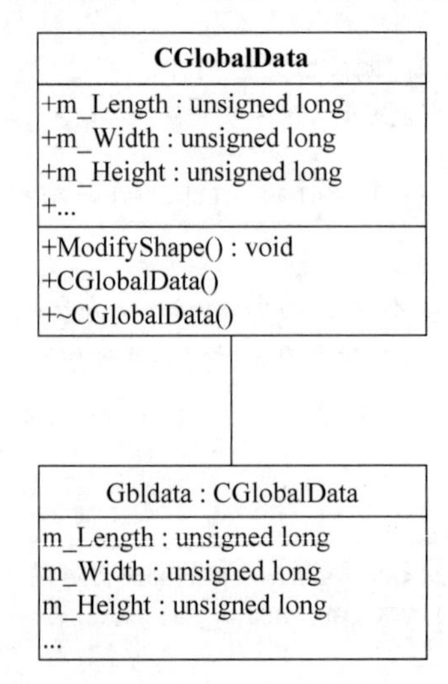

图 9-4　CGlobalData 类和对象 Gbldata 的关系图

注：Gbldata 是 CGlobalData 类实例化的一个对象，两者是一般和特殊的关系。

实验结果分析及心得体会

Slave 在求解总单元刚度矩阵和四面体单元矩阵时候分别都实例化了 CSPoint 类型的对象。其中一个是 * Point 对象，指向的是六面体结构中的各个点，由各点给出的坐标范围给电阻率赋值；另一个是 Point[4]对象，它指向的是划分出来的四面体的各个顶点，由顶点的编号求解各顶点的坐标。这两个对象都是指向点的，并且对点的操作都是由顶点的编号计算点的空间坐标信息，指向的这些点其实性质是一样的，都是六面体的顶点，只不过这里分开来定义，指向就更加清楚和明确。图 9-5 为 CSPoint、* Point 和 Point[4]的关系图。

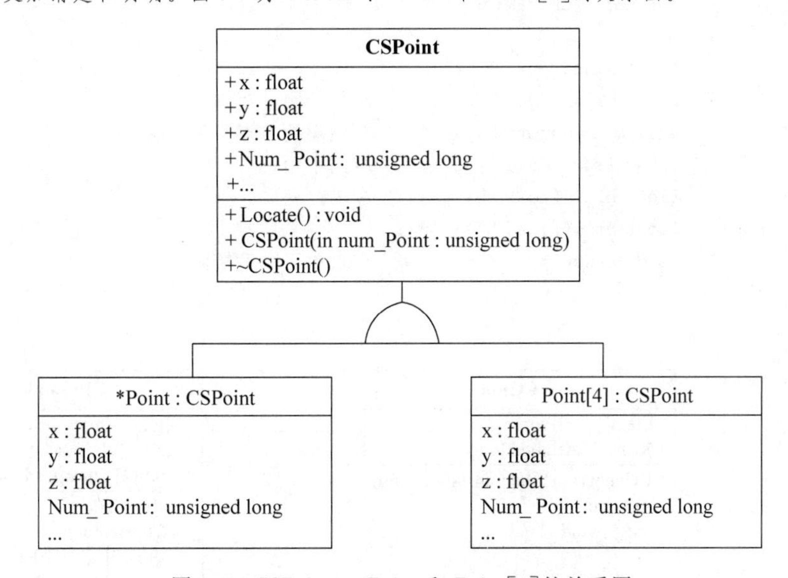

图 9-5 CSPoint、* Point 和 Point[4]的关系图

注：* Point 和 Point[4]是 CSPoint 类实例化的两个对象。其中 * Point 和 CSPoint 是一般和特殊的关系，Point[4]和 CSPoint 也是一般和特殊的关系。

接着程序又实例化了一个 CCube 类型的指针对象 * pCube，* pCube 对象指向的是结构中六面体各参考顶点(最靠近原点的顶点)，利用各参考顶点的编号对六面体进行划分，利用方法 pCube→Cut()把每个六面体划分为五个四面体单元。四面体的编号和电阻率数据可以作为一个整体来对待，即作为一个对象，利用这些数据来进行单元刚度求解、大型的矩阵和线性方程的求解，因此可以定义一个类 CPyramid 来管理四面体。图 9-6 为 CCube 类、对象 * pCube、CPyramid 类和对象 Elem[5]的关系图。

```
class CCube
{
public:
    CCube(){};
    CCube(unsigned long icube)
    {
        iCube = icube;
    };
    virtual ~CCube(){};
    CpyramidElem[5];            //划分得到的五个四面体单元
    unsigned long iCube;        //参考顶点(最靠近原点的顶点)在结构中的编号
    void Cut()                  //划分
    {
    ...
```

```
    };

class CPyramid
{
public:
    CPyramid();
    virtual ~CPyramid();
public:
    float sigma;
    float EK[4][4];              //单元刚度矩阵
    unsigned long num[4];        //顶点的节点编号
    CSpacePoint Point[4];        //四个顶点
    float hls3(float h[3][3]);   //求行列式
    float hls4(float h[4][4]);
    void AskKe();                //求单元刚度矩阵
}
```

实验结果分析及心得体会

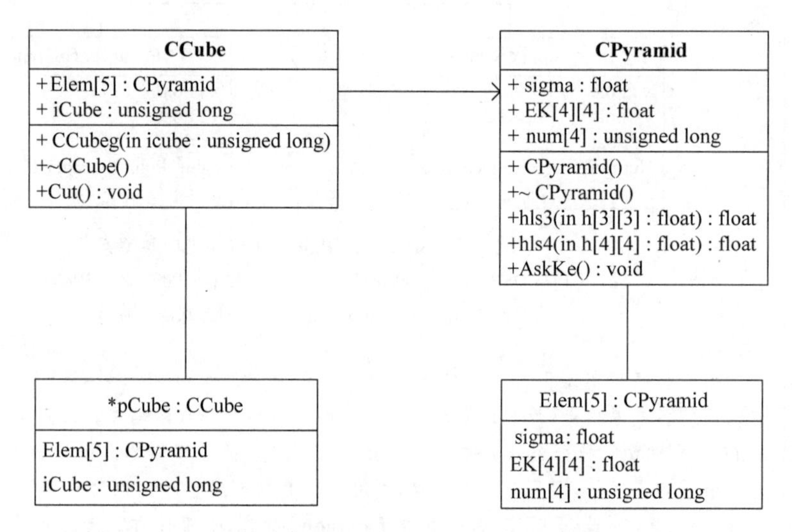

图 9-6 CCube类和CPyramid类关联关系图

注：由程序可以知道，在类 CCube 中有一个属性 Elem[5]，其类型为 CPyramid，而在类 CPyramid 中没有相应的类型为 CCube 的属性，因此可以准确地判断出类 CCube 和类 CPyramid 是单向关联关系。 * pCube 是类 CCube 实例化的一个对象，对象 * pCube 和类 CCube 是一般和特殊的关系；而 Elem[5]是类 CPyramid 实例化的一个对象，对象 Elem[5]和类 CPyramid 也是一般和特殊的关系。

（三）分析 PSplitWin 程序发现对象

PSplitWin 程序的主要功能是实现数据的可视化输入、输出，该程序利用了 Visual C++ 中 MFC 这个可重用的类库。MFC 应用程序的总体结构通常由开发人员从 MFC 类派生的几个类和一个 CWinApp 类对象（应用程序对象）组成。MFC 提供了 MFC AppWizard 自动生成框架，主要谈论程序的界面对象。

PSplitWin 中输入数据窗口 CInputView 的作用是处理输入的数据，数据的处理过程是把输入的原始数据写入到文件 data. txt，Master 就是到文件 data. txt 中取得原始数据的。图 9-7 是 CInputView 类及其父类 CFormView 的关系图。

实验结果分析及心得体会

```
void CInputView::OnOk()
{
    FILE *fp;
    fp=fopen("c:\\wpvm3.4\\data.txt","w");
    fprintf(fp,"%1u\n",m_Length);
    fprintf(fp,"%1u\n",m_Width);
    …
}
```

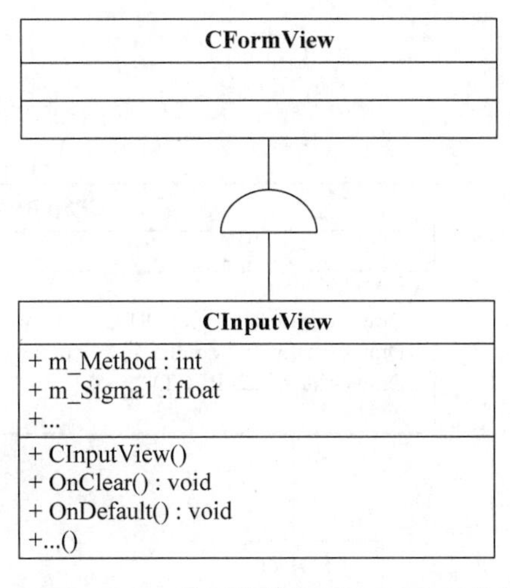

图 9-7 CInputView 类及其父类 CFormView 的关系图

注：类 CInputView 和类 CFormView 的关系是继承关系，类 CInputView 是子类，类 CFormView 是父类，类 CInputView 继承了父类类 CFormView 的方法和属性。

Master 根据获得的数据进行计算，计算结果将保存在文件 num.txt，x.txt 和 u.txt 中。CPSplitWinView 根据上述三个文件中的数据产生画图的坐标等数据。程序片段如下：

```
void rous()  //产生画图数据
{
//从数据文件中获得数据
    FILE *fu, *fx, *fnum;
    if((fnum=fopen("c:\\wpvm3.4\\num.txt","r"))=NULL)
    …
    if((fx=fopen("c:\\wpvm3.4\\x.txt","r"))=NULL)
    …
    if((fu=fopen("c:\\wpvm3.4\\u.txt","r"))=NULL)
    …
}
```

程序首先画坐标轴，接着画图线。在图形输出部分，用得最多的是点、线、面的图形对象，这些都用到了 MFC 类库的 POINT 类、CRect 类。类 CPSplitWinView 又关联了 POINT 类、CRect 类。Origin，p1，p2，*points 是类 POINT 实例化的对象，分别为坐标的原点、X 坐标轴、Y 坐标轴图和输出图形中的点；rect 是类 CRect 实例化的对象，rect 为图形的输出范围。图 9-8 是类 CPSplitWinView 及其父类 CView 、类 POINT 和类 CRect 的关系图。

```
void CPSplitWinView::OnDrawDraw()
{
    rous();                 //产生画图数据
    …
    CRectrect;              //定义图形输出的区域范围
```

实验结果分析及心得体会

```
…
DrawCoordinate(rect);//画坐标轴
if(met == 1)  DrawChart(xb,yb,xPointNum,rect);  //曲线图
```

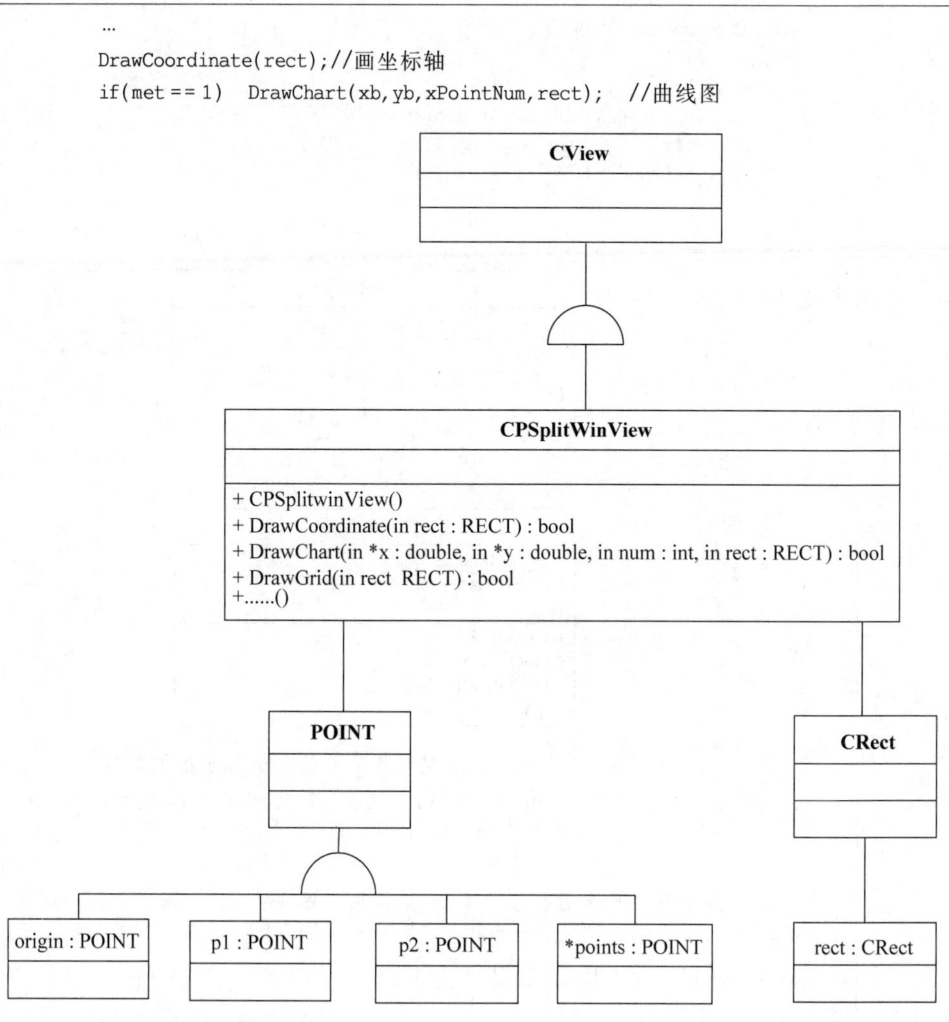

图 9-8　CPSplitWinView 类及其父类 CView、POINT 类和 CRect 类的关系图

注：类 CPSplitWinView 和类 CView 是继承关系，类 CView 是父类，类 CPSplitWinView 是子类；类 POINT 和类 CPSplitWinView 是关联关系；类 CRect 和类 CPSplitWinView 也是关联关系；Origin，p1，p2，* points 是类 POINT 实例化的对象；rect 是类 CRect 实例化的对象。

三、案例对象类总体关系图

综上所述，案例中各个对象的建立以及各个对象类的建立都是有根据的，虽然案例的程序逻辑架构不一定是最优的，但是它的建立符合案例的需求，符合案例的问题域所要求的功能，符合网络并行计算中处理数据的流程。

下面来总结一下所发现的对象类的总体关系，如图 9-9 所示。

图 9-9 各个类和对象的关系说明如下：

继承关系：CInputView 类和 CFormView 类的关系是继承关系；CPSplitWinView 类和 CView 类是继承关系。

实例化(一般和特殊关系)：Gbldata 是 CGlobalData 类实例化的一个对象；* Point 和 Point[4]是 CSPoint 类实例化的两个对象；* pCube 是 CCube 类实例化的一个对象；Elem[5]是 CPyramid 类实例化的一个对象；Origin，p1，p2，* points 是 POINT 类实例化的对象；rect 是 CRect 类实例化的对象。

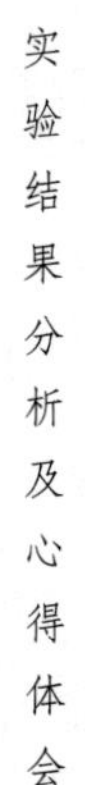

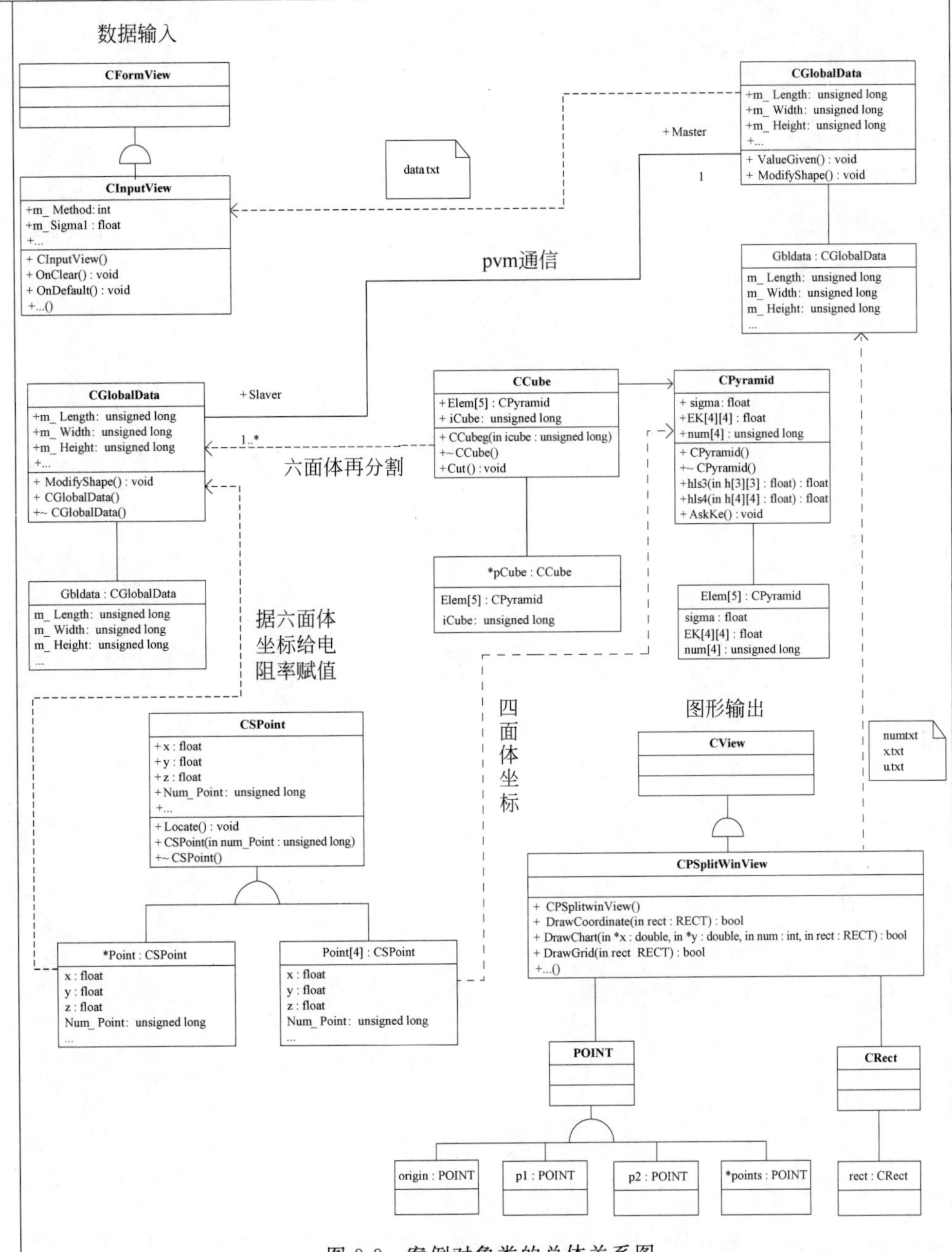

图 9-9　案例对象类的总体关系图

关联关系：Master 中的 CGlobalData 类和 Slave 中的 CGlobalData 类是关联关系；CCube 类和 CPyramid 类是单向关联关系；POINT 类和 CPSplitWinView 类是关联关系；CRect 类和 CPSplitWinView 类是关联关系。

依赖关系：Master 中的 CGlobalData 类和 CInputView 类是依赖关系；CPoint 类的对象 *Point 和 Slave 中的 CGlobalData 类存在依赖关系；CPoint 类的对象 Point[4]和 CPyramid 类存在依赖关系；CPSplitWinView 类和 Master 中的 CGlobalData 类存在依赖关系；CCube 类和 Slave 中的 CGlobalData 类存在依赖关系。

成 绩 评 定	教师签名： 20××年　　月　　日

备注：

课程实验7

10.1 实验题目

面向对象系统设计。

10.2 实验安排

10.2.1 实验目的

(1) 掌握活动图的概念和组成。

(2) 能根据事件流准确地设计出活动图。

(3) 熟练使用软件创建活动图。

10.2.2 实验内容

通过实际制作选课系统中的"添加课程"用例来学习设计和实现活动图。

10.2.3 实验步骤

(1) 认真阅读题目和本题的《需求分析报告》。

(2) 收集资料了解国内外题目中各类需求的最新求解技术及其解。

(3) 根据系统定义确定系统总体设计方案，根据《需求分析报告》确定系统总体结构。

(4) 根据《需求分析报告》中的对象、类及其结构和数据字典完成系统的结构图。

(5) 将初步的结果进行关键点实验。与同行和用户反复交流，并认真听取意见，反复修改。

(6) 在软件质量的框架下对系统结构进行调整优，使系统最优化。

(7) 完成系统的接口设计。

(8) 完成系统的数据结构设计。

(9) 有条件时可以将在特定环境下设计出的系统在一般环境下运行，分析系统结构的优劣。

(10) 画出系统结构图、功能图、活动图、顺序图、接口等概要设计结果。

(11) 撰写需求分析报告。

如果项目比较小，则概要设计与详细设计一起进行，否则概要设计与详细设计则要分步进行。

如概要设计与详细设计要分步进行，则详细设计步骤如下：

(1) 认真阅读题目和本题的《系统概要设计报告》。

(2) 收集资料了解国内外题目中各类详细设计技术。

(3) 根据系统概要设计结果确定各个对象类及其结构的设计方案。

(4) 根据系统概要设计结果完成对象类设计。

(5) 根据系统概要设计结果设计不同功能和性能对象的属性数据结构结构和服务的算法。

(6) 完成系统的关系参数设计。

(7) 完成系统的数据结构物理设计。

(8) 在软件质量的框架下对数据结构和程序结构进行关键实验，调整并优化。

(9) 有条件时将在特定环境下设计出的程序与数据结构改在一般环境下运行，分析设计的优劣。

(10) 画出程序结构图、性能描述、接口等设计结果。

(11) 撰写设计报告。

注意：应该同时进行用户界面设计，用户界面设计也按照上述步骤进行。

10.2.4 实验要求

掌握活动图的基本概念和组成。用活动图来描述事件的流程。描述采取何种动作、做什么(对象状态改变)、何时发生(动作序列)以及在何处发生(泳道)。

确定活动图的起始状态、终止状态、状态转移、决策、守护条件、同步棒和泳道。

10.2.5 实验学时

本实验为2学时。

10.3 实验结果

10.3.1 概要设计说明书

编写概要设计说明书的目的是说明对程序系统总体设计的考虑，包括程序的基本流程和组织结构、输入/输出、接口设计、运行设计、数据结构设计和系统出错处理设计等，为系统的详细设计提供基础。其编写内容如下。

1. 引言

1) 背景

说明被开发软件的名称、项目提出者、开发者。

2）参考资料

列出本文件用到的参考资料，包括作者、来源、编号、标题、发表日期、出版单位及保密级别等，如：

(1) 软件需求说明书。

(2) 同概要设计有关的其他文件资料。

3）术语和缩写词

列出本文件中专用的术语、定义和缩写词。

2. 需求

利用软件需求说明书对各条内容进行细化、扩充或变更(若有的话)。

1）总体描述

对软件系统进行总的描述。用图表示本系统各部分之间的关系，以及用户机构与本系统主要部分之间的关系。

2）功能

定量和定性地表示软件总体功能，并说明系统是如何满足功能需求的。

3）性能

说明精度、时间特性、灵活性等要求。

4）运行环境

简要说明对运行环境的规定，如设备、支持软件、接口、保密与安全等。

3. 总体结构设计

用图表说明本系统结构，即系统元素(子系统、模块子程序、公用程序等)的划分、模块之间的关系及分层控制关系。用图表形式表示各功能需求与模块的关系。

4. 接口设计

1）外部接口

说明本系统同外界的所有接口安排，包括硬件接口、软件接口、用户接口。

2）内部接口

说明本系统内部各个系统元素间的接口安排。

5. 运行设计

1）运行过程

说明系统的运行过程(例如装入、启动、停机、恢复、再启动等)。

2）系统逻辑流程

用图表形式描述系统的逻辑流程，即从输入开始，经过系统的处理到输出的流程。集中表示系统的动态特性、入口和出口，与其他程序的接口以及各种运行、优先级、循环和特殊处理。

6. 系统数据结构设计

1）逻辑数据结构设计

给出本系统（或子系统）内所使用的每个数据项、记录、文件的标识、定义、长度，以及它们之间的相互关系。给出上述数据元素与各个程序的相互关系。

2）物理数据结构设计

给出本系统（或子系统）内所使用的每个数据项、记录、文件的存储要求，访问方法，存取单位，存取的物理关系（媒体、存储区域）。

7. 系统出错处理设计

1）出错信息

用图表形式列出每种可能的出错或故障情况出现时系统输出信息的形式、含义及处理方法。

2）补救措施

说明故障出现后可能采取的变通措施，如后备技术、降效技术、恢复及再启动技术等。

8. 系统维护技术

说明为了系统维护方便而在程序内部设计中做出的安排，如在程序中专门安排用于系统的检查与维护的检测点和专用模块。

10.3.2 数据库设计说明书

编写数据库设计说明书的目的是详细规定待设计数据库的所有标识、逻辑结构和物理结构。本文件通常是为很多软件人员在编写各种程序时用到同一批数据而准备的。其编写内容如下。

1. 引言

1）背景

说明待开发数据库的名称、使用方法、使用范围及开发者。

2）参考资料

列出有关的参考资料（名称、发表日期、出版单位、作者等）。

3）术语和缩写词

列出本文件中专用的术语、定义和缩写词。

2. 外部设计

1）标识

列出用于标识该数据库的编码、名称、标识符或标号，并给出附加的描述性信息。如果该数据库是在实验中的、在测试中的或者暂时性的，则要说明这一特点和有效期。

2）约定

描述使用该数据库所必须了解的建立标号、标识的有关约定，例如用于标识库内各个文卷、记录、数据项的命名约定等。

3）使用该数据库的软件

列出将要使用或访问该数据库的所有软件。

4）支撑软件

描述与此数据库有关的支撑软件，如数据库管理系统、存储定位程序等。概要说明这些支撑软件的名称、功能及为使用这些支撑软件所需的操作命令。列出这些支撑软件的有关资料。

5）专门说明

为此数据库的生成、测试、操作和维护人员提供的专门的说明。

3. 结构设计

1）概念结构设计

详细说明数据库的用户视图，即反映现实世界中的实体、属性和它们之间关系的原始数据形式，包括各数据项、记录、文卷的标识符、定义、类型、度量单位和值域。

2）逻辑结构设计

说明把原始数据进行分解、合并后重新组织起来的数据库全局逻辑结构，包括记录、段的编排、段间的关系及存取方法等，形成本数据库的管理员视图。

3）物理结构设计

建立系统程序员视图，包括：

（1）数据在内存中的安排，包括索引区、缓冲区的设计。

（2）所使用的外存设备及外存之间的组织，包括索引区、数据块的组织与划分。

（3）访问数据的方式方法。

4. 运用设计

1）数据字典设计

对数据库设计中涉及的数据项、记录、文卷、子模式、模式等一般要建立起数据字典，以说明它们的标识符、同义名及有关信息。本条要说明对此字典设计的基本考虑。

2）完整性设计

说明为保持数据库中数据的完整性所做的考虑，如数据库的后援频率、数据共享、数据冗余等。

3）完全保密设计

说明所采用的保证数据安全保密的措施和机制，如数据库安全破坏标识、资源保护方式、存取控制方式等。

5. 其他（略）

10.3.3 详细设计说明书

编写详细设计说明书的目的是向程序员详细描述该软件系统各个层次中的每一个模块（或子程序）的设计细节。其编写内容如下。

1. 引言

1）背景

说明该软件系统名称、开发者、细节设计原则和方法。

2）参考资料

列出有关的参考资料名称、作者、发表日期、出版单位。

3）术语和缩写词

列出本文件中专用的术语、定义和缩写词。

2. 程序系统结构

用图表列出本程序系统内每个模块（或子程序）的名称、标识符，以及这些模块（或子程序）之间的层次关系。

3. 模块（或子程序）1（标识符）设计说明

逐个给出每个模块（或子程序）的设计考虑。

1）模块（子程序）描述

简要描述安排本模块（或子程序）的目的意义、程序的特点。

2）功能

详细描述此模块（子程序）要完成的主要功能。

3）输入项

描述每一个输入项的特征，如标识符、数据类型、数据格式、数值的有效范围、输入方式等。

4）输出项

描述每一个输出项的特征，如标识符、数据类型、数据格式、数值的有效范围、输入方式等。

5）处理过程

详细说明模块（或子程序）内部的处理过程、采用的算法、出错处理。

6）接口

分别列出和本模块（子程序）有调用关系的所有模块（子程序）及其调用关系，说明与本模块（子程序）有关的数据结构。

7）限制条件

说明本模块（子程序）运行中受到的限制条件。

4. 模块（或子程序）2（标识符）设计说明

用类似3的方式，说明第二个模块（子程序）乃至第 N 个模块（或子程序）的设计考虑。

10.4 参考实例

学生实验报告

<table>
<tr><td>年级</td><td></td><td rowspan="2">班号</td><td rowspan="2"></td><td>学号</td><td colspan="3"></td></tr>
<tr><td>专业</td><td></td><td>姓名</td><td colspan="3"></td></tr>
<tr><td rowspan="2">实验名称</td><td colspan="3" rowspan="2">面向对象系统设计</td><td rowspan="2">实验类型</td><td>设计型</td><td>综合型</td><td>创新型</td></tr>
<tr><td>√</td><td></td><td></td></tr>
<tr><td>实验目的或要求</td><td colspan="7">实验目的
(1) 掌握活动图的概念和组成。
(2) 根据事件流,能准确地设计出活动图。
(3) 熟练使用软件创建活动图。
实验要求
掌握活动图的基本概念和组成;用活动图来描述事件的流程。描述采取何种动作、做什么(对象状态改变)、何时发生(动作序列)以及在何处发生(泳道)。
确定活动图的起始状态、终止状态、状态转移、决策、守护条件、同步棒和泳道。</td></tr>
<tr><td>实验原理(算法流程)</td><td colspan="7">软件工程的基本原理
(1) 用分阶段的生命周期计划严格管理。
(2) 坚持进行阶段评审。
(3) 实行严格的产品控制。
(4) 采纳现代程序设计技术。
(5) 结果应能清楚地审查。
(6) 开发小组的人员应少而精。
(7) 承认不断改进软件工程实践的必要性。</td></tr>
</table>

<table>
<tr><td>组内分工(可选)</td><td>人员分工表如下。
<table><tr><td>姓名</td><td>技术水平</td><td>所属部门</td><td>角色</td><td>工作描述</td></tr><tr><td></td><td></td><td></td><td></td><td></td></tr><tr><td></td><td></td><td></td><td></td><td></td></tr><tr><td></td><td></td><td></td><td></td><td></td></tr><tr><td></td><td></td><td></td><td></td><td></td></tr><tr><td></td><td></td><td></td><td></td><td></td></tr><tr><td></td><td></td><td></td><td></td><td></td></tr></table></td></tr>
</table>

实验结果分析及心得体会

网络并行计算结构设计

本例是机群系统进行网络并行计算,编程模式为主从(Master/Slave)模式,并行处理是由一个控制块 Master 和若干从属性块 Slave 组成,Master 中有维持全局数据结构,并负责任务的划分,负责用户界面,包括接收任务、启动计算、回收结果。而每个 Slave 负责完成子任务计算,包括局部的初始化、计算和数据间的通信,并把结果返回 Master。它们都是操作系统的进程,进程一旦登录了 PVM 就成为 PVM 的控制任务。PVM 将任务自动加载到合适的处理器。图 10-1 为并行处理的控制关系图,图 10-2 为 Master/Slave 并行计算流程图。

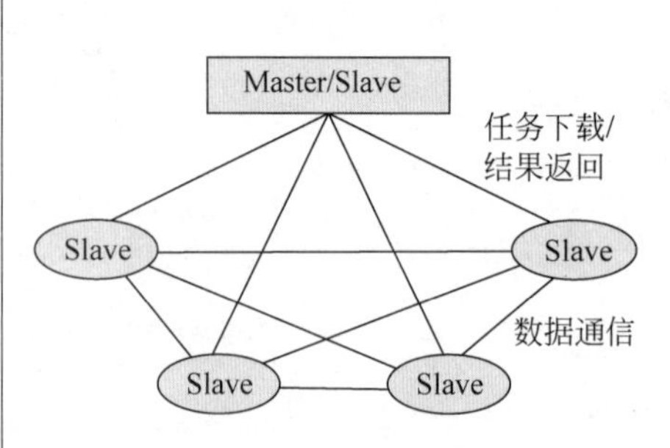

图 10-1 并行处理的控制关系图

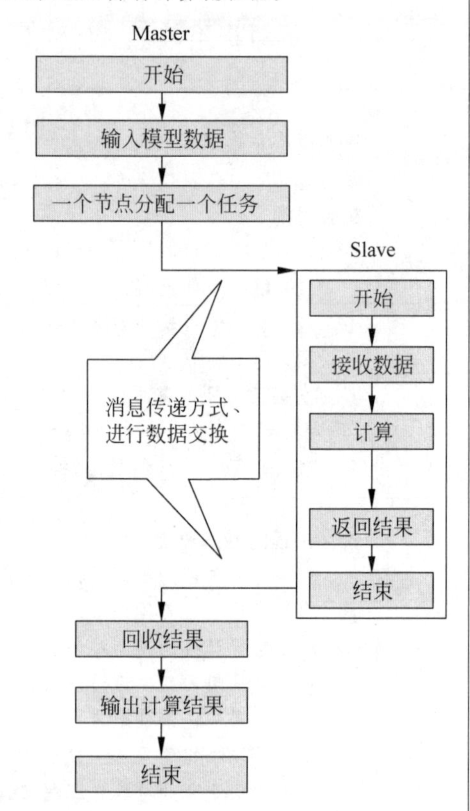

图 10-2 Master/Slave 并行计算流程图

一、系统结构

(一) 对象的分类

经过分析得出系统中的对象,具体如下。

1. PMaster 中的类

PMaster 中的类有 CGlobalData,如图 10-3 所示。

类图说明:

因为 Master 程序只有一个类 CGlobalData,它也只实例化了一个对象 Gbldata ,通过分析 Master 程序,它定义一个全局的数据类来管理这些数据,这些数据作为该类的属性而存在,所以 Gbldata 是 CGlobalData 类实例化的一个对象,两者是一般和特殊的关系。

2. PSlave 中的类

PSlave 中的类有 CGlobalData、CSPoint、CCube、CPyramid,如图 10-4 所示。

CGlobalData
+m_Length : unsigned long
+m_Width : unsigned long
+m_Height : unsigned long
+...
+ValueGiven() : void
+ModifyShape() : void

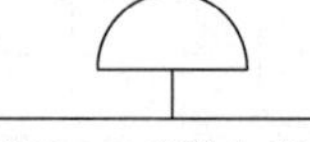

Gbldata : CGlobalData
m_Length : unsigned long
m_Width : unsigned long
m_Height : unsigned long
...

图 10-3 PMaster 程序类图

实验结果分析及心得体会

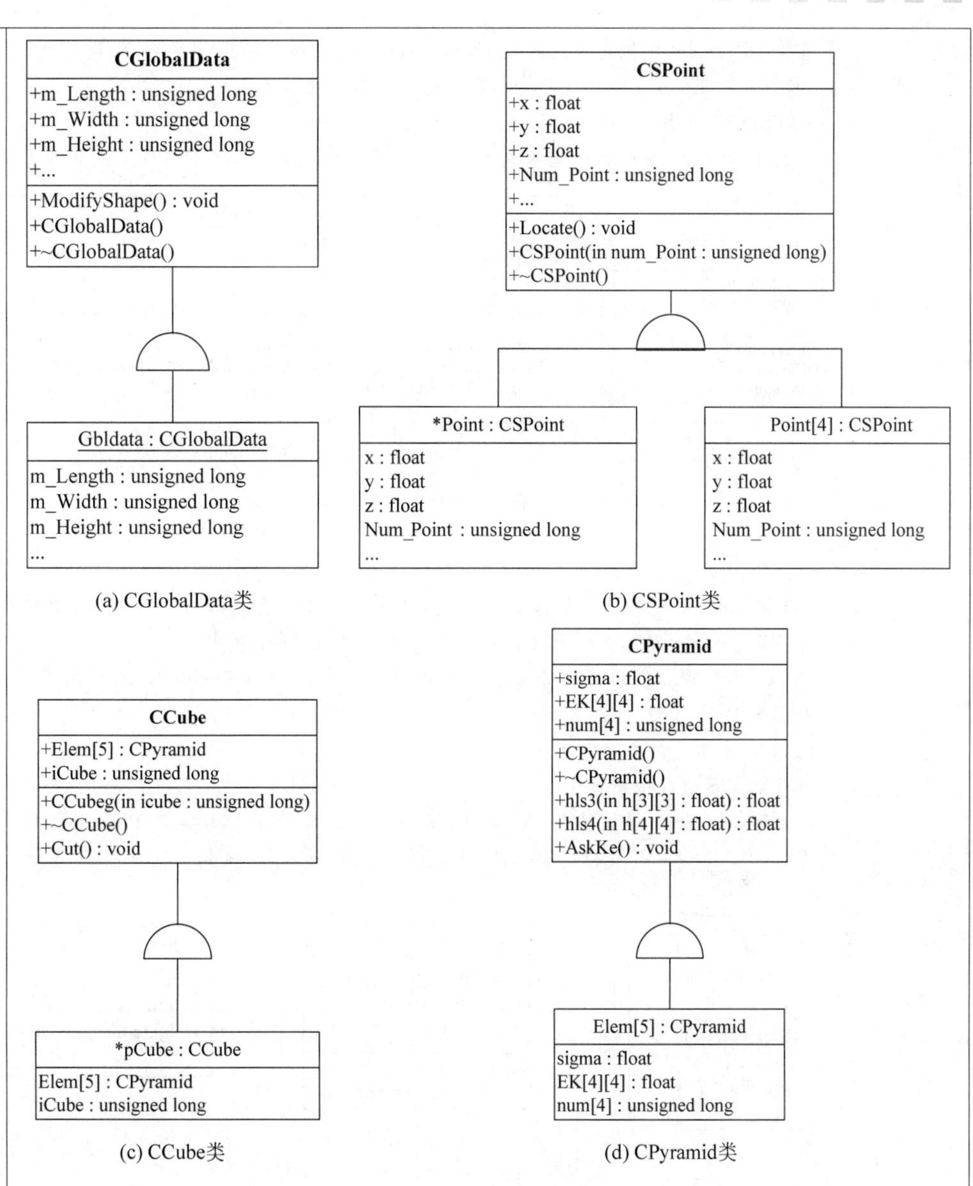

(a) CGlobalData类　(b) CSPoint类　(c) CCube类　(d) CPyramid类

图 10-4　PSlave 程序类图

类图说明：

Slave 程序接收到来自 Master 程序发送过来的数据后，用与 Master 一样的方法对数据进行处理，所以 Gbldata 是 CGlobalData 类实例化的一个对象，两者是一般和特殊的关系。

在求解总刚度矩阵时候实例化了一个 CSPoint 类型的指针对象 * Point，* Point 对象指向的是六面体结构中的各个点，在求解单元刚度矩阵时程序也实例化了 CSPoint 类型的数组对象 Point[4]，Point[4]对象由编号得四面体各顶点坐标，所以对象 * Point 和类 CSPoint 是一般和特殊的关系，对象 Point[4]和类 CSPoint 也是一般和特殊的关系。

程序实例化了一个 CCube 类型的指针对象 * pCube，* pCube 对象指向的是结构中六面体各参考顶点（最靠近原点的顶点），利用各参考顶点的编号对六面体进行划分，利用方法 pCube→Cut()把每个六面体划分为五个四面体单元，所以对象 * pCube 和类 CCube 是一般特殊关系。

实验结果分析及心得体会

在类 CPyramid 实例化数组对象 Elem[5]，Elem[5]对象由编号得划分得到的五个四面体单元，所以对象 Elem[5]和类 CPyramid 也是一般和特殊的关系。

3. PSplitWin 中的类

在这个程序中 PSplitWin 主要用到的类有 CInputView、CPSplitWinView，如图 10-5 所示。

CInputView
+ m_Method : int
+ m_Sigma1 : float
+ ...
+ CInputView()
+ OnClear() : void
+ OnDefault() : void
+ ...()

(a) CInputView类

CPSplitWinView
- FlagDraw : bool
- FlagGrid : bool
- FlagStart : bool
- FlagClear : bool
+ CPSplitwinView()
+ DrawCoordinate(in rect : RECT) : bool
+ DrawChart(in *x : double, in *y : double, in num : int, in rect : RECT) : bool
+ DrawGrid(in rect RECT) : bool
+ ...()

(b) CPSplitWinView类

图 10-5 PSplitWin 程序类图

类图说明：

(1) PSplitWin 中的输入数据窗口 CInputView，其作用是处理输入的数据，把输入的原始数据保存到文件中，即保存到 PMaster 模块中的 CGlobalData 类中。

(2) CPSplitWinView 根据计算结果的数据生成画图的坐标等数据，然后调用 MFC 类库中的类画出图形。

(二) 初步确定对象类之间的关系

程序的实现过程分析如下。

(1) 用户由 PSplitWin 中的 CInputView 类输入测量场数据，输入到 PMaster 中，并且保存到的 PMaster 的 CGlobalData 类中；CInputView 与 CGlobalData 的关系如图 10-6 所示。

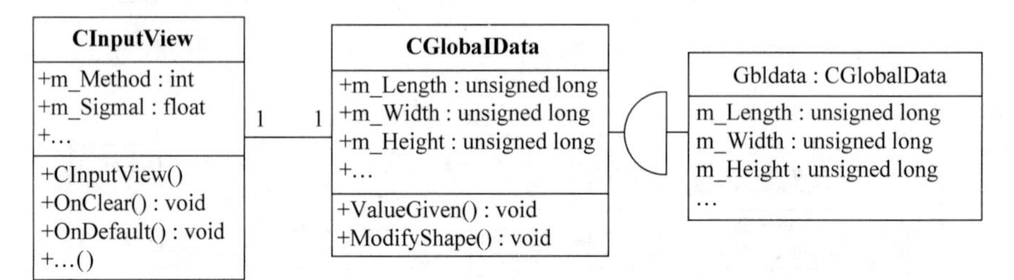

图 10-6 CInputView 与 CGlobalData 关系图

因为用户输入的数据只有一台 Master 机接收，并保存到 PMaster 的 CGlobalData 类中，所以 CInputView 类和 PMaster 的 CGlobalData 类是 1…1 的关联关系。

(2) 由 PMaster 中的 CGlobalData 类将数据进行分组，然后将各个分组数据发送到下面每个 PSlave 模块中，并将分组数据保存在 PSlave 中的 CGlobalData 类中。PMaster 中的 CGlobalData 类与 PSlave 中的 CGlobalData 类的关系如图 10-7 所示。

因为每个 PSlave 收到的数据都是 PMaster 中的一部分，所以 PMaster 中的类 CGlobalData 与 PSlave 中的类 CGlobalData 的关系是整体一部分关系。

(3) 由 PSlave 得到分组数据后由 CGlobalData 类将数据传送给 CCube 类进行处理，CCube 类将每个六面体划分得到五个四面体单元，并且对五个四面体的各点进行编号。CGlobalData 与 CCube 的关系如图 10-8 所示。

实验结果分析及心得体会

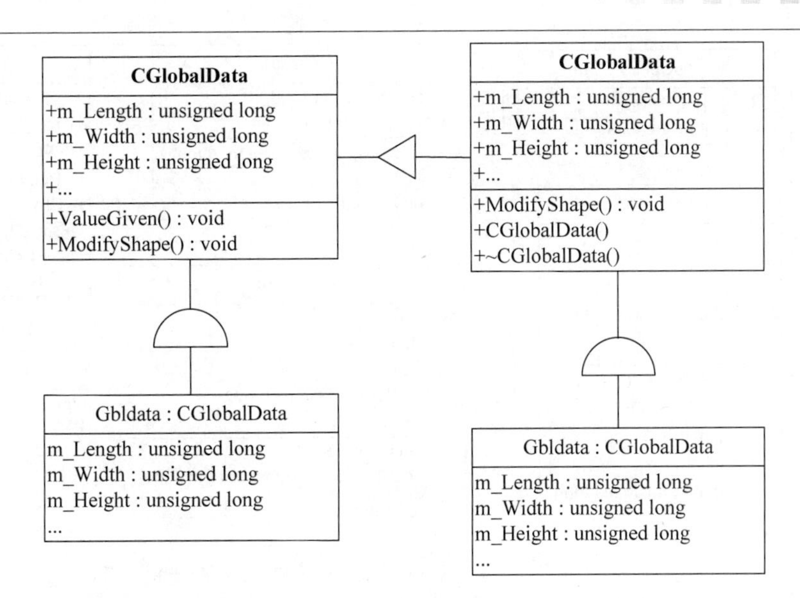

图 10-7 PMaster 与 PSlave 的 CGlobalData 类关系图

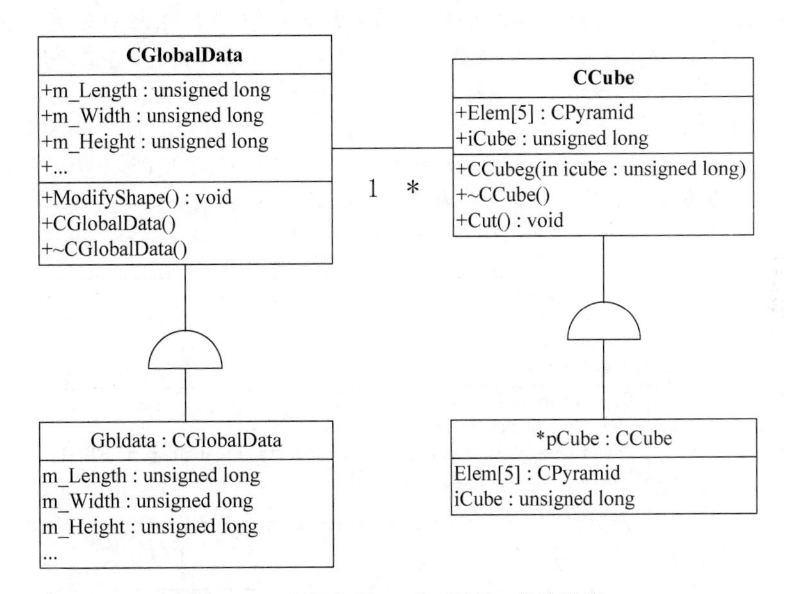

图 10-8 CGlobalData 与 CCube 的关系图

因为 CCube 类将 CGlobalData 类中的一个六面体划分得到的五个四面体单元，所以 CGlobalData 类和 CCube 类之间是 1…* 的关联关系。

(4) CCube 类将每个四面体的各点编号保存到 CSPoint 类中，CSPoint 类将每个编号都转换成坐标，并且传送给 CPyramid 类，如图 10-9 所示。

CCube 类将四面体的各顶点在结构中的编号保存到 CSPoint 类，因为有多个点的编号，所以 CCube 类和 CSPoint 类之间是 1…* 的关联关系。

由于 CPyramid 类是根据 CSPoint 类中顶点的编号得到坐标，再求出行列式，最后算出单元刚度矩阵，所以 CPyramid 类是依赖 CSPoint 类，即 CPyramid 类与 CSPoint 类是依赖关系。

实验结果分析及心得体会

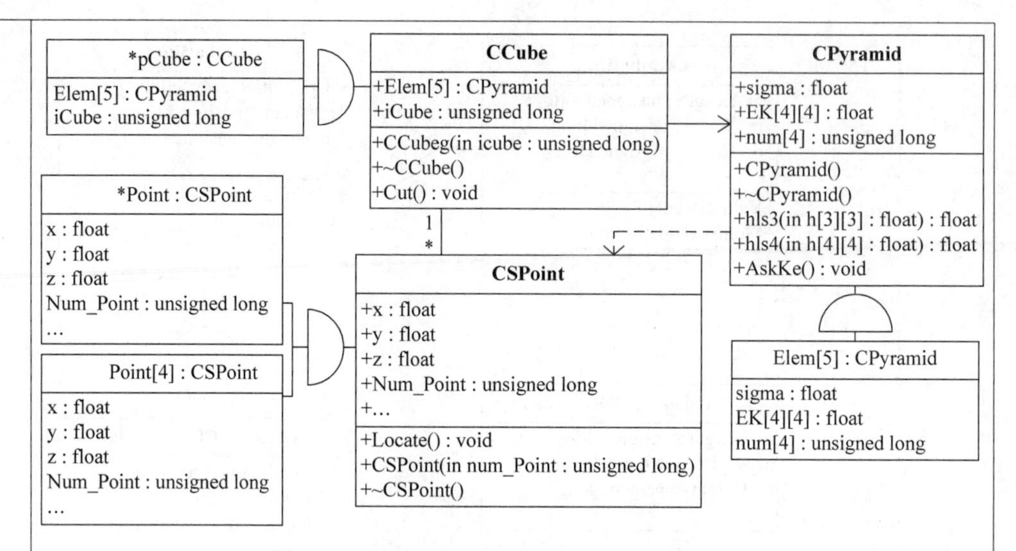

图 10-9 CCube、CSPoint 和 CPyramid 的关系图

由程序可以知道，在类 CCube 中有一个属性 Elem[5]，其类型为 CPyramid，而在类 CPyramid 中没有相应的类型为 CCube 的属性，因此可以准确地判断出类 CCube 和类 CPyramid 是单向关联关系(对象 Elem[5]是由编号划分得到的五个四面体单元)。

(5) 由 CPyramid 类得到坐标后由各四面体的单元坐标求行列式，最后算出单元刚度矩阵。

(6) 由 CPyramid 类算出单元刚度矩阵的数据，然后再由 PSplitWin 中的 CPSplitWinView 类根据数据画出图形。CPSplitWinView 与 CPyramid 的关系如图 10-10 所示。

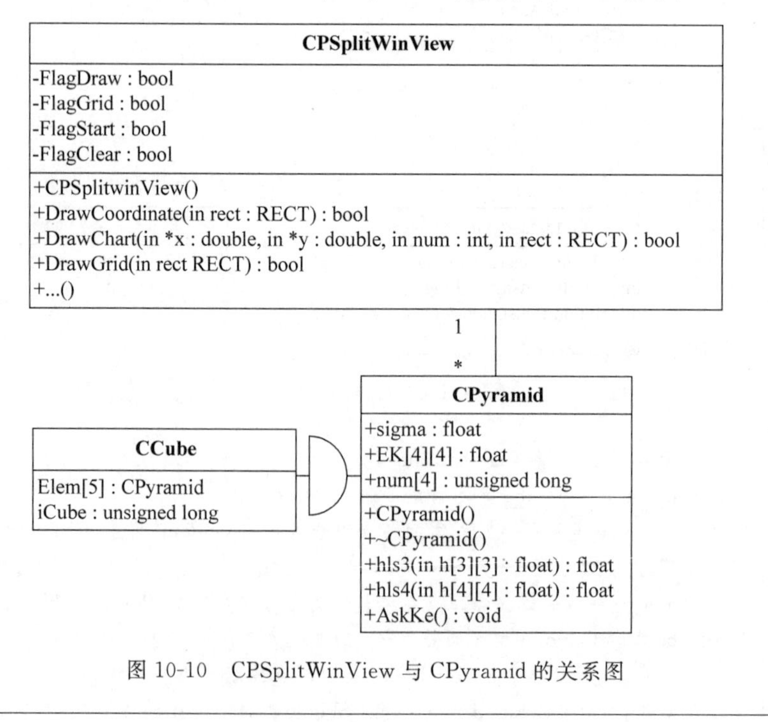

图 10-10 CPSplitWinView 与 CPyramid 的关系图

实验结果分析及心得体会

因为 CPSplitWinView 类是根据 PMaster 模块综合几个 PSlave 中的 CPyramid 类算出的单元刚度矩阵的数据，再调用 MFC 类库中的类画出图形，所以 CPSplitWinView 类与 CPyramid 类之间是 1…＊的关联关系。

（三）具体确定系统的体系结构

由上面分析，这个程序系统主要分为两层，由 PSplitWin 中的 CInputView、CPSplitWinView 类组成的界面层和 PMaster 中的 CGlobalData 类以及 PSlave 中的 CCube、CGlobalData、CPyramid、CSPoint 组成的数据处理层，画出程序层次结构图，如图 10-11 所示。

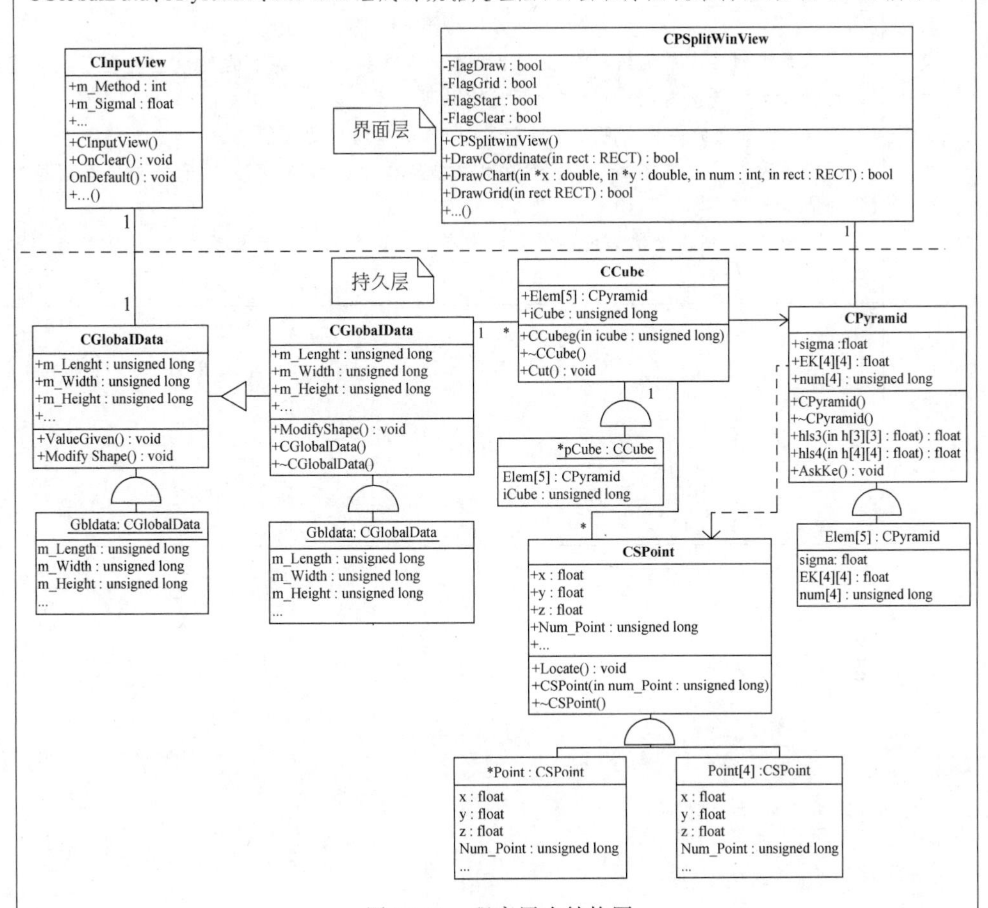

图 10-11　程序层次结构图

二、体系结构的分析

(1) 在部件或节点中分设层有助于把复杂的问题按功能分解，使整体设计更为清晰。

在本系统中把问题按功能分别分解为：把一个六面体划分得到的五个四面体单元的 CCube 类、将四面体中的每个点进行编号并且由编号得到坐标的 CSPoint 类、由坐标建立行列式求得各单元刚度矩阵的 CPyramid 类，这样使问题简单明了化了。

(2) 由于内层与外界隔绝，内层函数和服务受到有效的控制，只有界面层的对象作为界面类向外界公开。

在本系统中用户只须接触到输入数据的 CInputView 类和最后得出结果画出图形的 CPSplitWinView 类。

(3) 新的运算可以在界面层引入，它们把内层(核心或持久)的一些运算合起来。

<table>
<tr><td>实验结果分析及心得体会</td><td>在本系统中,用户只需要改变在界面层中 CInputView 类的输入数据,就可以得到想要的结果。
(4) 如果界面合适,某一个层反复用在不同地方。一个自成一体的层,也可以作为部件或节点使用。
为了不使界面层显得臃肿,所以采用了单显露法,即只用一个界面层对象来操作持久层,没有设计更多的界面层对象来单独对持久层的某个部件或节点进行操作使用。
(5) 层的个数多时,系统性能就会下降。因为界面函数可能通过好几层才能到达某一内层。
本系统的层次系统结构根据设计的最优化准则,使系统中的层数控制在了不明显影响系统运行效率的范围内,较好地避免了这个缺点。
(6) 标准化的层界面可能变得臃肿,降低函数调用的性能。
需要改进的地方:由于本系统使用了单显露法,所以就不能赋予客户机全面控制持久对象的能力。
综合来说,使用层次系统的体系结构来设计这个网络并行计算程序,比较好地实现了这个项目所要求功能。</td></tr>
<tr><td>成绩评定</td><td>教师签名:
20××年　　月　　日</td></tr>
</table>

备注:

第11章 课程实验8

11.1 实验题目

软件实现。

11.2 实验安排

11.2.1 实验目的

理解设计与编程的关系，理解设计的重要性和编程实现的环境，要求设计的类能在实现语言环境下可运行。

11.2.2 实验内容

配置编程环境、类编程、测试、运行和说明。

11.2.3 实验步骤

(1) 认真阅读题目和本题的《系统可行性报告》《系统概要设计报告》和《系统详细设计报告》。

(2) 收集资料，了解国内外程序设计新的设计技术。

(3) 根据系统详细设计结果确定程序设计方案，选择编程语言、操作系统、数据库等系统平台和环境。

(4) 严格按照详细设计执行，程序设计和调试中不要设置特别环境。

(5) 设计和调试好每个功能模块接口。

(6) 在软件质量的框架下对程序结构进行关键点实验、调整并优化。

(7) 有条件时，将在特定环境下设计出的程序改在一般环境下运行，分析设计的优劣。

(8) 画出调试成功后的程序结构图、性能描述、接口等设计结果。

(9) 撰写设计报告。

注意：应该同时进行用户界面设计，用户界面设计也按照上述步骤进行。

11.2.4 实验要求

要求掌握设计测试方案、撰写测试说明书，并掌握程序修改的常用技术。要求对所编的程序进行测试，要分步进行，要有较详细的测试说明书，测试必须通过。

11.2.5 实验时间安排

软件实现的实验根据实现工作量的大小确定需要学时，或者分两周进行，每周安排若干学时。

11.3 参考实例

下面的实例没有给出源代码，是因为阅读源代码更难理解实现方法。这里给出的是各种实现目标的状态、数据结构及其算法思想，这样便于理解，而将状态、数据结构及其算法思想转换为某种语言的程序并不难。

学生实验报告

<table>
<tr><td>年级</td><td></td><td rowspan="2">班号</td><td rowspan="2"></td><td>学号</td><td colspan="3"></td></tr>
<tr><td>专业</td><td></td><td>姓名</td><td colspan="3"></td></tr>
<tr><td rowspan="2">实验名称</td><td colspan="3" rowspan="2">智能卡文件系统实现</td><td rowspan="2">实验类型</td><td>设计型</td><td>综合型</td><td>创新型</td></tr>
<tr><td>√</td><td></td><td></td></tr>
<tr><td>实验目的或要求</td><td colspan="7">实验目的
理解设计与编程的关系，理解设计的重要性和编程实现的环境，要求设计的类能在实现语言环境下可运行。
实验要求
要求掌握设计测试方案、撰写测试说明书，并掌握程序修改的常用技术。要求对所编的程序进行测试，要分步进行，要有较详细的测试说明书，测试必须通过。</td></tr>
<tr><td>实验原理（算法流程）</td><td colspan="7">软件工程的基本原理
(1) 用分阶段的生命周期计划严格管理。
(2) 坚持进行阶段评审。
(3) 实行严格的产品控制。
(4) 采纳现代程序设计技术。
(5) 结果应能清楚地审查。
(6) 开发小组的人员应少而精。
(7) 承认不断改进软件工程实践的必要性。</td></tr>
</table>

<table>
<tr><td>组内分工（可选）</td><td>人员分工表如下。
<table><tr><td>姓名</td><td>技术水平</td><td>所属部门</td><td>角色</td><td>工作描述</td></tr><tr><td></td><td></td><td></td><td></td><td></td></tr><tr><td></td><td></td><td></td><td></td><td></td></tr><tr><td></td><td></td><td></td><td></td><td></td></tr><tr><td></td><td></td><td></td><td></td><td></td></tr><tr><td></td><td></td><td></td><td></td><td></td></tr><tr><td></td><td></td><td></td><td></td><td></td></tr></table></td></tr>
</table>

实验结果分析及心得体会	
	智能卡文件系统实现

智能卡文件系统实现

一、物理存储空间的划分

根据应用需求，采用了256KB的华大芯片，做128KB的EVDO卡，文件系统存储空间分布图如图11-1所示。

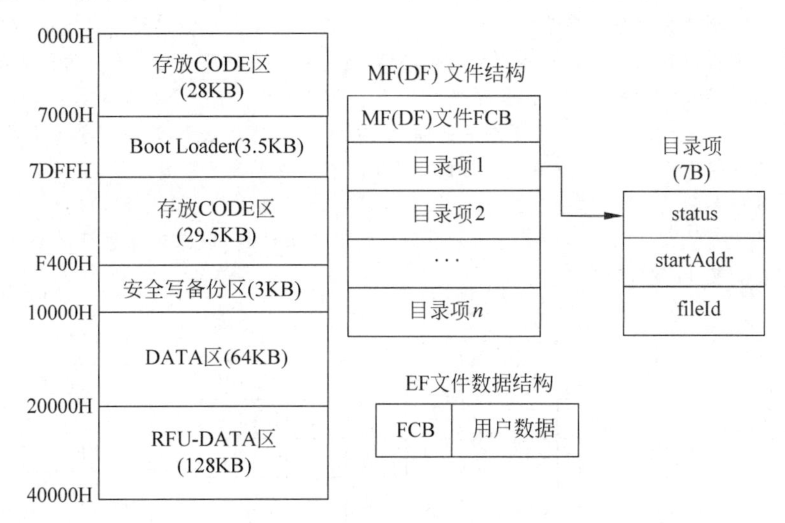

图11-1 文件系统存储空间分布图

1. 相关存储空间说明

- 0000H～7000H，7DFFH～F400H：存放代码区。
- 7000H～7DFFH：存放BL。
- AC00H～B000H：安全写备份区。卡片在使用过程中，如发生断电等中断操作，为保护当前数据不被破坏，保留当前操作的状态标志位，以便在下次复位后系统自动进行安全检测，对原有数据进行恢复。

安全写备份区在对当前数据进行更新过程时视为一个原子操作来完成，也就是所有数据更新全部成功完成或者所有更新都不进行。安全备份有两种实现方式：一是旧数据备份方式；二是新数据备份方式。

- 10000H～20000H：用来存放数据。
- 20000H～40000H：预留使用。

2. 针对不同地址段的数据写模式

在这有两种写数据模式：模式0x04表示只写不擦，模式0x06是先擦后写。

二、文件系统初始化

确定系统中的相关参数，如文件系统用户数据区大小FS_DATA_SIZE、文件初始化标志位INI_YES、安全写备份的地址FS_SAFEWRITE_ADDR、数据域起始地址FS_DATA_AREA_ADDR、用户数据域可用空间地址FS_DATA_AREA_AVAIL_ADDR、当前目录currDirAddr、当前系统所处的路径currDir[3]、当前记录文件的指针currentRecNum、全局变量文件头控制信息global_fcb，还有PIN1、PIN2、PUK1、PUK2、ADM等。文件系统初始化流程如下：

(1) 掉电保护检测，数据一致性检测。

(2) 初始化文件系统相关变量，如当前目录、目录路径。

(3) 自动选择主文件MF。

(4) 扫描根目录，读取根目录信息，根据根目录相关信息，读取根目录下子目录、子文件相

实验结果分析及心得体会

关数据信息，逐层读入各相关节点的数据信息，通过不断地读入，文件系统逐渐被初始化。目录下的子对象通过指针链接在一起，形成了一个树形层次结构，文件数据通过这个树形结构对其进行管理。最后建立了一个从根目录到系统中每个文件为叶子节点的搜索树。

三、文件系统存储空间实现机制

创建文件分配存储空间时，是从当前目录下可用的存储空间的起始地址开始分配的，而不理会当前目录下无效文件碎片空间，直到当前目录下无可用空间或可用空间不够时，系统才去回收无效文件的碎片空间。在当前目录文件的句柄中有一个控制参数：当前目录下可用存储空间，它是指在当前目录下创建文件时可用的连续存储空间，来决定是否满足创建文件时所申请的空间大小，根据此参数与当前目录文件存储空间大小及首地址，可计算出当前创建文件时的起始地址，每创建一个文件后，该参数减去所创建文件分配空间，即为当前目录下可用空间的大小。文件系统的数据结构采用静态树形目录结构，静态存储管理时文件存储的数据结构图如图 11-2 所示。

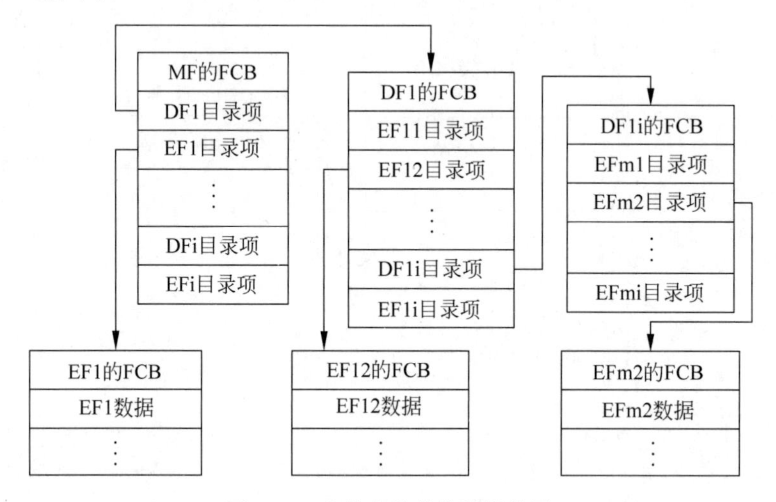

图 11-2　文件存储的数据结构图

四、文件访问保护机制

在 3GB EVDO 卡文件安全设计中，对各类数据文件设置了不同层次的访问控制权限，对文件的安全状态进行了严格的检查。例如对于普通文件允许的读写操作，对 CHV、A-key 等文件读操作禁止等。另外，对命令报文也采用了安全控制策略，通过在命令数据域中添加命令安全报文 MAC 的方式来维护整个命令报文数据的完整性，对传输过程中的鉴权密钥等敏感数据采取了密文传输方式，提高了数据的保密性。

EVDO 卡的访问条件最多可分为 16 个级别：ALW、CHV1、CHV2、RFU(保留)、ADM(管理 CHV)、NEVER 等。访问条件级别如表 11-1 所示。

表 11-1　EVDO 卡文件访问条件级别

安全状态	级别	安全状态	级别
ALW	0	ADM	4
CHV1	1	⋮	⋮
CHV2	2	ADM	E
RFU	3	NEV	F

实验结果分析及心得体会

对于文件的读(READ)、更新(UPDATE)、查找(SEEK)、增加(INCREASE)、激活(REHABILITATE)和去激活(INVALIDATE)操作,每个操作所需的权限都有15个级别,因此可用3字节来表示文件的存取条件,每4比特来指示某个操作的权限状态,其中读和查找操作具有同样的权限状态,如图11-3所示为文件访问规则编码设计。

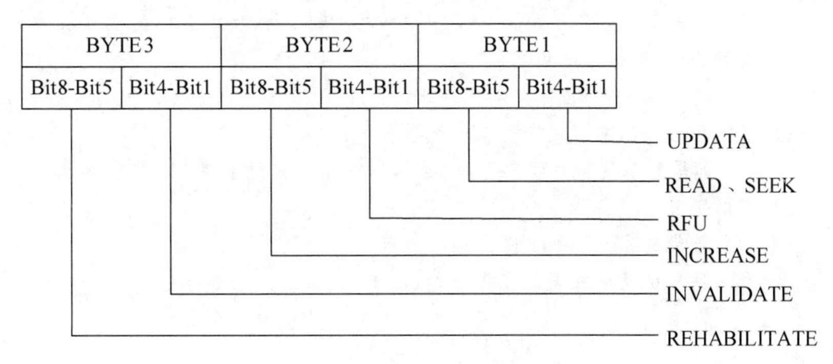

图11-3　文件访问规则编码设计

文件的FCB中用3个字节来表示文件的访问控制规则,例如:某个EF文件的访问控制字节为45F301,则它的更新(UPDATE)需要进行CHV1鉴权,读和查找(READ、SEEK)是总是允许的(ALW),增加(INCREASE)是不允许的(NEVER),去激活(INVALIDATE)需要ADM鉴权,激活(REHABILITATE)需要ADM鉴权。

为了便于管理和操作,用私有文件来存储卡中的CHV、PUK和ADM,只有通过管理级别的口令验证才能使用,普通用户无法访问,从而提高了数据访问的安全性。

五、文件相关操作

(一) 文件查找

此文件系统支持两种查找方式:一种是在当前目录下根据文件标识名进行查找,另一种是在当前目录下根据路径来进行查找。对于路径查找,可简化为在局部范围内的文件标识名进行查找,如路径"MF||DF1||DF2||EF1"(其中||表示文件标识名分隔符),在查找过程中,先选择MF;在MF下选择DF1,若DF1不存在,则直接返回错误;若存在,则在目录DF1选择DF2,若DF2不存在,则直接返回错误码;若选择成功,在当前目录DF2下选择EF1,若成功,将文件名信息赋给全局变量。

为了高效地查找与定位文件,采用了目录项。选择文件时,只需访问目录文件,一种情况是先遍历当前目录下的所有子文件,也就是遍历目录文件的目录项;另一种情况是遍历当前目录的父目录的直接子目录文件。可以这样处理:对于含有文件句柄的块,一次读取除文件句柄外的所有字节;对于不含有文件句柄的块,读取整块。这样与待查文件名进行比较,便可减少智能卡数据存储区的数据读取次数,提高了遍历与访问的速度。

(二) 文件定位

对于顺序存储的文件,其文件位移的定位是相当简单的,而对链式存储的文件位移定位相对复杂些,后者要考虑多个不连续的扇区,这样为文件的定位增加了难度。在这里选择前者的处理方式。终端在开机后,将发送相关的开机命令,一系列的文件将被选择,在对手机的操作过程中,不间断地读取智能卡相关文件的数据,这就需要定位文件,文件的定位主要是通过SELECT命令。当选择文件成功后,此文件的FCB将赋给全局变量,通过FCB的相关信息可以确定此文件数据域的起始位置,从而此文件就可被定位。

(三) 文件读操作

从文件系统读取数据的流程如下:

实验结果分析及心得体会

(1) 获得文件读取的偏移量以及读取的字节数，根据偏移量、读取的字节数及文件大小来判断读取有效性。

(2) 确定文件所在逻辑块以及块内位移。

(3) 根据偏移量开始循环读取到 Buffer 中，设置循环条件为还有数据需要读取。

(4) 从当前数据页开始，顺序读取每个逻辑页，将数据复制到 Buffer 中，同时修改 Buffer 指针偏移、剩余数据量及读取偏移。

(5) 读取一定字节(一次读取的最大长度为 255B)，首先在系统页缓存中查看是否有对应的缓存，如果没有，则从闪存上读入页缓存。

(6) 如果某个数据页读完了，则选择下一个紧邻的页读取，直到读取足够的字节数，以满足读取的字节数。

(7) 完成后返回 Buffer 以及一共读取的字节数。

从文件系统读取数据的流程图如图 11-4 所示。

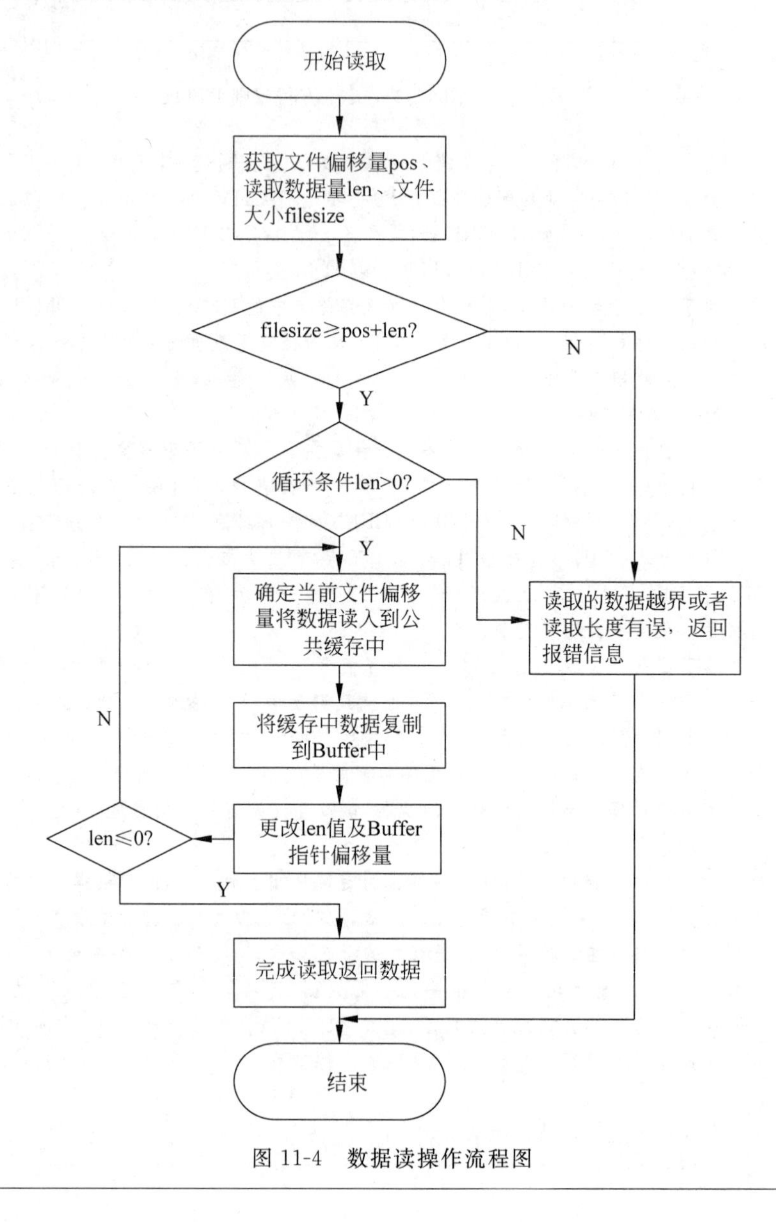

图 11-4　数据读操作流程图

实验结果分析及心得体会

（四）文件写操作

文件系统写数据的流程如下：

(1) 获得文件偏移量以及写入的字节数，根据偏移量、写入的字节数及文件大小来判断写入的有效性。

(2) 确定物理块号以及页内位移。

(3) 根据偏移量开始循环写入到目的Flash中，设置循环条件为还有数据需要写入。

(4) 从Buffer中将数据顺序复制到本页内部位移开始处，同时修改Buffer指针偏移、剩余数据量及写入偏移。

(5) 如果采取直接写操作，则将Buffer中的数据写入目的地址处不需要擦除目的页；若采用先擦后写的方式，则先将目的页擦除，然后再写，在写的过程中若出现错误则报错。

(6) 写入的数据还没有写完，则顺序确定下一个紧邻的页写入，直至全部写完。

(7) 完成后返回写入的字节数。

（五）文件删除操作

在分配空间时，若从数据的首块开始搜索，将导致Flash低端重复多次被擦写，而Flash的高端地址被擦写的机会很少，这将导致Flash不能均衡擦写，读写过于集中在某个局部区域，导致此区域过早老化，缩短了Flash的寿命。为了均衡擦写Flash，在删除文件时，并没有立即将其空间释放，设置为逻辑擦除状态，即将当前目录下该文件的目录项状态置为文件无效标志位F2，因为在查找文件时，首先遍历目录项，目录项无效的话，那么这个文件也是无效，从而达到删除文件目的。

六、碎片空间回收机制

由于所有的应用都可以进行删除与创建，这就要求文件系统能够动态地对多应用文件进行删除、创建等操作。考虑到文件的动态删除可能会造成卡内一些空间碎片，所以在文件系统上增加了碎片空间的回收机制，该机制主要针对卡内由于删除文件操作产生的碎片空间。空间回收机制是在创建文件时发生空间不足时被调用的，是为了有效与合理地使用存储空间。

回收机制的实质是对空间碎片的整理与再利用的过程，要注重无效文件节点的合并，系统在不断的进行分配和回收过程中，大的空闲区逐渐分割成小的占用区，为了更有效地利用存储空间，须将相邻关系的碎片空间进行合并。在回收过程中，主要的任务是查找删除文件留下的碎片空间，并将空闲节点信息添加到空闲表中，具体算法如下。

(1) 查找碎片。从当前目录开始，顺序遍历其目录项，将一个有效文件作为起始，下一个相邻的有效文件作为中止，如果前一个文件的大小小于两文件的间隔，则证明两文件间存在碎片。

(2) 计算碎片大小，将两文件的间隔大小减去前一个文件空间的大小，则得到碎片空间大小。

(3) 如果碎片空间太小，则转向(1)继续查找。

(4) 遍历碎片中的无效文件，在空闲表中备份碎片起始地址及自由存储空间的长度。

(5) 回到碎片的起始地址。

七、损坏页面管理

（一）损坏页面数据结构的设计

对于NOR Flash，一般情况下的擦写次数是十万次，在使用过程中，数据区某些页面可能由于物理原因或者经常操作，可能出现某些页面损坏的情况，这有可能导致整个Flash芯片不能正常工作。为了智能卡能正常工作，也为了延长Falsh的使用寿命，对于损坏页面必须进行有效的管理，在这里采用页面映射技术，也就是将损坏页面逻辑页面号映射到好的页面上去。通过写校验来检查当前页面是否损坏，如果损坏，就将损坏页面号和映射页面号添加到损坏页面映射管理表中，损坏页面映射管理表由多个数据节点组成，每个节点记录了损坏页面的映射情况，节点的数据结构描述如下：

实验结果分析及心得体会

```
Typedef struct{
unsigned short badPageNo;       //2B,损坏页面号
unsigned short mapPageNo;       //2B,映射页面号
}mapPageNode;
```

（二）损坏页面映射机制的实现

在智能卡的使用过程中，可能对某些数据区进行频繁的操作，导致智能卡某些数据区的过早老化，为了不影响用户使用，在智能卡中使用了损坏页面映射机制。在操作过程中，通过写校验来检查当前页面是否损坏，如果损坏，就将损坏页面号和映射页面号添加到损坏页面映射管理表中，映射页面号取值应为数据区可用页面最大页面号。在读写操作中，如果读写物理地址所在页面是损坏页面，那么就需要对损坏页面进行映射处理，其处理流程如下。

(1) 根据读写操作的逻辑地址来确定数据区物理地址，从而确定当前数据区页面号。

(2) 根据页面号来遍历损坏页面映射表，如果此页面号在损坏页面映射表中存在，那么就进行地址映射，修改读写地址。

(3) 根据修改后读写地址来对数据域进行操作，从而达到数据一致性的要求。

采用页面映射技术有一个好处：在进行页面映射时没有改变文件系统逻辑结构，因没有修改文件结构的相关信息，如目录与 EF 文件链接指针等，只是在数据读写过程中进行相应的地址变换，而这一过程也是一中间过程，对文件本身没有影响，在某种意义上保证了文件系统的稳定性。这里为了提高读写的速度，对读写数据长度进行比较处理，判断所处理的地址涉及的页面情况：一是所有处理的数据在一个页面；二是所有处理的数据在两个页面，这样在读写操作中最多核查损坏页面映射表两次，没必要在读写操作时频繁判断读写地址所在页面的情况，大大提高了读写的速度。

八、平均磨损技术

平均磨损就是使有寿命期限的 Flash 的各个部分同时到达寿命期限，平均磨损技术的主旨是在空间的使用上能够均匀地使用 Flash 的每个页面，保证某些页面不至于先于其他页面达到磨损界限，平均磨损技术的引入提高了 Flash 的使用寿命期限。平均磨损技术以碎片空间回收技术、存储空间分配方式和页面映射为基础来使 Flash 损耗达到平衡。在删除文件时，它的物理内存空间并没有立即释放，即将当前目录下该文件的目录项状态置为无效文件标志位，表明处于逻辑删除状态，所有被删除文件并没有在物理空间被清空，只改变了文件的状态。在分配空间时，并不是从当前目录起始地址开始搜索空闲空间，而是从当前目录下寻找可用空间，这样可以最大限度地保证均衡使用每个页面。

由于 NOR Flash 擦写次数是有限的，对于特定的应用数据区，若经常擦写，可能导致 Flash 局部区域过早老化，为了延长 Flash 的使用寿命，对特定应用文件的页面进行页面映射，在管理上与坏损页面块映射一致，不过这里对特定应用文件的页面加入一个特定的计数器，如果计数器达到特定的峰值，就需要对这些特定应用的页面进行页面映射。在整个 3GEVDO 卡中，读要比写操作频繁，而且少数特定文件存在经常擦写的现象，如号簿文件、短信息文件等，对于这些特殊文件可以特殊处理，没必要对整个数据区文件进行处理，这样全面考虑能提高智能卡整体性能。

九、掉电保护机制

在数据的一次写过程中，由于 Flash 物理特性需要先擦除要改写的地址空间所在的页面，每次擦除的物理页面大小为 512B，所以要将这整个页面备份，防止在改写过程中突然掉电，导致数据丢失的情况发生。这里采用旧数据备份的方式，数据在当前页面得到全部更新以后才认为更新成功，否则自动恢复到原始状态。备份区是经常擦写的地方，为了保证备份区的有效性，配置了多个安全备份区，以达到循环使用，均衡擦写的目的。改写 Flash 有两种情况，如图 11-5 所示(图中斜线部分为改写的数据段)，一种情况是改写数据在一个 Flash 页面；另一种情况改写数据涉及两个 Flash 页面。旧数据备份具体算法如下：

实验结果分析及心得体会

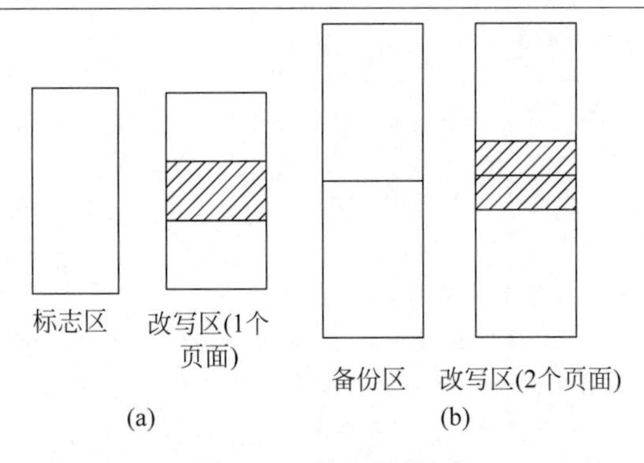

图 11-5 掉电保护图

(1) 将要改写数据段的 Flash 页面的所有数据备份到备份区中。

(2) 数据备份完成后,将备份标志位置为有效,并将有效的标志位和改写的地址保存到标志区。

(3) 数据开始更新,依次将数据写入目标地址。

(4) 备份标志位复位,表示改写成功,并将复位的标志写入标志区。

安全写恢复流程算法如下:

(1) 查看 Flash 备份标志位是否有效,如果无效,表示不需要进行数据安全写恢复操作,结束流程;如果有效,表示要进行数据安全写的恢复操作,继续以下步骤。

(2) 读取备份的数据,根据备份的地址对数据进行恢复操作。

(3) 所有的数据恢复成功之后,将备份标志位复位,将复位的标志位写入标志区。

十、日志备份机制

(一) 日志备份数据结构的设计

采用以记录为单位的日志文件,事务日志文件中需要登记的内容为:各个事务的标记;各个事务的所有更新操作。同一事务的每次更新操作均作为一个日志记录,为保证数据是可恢复的,记录日志文件时必须遵循以下原则:必须先写日志文件,后改写数据。把数据的修改写到目的地址和把表示修改的日志记录写到日志文件中是两个不同的操作,有可能在这两个操作之间发生故障,即这两个写操作只完成了一个。如果先写数据修改而在运行记录中没有登记这个修改,则以后无法恢复这个修改了;如果先写日志但没有修改数据,则按日志文件恢复时只不过是多执行一次不必要的写操作,并不影响数据的正确性。所以为了安全,必须遵循"先写日志文件"的原则。为了合理管理数据日志并有效地恢复数据,事务日志的系统数据结构如下:

```
Typedef struct{
unsigned char logFlag;
unsigned char logRecordNum;
unsigned short logStarAddr;
}log;
```

其中 logFlag 表示事务标志位,该标志位为 0 时,表示事务日志有效,若不为 0,则表示事务日志无效;logRecordNum 表示此事务日志记录条数;logStarAddr 表示日志区起始地址。

事务日志的日志记录采用复合的 TLV 结构的数据组织形式,其中 T 表示此次事务中第几次改写 Flash;L 表示要改写数据的长度与旧数据起始地址(2B)的长度和;V 表示旧数据起始地址(2B)和旧数据的内容(最大长度为 255B);MaxSizege 表示日志记录能够容纳数据的最大长度。TLV 采用记录方式记录数据,其最大长度为 260B,其数据结构描述如下:

实验结果分析及心得体会

```
#define MaxSize 257
Typedef struct{
unsigned char tag;
unsigned short len;
unsigned char logData[MaxSize];
}logRecord;
```

(二) 日志备份机制的实现

在智能卡一个完整的事务流程中,可能对多个页面进行数据改写操作,将此过程视为一个原子操作来完成,所有数据更新操作要么全部完成要么全部不做。当事务处理涉及至少两个页面数据操作,且每个页面不在同一个物理块时,如图11-6所示,这个事务执行的顺序为:页面A→页面B→页面C。分析如下:页面C中的数据受页面A、页面B的约束,当页面A、B的数据发生变化时,页面C的数据必发生变化,在进行改写页面的过程中,如果改写页面C时发生断电或者异常情况以至于不能执行时,系统处于一个不稳定的状态下,即页面A、B的数据与页面C的数据不一致,即使用了掉电保护机制,也不能解决此问题。

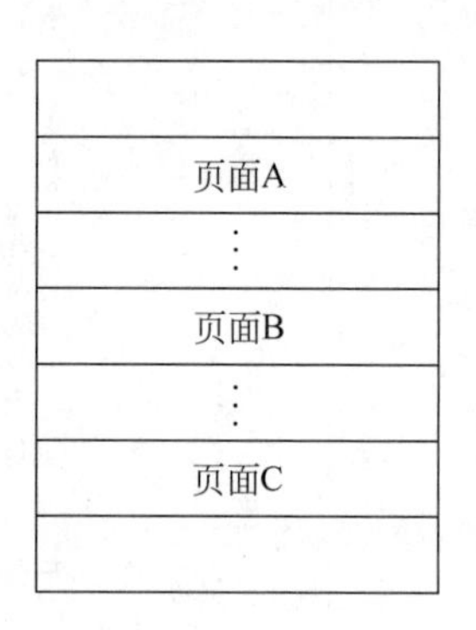

图11-6 多页面事务处理

综上可知:掉电保护并不能完全保证整体数据的一致性,所以引用了日志备份机制。运行的事务在非正常状态下终止,可能会导致操作系统数据不一致性,这里引用了日志备份技术来保证数据的一致性、完整性,日志备份机制以掉电保护机制为基础,两者又有明显的不同:掉电保护机制备份的数据是所改写页面整个页面的旧数据,而日志备份机制备份的数据是所要改写的旧数据。

在一个多次执行改写操作事务中,对需要处理数据的数据段在日志备份区以日志记录的方式对旧数据进行数据备份,记录此次事务下所有完成的写操作,存储在智能卡的日志区。当系统遭受不正常断电后重新启动时,系统将进行自检,对非正常终止的事务进行回滚,自动恢复到断电前最后一个稳定状态,使系统恢复到一致状态。这里采用以记录为单位的日志文件,使用旧数据回写的方式来恢复数据。在一个事务的执行过程中,记录每个事务的开始标记、结束标记,同一事务的每次更新操作均作为一个日志记录,具体执行流程如图11-7所示。

(1) 将事务的标志位置为有效。

(2) 把要改写的旧数据以TLV格式备份到日志区中。

(3) 数据备份完成后,将备份标志位置为有效,并将有效的标志位和数据改写地址保存到指定的位置。

(4) 数据开始更新,依次将数据写入目标地址。

(5) 如果事务未完成,还有其他写操作,那么转向步骤(2)继续执行,同一事务的备份数据应有序保存,以便数据的恢复。

(6) 事务标志位复位,表示事务执行成功,并将复位的标志写入Flash指定的位置。

数据恢复流程如图11-8所示。

(1) 系统进行自检,查看事务标志位是否有效,如果无效,表示不需要进行数据一致性写恢复操作,结束流程;如果有效,表示要进行写恢复操作。

(2) 读取最新事务的日志数据,根据备份的有效标志位对数据进行有序的恢复操作。

(3) 所有的数据恢复成功之后,将事务标志位复位,将复位的标志位写入Flash指定的位置。

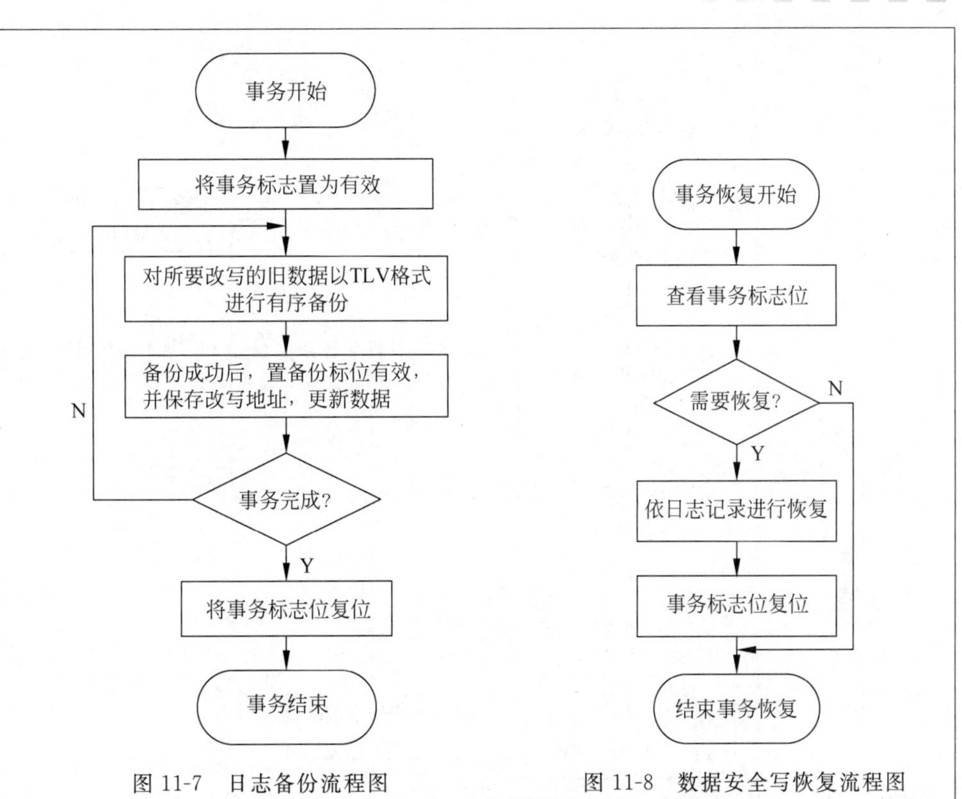

图 11-7 日志备份流程图　　图 11-8 数据安全写恢复流程图

实验结果分析及心得体会

在事务的一次处理过程中，可能涉及多次的擦写，这是非常耗时的，也很不安全，故采用了日志备份，把事务的处理过程以日志的方式记录下来，不需要频繁擦写，日志区是一个大的缓冲区，不过它也是有容量限制的，当达到一定容量或关键值时，就需要对日志备份区进行清理，这样就减少了写操作的时间，提高了智能卡的整体性能。

十一、文件系统关键接口实现

（一）文件创建

此文件系统的设计只支持四层结构，首先判断当前路径是否正确。如当前路径 currDir[0]＝0x00，那么只能创 MF 文件，而不能创建其他文件；如当前路径 currDir[3]！＝0x00，则返回错误。因为此文件系统只支持四层文件结构，在第四层只能创建 EF 文件，不能创建 DF 或者 ADF 文件。

如果路径正确，则根据传过来的数据判断是创建 DF 文件还是 EF 文件，根据文件类型来调用相应的创建文件函数。有三个主要函数：fs_CreateMF()、fs_CreateDF()、fs_CreateEF()。创建文件的流程图如图 11-9 所示。

创建文件的实现过程：

(1) 根据当前路径来判断创建文件的类型是否正确。

(2) 根据创建文件的标识名来判断在当前目录下是否有同名文件。

(3) 查看是否有空闲目录项，若没有则申请空间

(4) 查看是否有足够空间来创建文件，对文件空间的分配都采用连续静态的分配方式。

(5) 组织目录项数据和所创建文件的 FCB 信息，将其写入特定的物理地址处。

(6) 修改可用存储空间的大小及当前目录下 DF 或 EF 的数目。

实验结果分析及心得体会

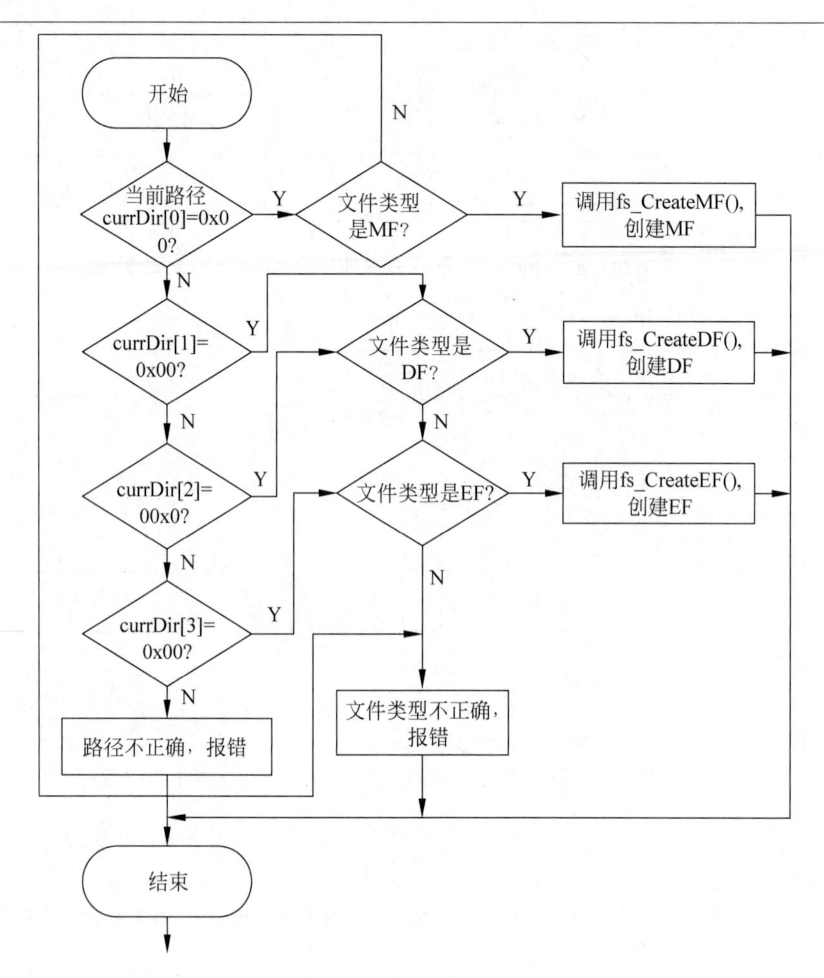

图 11-9 创建文件流程图

（二）文件选择

文件选择的本质是判断在当前目录下所给定的文件标识名是否存在，并获取当前文件的FCB信息、签权条件、状态以及当前的路径等相关参数。须注意对于MF文件，在卡片复位后任何情况下，都可以被选择，并且改变当前路径。根据当前路径来选择文件，选择文件流程图如图11-10所示。

(1) 对于MF文件，在任何情况下都可以被选择，并且改变当前路径currDir[0]＝0x3F00。

(2) 当前路径为MF文件时，即当前的目录为MF，有两种情况：一是在第二层，但未打开第二层的文件；二是打开了MF下的EF文件。在这两种情况下可选择的文件只有MF下的直接子文件或者MF：若选择是MF下的DF文件，则须改变当前路径，currDir[1]!＝0x00；若选择是EF文件，则当前路径不发生变化。

(3) 当处在第三层时，有两种情况：一是找开第二层的目录文件；二是打开第三层EF文件。在这两种情况下，可选择的文件有当前目录下的EF文件，还有当前目录的兄弟(须注明的是此兄弟为目录文件)。若选择是目录文件，则须改变当前路径。

(4) 当处在第四层时，有两种情况：一是打开第三层目录文件；二是打开第四层EF文件。

（三）文件删除

此操作只对当前文件进行操作，当文件选择成功时，只需修改当前文件的目录项中目录项状态，将目录项状态改为0xF2。

实验结果分析及心得体会

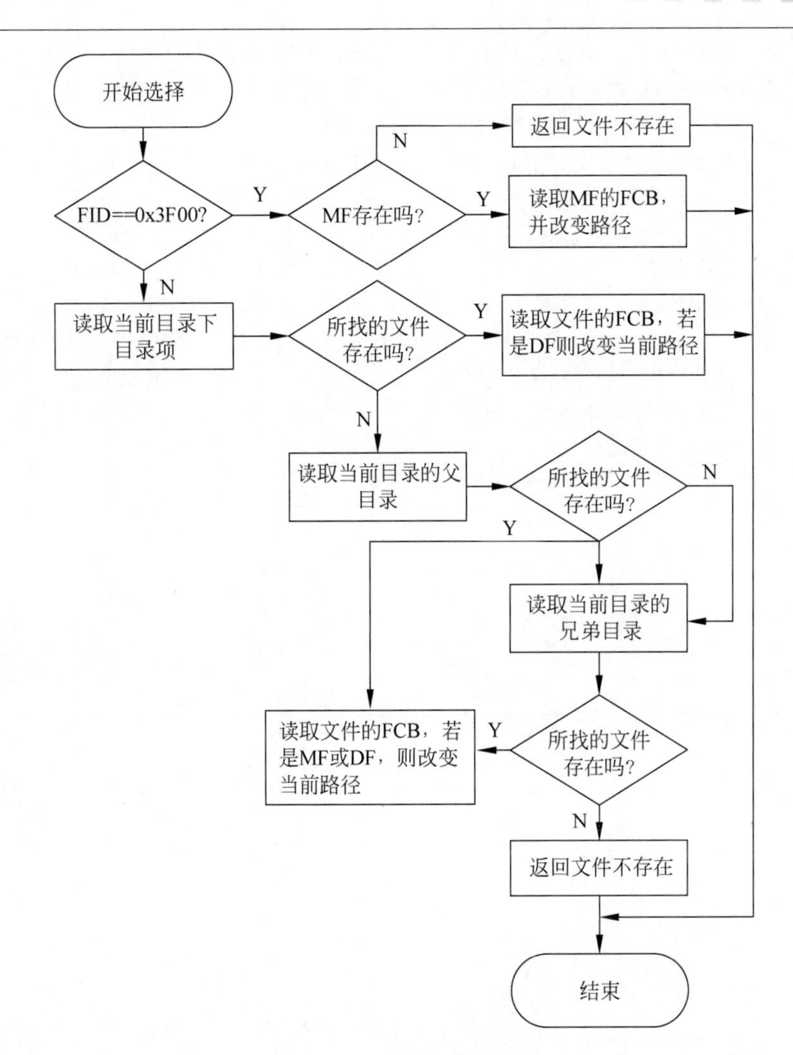

图 11-10　选择文件流程图

（四）读写二进制文件

此函数只对二进制文件起作用，一次最多读写 255B，在读写中偏移量不能超过文件的大小，偏移量由 P1P2（P1P2 为 APDU 指令中第三、四字节）决定。

（五）读写记录文件

此函数只对线性定长文件、循环记录文件起作用，不过记录号不能超过 255，记录长度也不能超过 255B。定长记录文件在四种模式下都可进行读写记录。循环文件用于以时间顺序存储的记录，当所有的记录空间都占用时，新的存储数据将覆盖最旧的信息，循环文件由固定记录数的定长记录组成。对于读写操作，循环文件较复杂。

循环文件的更新只有 previous 模式支持，到目前为止循环文件中记录最多有 255B，并且每条记录中字节数不超过 255B。在 FCB 中加上一标志位 firstRecordnum（其意义是指向第几条记录号为 1 的记录），其值为最新记录的逻辑顺序号。对循环文件的操作是将记录号转化为逻辑顺序号进行读写操作。

对于更新操作，有以下两种情况：

(1) 记录空间没有被完全占用，相当于追加记录。

实验结果分析及心得体会	(2) 记录空间完全占用，则覆盖最旧的记录，有以下两种情况：最新的记录处于逻辑序号最大值(最大值相对于记录数而言)；最新的记录不处于逻辑序号最大值。 对于读操作，有以下两种情况： (1) 记录号小于等于指向#1的逻辑顺序号。 (2) 记录号大于指向#1的逻辑顺序号。 (六) 激活与禁止当前文件 INVALIDATE操作使当前EF无效。在一次这样的操作之后，文件状态中的生命周期lifeCycstatus标志位改为0x00。这个功能仅在当前EF INVALIDATE存取条件满足的情况下被执行。只有SELECT和REHABILIATE两条命令能对INVALIDATED文件进行操作。 REHABILITATE操作激活无效的当前EF。在一次这样的操作之后，文件状态中的生命周期lifeCycstatus标志位改为0x01。这个功能仅在当前EF REHABILITATE存取条件满足的情况下被执行。
成绩评定	教师签名： 20××年　　月　　日

备注：

第12章 课程实验9

12.1 实验题目

软件测试和调试。

12.2 软件测试和调试安排

12.2.1 实验目的

（1）掌握软件测试的基本技术和概念；
（2）掌握软件测试的方法；
（3）掌握程序调试的常用技术。

12.2.2 实验内容

软件测试按照软件工程不同阶段，大体有如下几种：单元测试、集成测试、确认测试、系统测试。

实验内容可以选择一种。用课堂上介绍的方法对上一实验的程序进行单元测试，并要测试通过，然后撰写软件测试说明书。

12.2.3 实验步骤

软件测试可以分别采用白盒法和黑盒法，可以参考如图 12-1 所示步骤。

12.2.4 实验要求

要求掌握如何设计测试方案、撰写测试说明书，并掌握程序修改的常用技术。要求对所编的程序进行测试，要分步进行，有较详细的测试说明书，并测试通过。

12.2.5 实验学时

本实验学时为 2 学时。

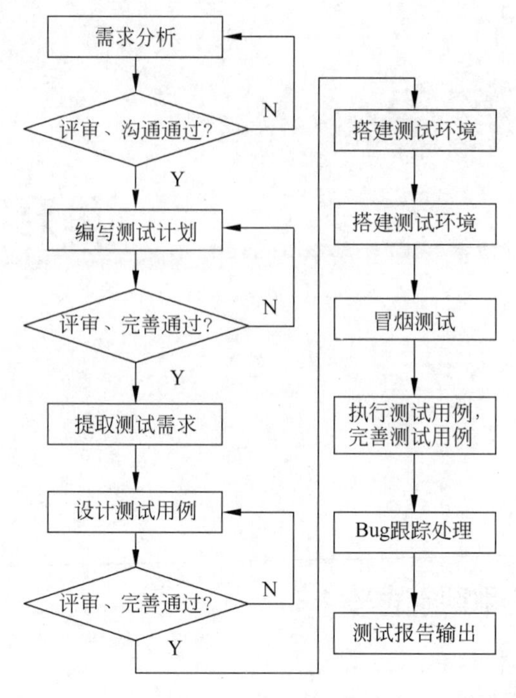

图 12-1　软件测试步骤

12.3 实验结果

测试报告提纲因为测试的目标不同而差别比较大，所以在报告时参考相关提纲。

12.4 参考实例

学生实验报告

<table>
<tr><td>年级</td><td></td><td rowspan="2">班号</td><td rowspan="2"></td><td>学号</td><td colspan="3"></td></tr>
<tr><td>专业</td><td></td><td>姓名</td><td colspan="3"></td></tr>
<tr><td rowspan="2">实验名称</td><td colspan="3" rowspan="2"></td><td rowspan="2">实验类型</td><td>设计型</td><td>综合型</td><td>创新型</td></tr>
<tr><td>√</td><td></td><td></td></tr>
<tr><td>实验目的或要求</td><td colspan="7">实验目的
（略）
实验要求
（略）</td></tr>
</table>

实验原理（算法流程）

软件测试基本原理

(1) 测试证明缺陷存在，不能证明不存在缺陷。

(2) 不可能穷尽测试。

(3) 缺陷集群性。

(4) 杀虫剂悖论。

(5) 测试依赖于测试内容。

组内分工（可选）

人员分工表如下。

姓名	技术水平	所属部门	角色	工作描述

实验结果分析及心得体会

cos 测试报告

第 1 章　前言

1.1　项目背景

智能卡的名称来源于英文名词 Smart Card，又称集成电路卡（Integrated Circuit Card），法国布尔（Bull）公司于 1976 年首先开发出智能卡产品，它将微电子技术、计算机技术以及信息安全尤其是密码学技术结合在一起，是一种应用极为广泛的个人安全器件，提高了人们生活和工作的安全程度，它已经取代广泛使用的光电卡、凸码卡、磁卡的地位而成为主流。由于智能卡具有较强的安全性，是用户身份认证实现的良好载体，因此 IC 卡自 20 世纪 70 年代问世以来就发展迅速。

智能卡系统应用已经发展成为一个独立的跨学科的专业领域，它将大量来自不同专业领域的技术综合在一起，诸如计算机技术、网络技术、数据库处理技术、高频技术、电磁兼容技术、半导体技术、数据保护和密码学、电信技术、制造技术和许多专业应用领域，是典型的跨多学科的应用系统。智能卡应用系统所具有的特点之一就是具有强大的安全性。当今，电子政务、电子商务已经是网络时代的一个热门应用领域，其存在的安全问题是制约其发展的重要因素，而智能卡的应用正是解决这个问题的一项有效措施，它能够进一步推动电子政务、电子商务的快速发展。

1.2　项目概述

国内不同的芯片存在不同的 COS，每换一种芯片就需要进行一次移植，即使是同一个厂家的芯片，存取器容量不同都会导致对 COS 的修改。这样的过程周期长，花费金钱大，制约生产发展，不符合市场发展需求。

本项目的工作主要内容是设计实现一个 COS，可以根据不同芯片（包括清华同方、华大等芯片）生成具体的 COS，并同时在上面实现 UTK 的应用。这样的 COS 不需要对不同的芯片进行移植，它可以适应不同的芯片，不存在移植 COS 的漫长周期，可以很好地满足卡商对生产的需求。

实验结果分析及心得体会

第 2 章 UTK 卡内操作系统

2.1 UTK COS 的组成结构

UTK COS 的主要功能是从智能卡传出和传入数据、控制命令的执行、管理文件存储、管理和执行加密算法。其结构模型从整体上可分为两个大的层次，即功能层和微内核层，如图 2-1 所示。

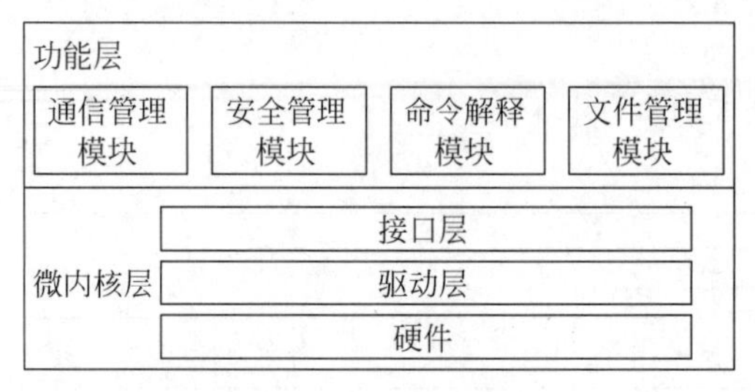

图 2-1 系统结构模型图

功能层主要实现 COS 的应用逻辑处理功能，主要包含通信管理模块、安全管理模块、命令解释模块、文件管理模块。

(1) 通信管理模块。对 I/O 输入缓冲区中接收到的数据采取奇偶校验、累加和及分组长度检验等到手段进行正确性判断，不进行信息内容的判断。

(2) 安全管理模块。接受通信管理模块的调度，并向通信管理模块返回处理后的数据信息；将由通信管理模块接收到的数据进行安全验证；不进行数据内容的验证；当安全验证不通过时，直接向通信管理模块返回数据。

(3) 命令解释模块。接受安全管理模块的调度，并向安全管理模块返回处理后的数据信息；需要进行数据内容上的鉴别；当数据内容鉴别不通过时，直接向通信模块返回数据。

(4) 文件管理模块。接受命令管理模块的调度，并执行命令，向命令解释模块返回数据。

微内核功能：对功能层的逻辑处理提供硬件支持，实现卡与终端的硬件通信接口。微内核分为接口层、驱动层、硬件三个部分。接口层接受功能层的调度，并将功能层的调度转换为对底层驱动接口的调用，向功能层提供统一的向上接口，实现对覆盖模型各种底层硬件驱动的管理，当由覆盖模型转换为特殊模型时，实现对底层驱动针对具体硬件的配置，剥离覆盖模型中冗余的底层驱动，在特殊模型中使功能层实现对底层驱动的透明调用。驱动层主要实现对底层硬件的各种驱动操作，由散列的不同驱动程序构成。

2.2 智能卡通信过程

智能卡和读写设备之间的通信主要采用异步通信模式和半双工方式，是通过命令-响应对来进行信息交换的，智能卡 COS 对接收的命令报文进行处理，然后将处理结构作为响应报文返回给读写器。

命令 APDU 由两部分组成：4 字节的命令头(CLA、INS、P1、P2)和可选的命令条件体(长度可变)。数据域的长度由 Lc 表示，期待卡回送的响应 APDU 数据字段的最大长度由 Le 指定。格式如图 2-2 所示。

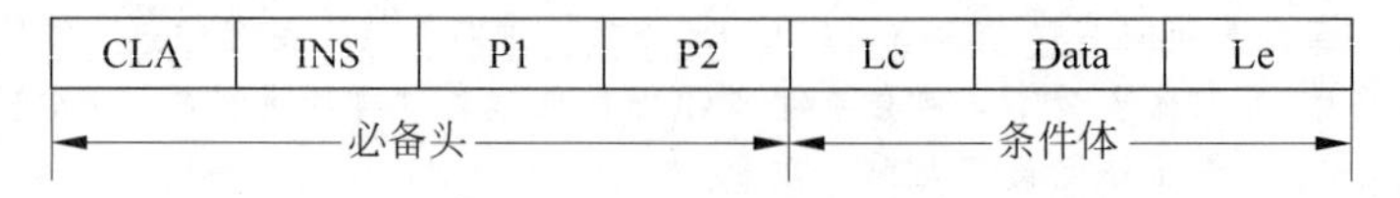

图 2-2 APDU 指令格式

实验结果分析及心得体会

APDU 响应由两部分组成：可选的条件体、两个状态字节(SWI、SW2)。格式如图 2-3 所示。

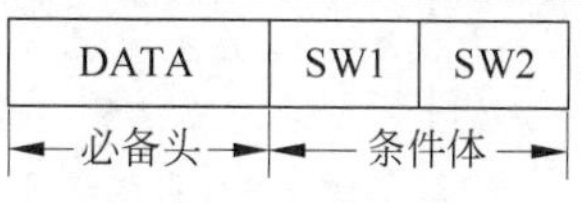

图 2-3 APDU 响应

当智能卡上电复位后，COS 便运行起来，这时的 COS 处于接收准备状态，不处理其他事情。一旦 COS 检测到外界有命令报文送入，就按照指定的通信协议接收数据。命令报文全部接收后，放入内存缓冲区，对命令报文进行语法检查，然后根据过程字节 INS 去执行相应的命令处理程序，最后将需要返回的数据准备在回送缓冲区中，与命令处理的结果状态字节一起回送给读写器。

第 3 章 软件测试理论与技术

3.1 软件测试概念及意义

软件测试作为软件生命周期中一个独立的阶段，在软件生命期中占有非常突出的重要位置，是软件质量保证的主要活动之一，其定义如下：使用人工或者自动手段来运行或测试某个系统的过程，其目的在于检验它是否满足规定的需求或弄清预期结果与实际结果之间的差别，它是帮助识别开发完成的计算机软件的正确度、完全度和质量的软件过程。

3.2 软件测试阶段与技术

3.2.1 软件测试阶段

在软件交付周期的不同阶段，通常需要对不同类型的目标应用进行测试。这些阶段是从测试小的模块（单元测试）到测试整个系统（系统测试）不断向前发展的。在软件测试中包括的测试阶段有单元测试、集成测试、系统测试和验收测试。

1) 单元测试

单元测试集中对用源代码实现的每一个程序单元进行测试，检查各个程序模块是否正确实现规定的功能。单元测试的依据是详细设计描述，单元测试应对模块内所有重要的控制路径设计测试用例，以便发现模块内部的错误。

2) 集成测试

集成测试是组装软件的系统测试技术，按设计要求把通过单元测试的各个模块组装在一起以后进行综合测试，以便发现与接口有关的各种错误。一般来说，集成测试有非增量式和增量式两种集成方法。

3) 系统测试

计算机软件是基于计算机系统的一个重要组成部分，软件开发完毕后应与系统中其他成分集成在一起，此时需要进行一系列系统集成测试。系统测试应该由若干不同测试组成，目的是充分运行系统，验证系统各部件是否都能正常工作并完成所赋予的任务。

4) 验收测试

验收测试应检查软件能否按合同要求进行工作，即是否满足软件需求说明书中的验收标准。验收测试准则旨在说明软件与需求是否一致，并着重考虑软件是否满足合同规定的所有功能和性能，文档资料是否完整、准确，人机界面和其他方面（例如可移植性、兼容性、错误恢复能力和可维护性）是否令用户满意。

3.2.2 软件测试技术

根据设计测试数据的策略不同，软件测试技术可分为黑盒测试、白盒测试和灰盒测试。

1) 黑盒测试

黑盒测试是一种按照需求规格说明设计测试数据的测试方法。它把程序看成是内部不可见的黑盒，完全无须顾及程序内部结构，也无须顾及程序中的语句及路径，测试者只需了解程序输入与输出的关系或是程序的功能，完全依靠能够反映这一关系和程序功能的需求规格说明来确定测试数据，判定测试结果的正确性。

实验结果分析及心得体会

2）白盒测试

白盒测试是一种按程序内部的逻辑结构和编码结构设计测试数据的测试方法。采用这一测试方法，测试者可以看到被测试程序的内部结构，并根据其内部结构设计测试数据，使程序中的每个语句、每条分支和每个控制路径都在程序测试中得到检验。所以白盒测试也称结构测试。

3）灰盒测试

由于黑盒测试和白盒测试各自的缺点和局限性，人们提出了一种既有黑盒测试的特点，又使用了白盒测试中覆盖技术的新的软件测试方法，即灰盒测试，又称基于需求的软件测试。基于需求的软件测试就是按照软件需求规格说明设计测试用例，验证软件满足其功能需求，然后使用同样的测试用例进行需求覆盖分析和结构覆盖分析，对软件测试的充分性进行度量的测试方法。

第4章 UTK COS测试方案

UTK COS测试主要包括以下内容：第一，COS基本功能的测试主要包括指令功能、指令出错处理的测试；第二，UTK菜单测试；第三，由于UTK卡在应用的过程中进场涉及重要数据的操作，因此还要测试COS与终端进行交互的过程被意外中断时COS的自动恢复能力，即防插拔测试；第四，兼容性测试，测试卡与手机的通信状况。各项内容与测试阶段见表4-1。

表4-1 各项内容与测试阶段

测试项	描述	测试阶段	测试技术
COS基本功能	指令功能、指令出错处理、文件测试	单元测试：集成测试系统测试	灰盒测试
UTK菜单测试	测试UTK主动命令以及菜单显示	单元测试：集成测试系统测试	黑盒测试
防插拔	测试由于断电使得操作意外中断后卡的自动恢复功能	系统测试	黑盒测试
兼容性	测试UTK卡与手机能否正常通信	验收测试	黑盒测试

4.1 UTK COS基本功能测试

基本功能测试是COS测试的主要任务，前文提到：基于需求的灰盒测试方法是发现软件中潜在错误非常有效的技术手段。使用灰盒测试方法既可以避免孤立的运用黑盒测试、白盒测试所带来的问题，又可以弥补混合使用黑盒、白盒测试的不足。COS基本功能测试的主要依据是GSM11.11和ISO 7816—4所规定的卡的行业间交换用命令。COS所有的功能都可以通过模拟终端的操作向COS发送指令进行测试，测试人员可以直接根据标准中的规定进行测试用例设计，通过COS的反馈能够直观地看到指令执行的结果，为了保证测试的充分性，可以通过测试覆盖分析获取未覆盖代码的信息，并根据情况对测试用例进行进一步的补充，以上这些就组成了COS基于需求的灰盒测试方法。

智能卡与终端通信的基本单元为APDU，同时COS也是以APDU为单位实现的，因此单元测试的对象就是每个APDU。首先，需要针对GSM11.11标准中对每个APDU输入、输出的描述设计测试用例，由于命令解释模块首先对UTK卡命令的5个APDU进行接收分析处理，因此对各条命令可依据图4-1的测试用例树来设计测试用例，通过检查COS在执行指令后返回的状态字判断执行结果的正误。

以SELECT命令为例，依据图4-2设计测试用例如表4-2所示。

实验结果分析及心得体会

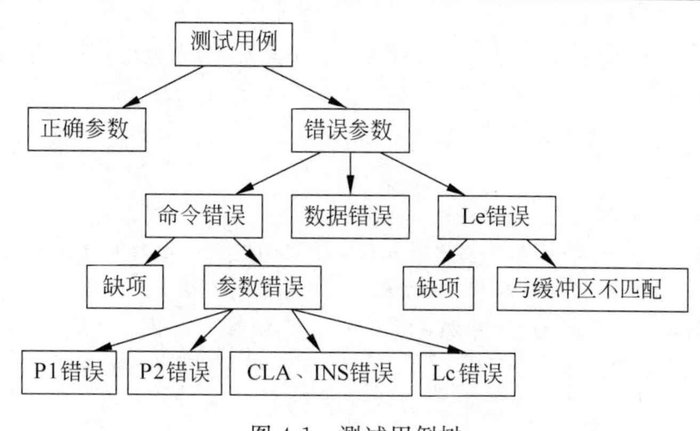

图 4-1 测试用例树

表 4-2 依据图 4-1 设计测试用例

命令	测试用例	描述	期望结果
SELECT_1	正常测试	分别对 3F00、3F00 下的 EF 进行 SELECT 操作,并用 GET RESPONSE 取得文件信息	返回正确的状态字,使用 GET RESPONGSE 能取得正确的文件信息
SELECT_2	错误的 CLA	CLA 取 00～0F 以及 A1～FF	执行 SELECT 失败,返回错误状态字 6E 00
SELECT_3	错误的 INS	P3＝00、01 以及从 03 取到 DD	执行 SELECT 失败,返回错误状态字 6D 00
SELECT_4	错误的 P1、P2	P1 从 01 取到 FF,P2 从 01 取到 FF	执行 SELECT 失败,返回错误状态字 6B 00
SELECT_5	错误的 P3	P3＝00、01 以及从 03 取到 FF	执行 SELECT 失败,返回适当的错误状态字 67 00
SELECT_6	错误参数组合	取各个参数的错误组合	执行 SELECT 失败,返回适当的错误状态字
SELECT_7	EF 文件不存在	对不存在的 DF、EF 进行 SELECT 操作	执行 SELECT 失败,返回状态字 9404(文件未发现)

COS 基本功能的测试还包括文件测试,以确保 UTK 卡中的文件标识、文件属性与 GSM11.11、《中国电信 CDMA 卡测试规范——UIM 卡分册》的一致性。另外,测试人员还须依据测试过程中发现的新问题进一步补充测试用例,以便提高测试用例覆盖率。

4.2 UTK 菜单测试

该项测试须使用支持 UTK 功能的终端,当 UTK 卡与该终端成功连接后,终端能正确显示 UTK 菜单,并能支持相关的主动命令(依据《中国电信 CDMA 卡测试规范——UTK 卡分册》)。

4.3 防插拔测试

防插拔测试主要针对正常环境下采用正确的命令序列执行正常操作,COS 写 Flash 时,突然断电,UTK 卡是否能够保证卡内数据的完整性不被破坏。若命令未能成功执行,检查卡中的数据是否与执行前完全一致,如果一致说明卡片的防插拔恢复程序正确,即防插拔功能是有效的。

实验结果分析及心得体会

4.4　兼容性测试

开发 UTK COS 的最终目的就是使各式各样插入 UTK 卡的手机终端能在电信运营商提供的网络中进行正常通信，因此还必须测试 UTK 卡与不同终端的兼容性。该项测试主要通过在实网中选择不同品牌的手机对 UTK 卡进行使用，验证其是否能正常使用通话、发送短信等功能。

第 5 章　结论

对 UTK 卡 COS 各个测试阶段的测试用例进行详细的设计之后，依据测试方案对其进行了测试，在单元测试和集成测试中测试了 COS 的基本功能；在系统测试中测试了 UTK 卡的防插拔能力；在验收测试中测试了 COS 是否能够满足用户的需求，实现了 UTK 卡与手机的正常交互。测试结果如下(表 5-1、表 5-2 中 P 表示 PASS,F 表示 FAIL)。

5.1　UTK 命令一致性需求测试(部分)

部分 UTK 命令一致性需求测试见表 5-1。

表 5-1　UTK 命令一致性需求测试(部分)

测试内容	测试要求	测试结果
文件标识测试	(1) 对 UIM,主文件应该编码为 3F00	P
	(2) 对 UIM,文件类型 7F 应该用来标识 1 级专用文件	P
	(3) 对 UIM,文件类型 5F 应该用来标识 2 级专用文件	P
	(4) 对 UIM,文件类型 2F 应该用来标识主控文件下的基本文件	P
	(5) 对 UIM,文件类型 6F 应该用来标识 1 级专用文件下的基本文件	P
	(6) 对 UIM,文件类型 4F 应该用来标识 2 级专用文件下的基本文件	P
专用文件测试	UIM 卡应该包含 DFGSM,标识符 7F2 和 7F21,并且是映射关系 …	P
UPDATE RECORE	(1) UPDATE RECORD 命令应该在当前线性定长 EF 或循环 EF 里更新一条完整的记录	P
	(2) 模式、记录号(如果是绝对模式)、记录长度和用来更新记录的数据作为命令的输入参数	P
	(3) 只有当前 EF 的 UPDATE 该问条件被满足时,命令才能操作 …	P
SEEK	(1) SEEK 命令在当前线性定长 EF 里查找一条以给定查找模板开始的记录	P
	(2) 输入参数包括类型、模式、查找模板和查找模板长度	P
	(3) SEEK 命令支持类型 1 和类型 2	P
	(4) 对于类型 2 的 SEEK 命令,应该输出记录号	P
	(5) SEEK 命令应支持以下模式	P

实验结果分析及心得体会	

5.2 UTK 命令出错处理测试(部分)

部分 UTK 命令出错处理测试见表 5-2。

表 5-2 UTK 命令出错处理测试(部分)

命令出错处理测试		
序号	检测项目	检测结果
	SELECT FILE	
28	对 CLA 的出错处理测试	F
29	对 P1 的出错处理测试	P
20	对 P2 的出错处理测试	P
31	对 Lc 的出错处理测试	P
	STATUS	
32	对 CLA 的出错处理测试	F
33	对 P1 的出错处理测试	P
34	对 P2 的出错处理测试	P
35	对 Lc 的出错处理测试	P
	READ BINARY	
36	对 CLA 的出错处理测试	F
37	对 P1 的出错处理测试	P
38	对 P2 的出错处理测试	P
39	对 Lc 的出错处理测试	P
	UPDATE BINARY	
40	对 CLA 的出错处理测试	F

成绩评定	教师签名： 20××年　　月　　日

备注：

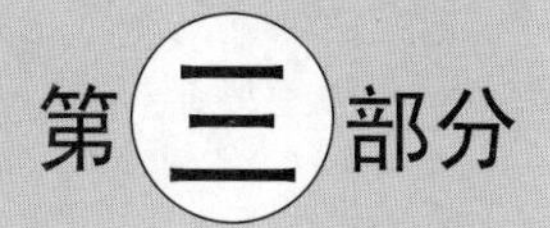

第三部分

课程设计概述

13.1 课程设计的准备

设计课程前先要了解这种学习形式的特点以及对此学习形式的准备。

1. 课程设计的特性

课程设计在许多重要方面同设计任何其他的事物、工序或系统一样,具有以下特点:

(1) 课程设计是有目的性的。

它不仅仅只“涉及”学习的学科,其更重要的目的是改进学生的学习,它也可以有其他目的。不论所有的目的是协调一致的还是有冲突的,明确的还是含蓄的,当前的还是长远的,政治的还是技术的,课程设计人员都要尽可能地识别什么是真正的目的,这样才能找出相应的答案。

(2) 课程设计是审慎的。

课程设计不能是随意的、无计划的,也不是几周、几个月和几年内课程许多变动的总和。课程设计要有效,必须是一项有目的的规划工作。它需要有明确的工作程序,确定应做什么、由谁来做和什么时候做。

(3) 课程设计应是有创造性的。

完好的课程设计是系统又具有创造性的,既要脚踏实地又要富有想象力。课程设计不是一个简单划一的过程,课程设计的每一步都有机会提出创造性的见解和崭新的理念,开展创造性的工作。

(4) 课程设计在多层次上运作。一个层次的设计决策必须同其他层次的决定协调一致。

(5) 课程设计要有折中妥协。

制定达到复杂规范的设计,必然要在效益、成本、限制条件和风险之间进行权衡。无论规划如何系统,想法如何具有创造性,任何课程设计都不能满足人们的每个要求。运转良好的课程也会遇到挑战,完善不是它的目的。

(6) 设计也会失败。

一项设计的失败可能是因为它的一个或几个组成部分失败了,或因为各组成部分组合在一起不能很好地运转,也可能是由于实施设计方案的人误解了设计或不喜欢设计方案,他们拒绝了设计方案。课程设计没能顺利实行有很多方面的原因。多数情况是设计既不完全令人满意，也不是彻底失败。课程设计的关键是在设计过程中和以后能继续会完善和改进。

(7) 课程设计应是有步骤的。

在设计工作中，识别每阶段不同的任务和问题是重要的。课程设计是系统地执行规划指令的一种保证，虽然它并没有规定严格的顺序和不能变动的步骤。可是，课程设计在一个阶段的决定并不能独立于其他阶段的决定，所以课程设计的过程会有反复，需要回顾和重新审议，做必要的修改。其步骤：制定课程设计的规范→形成课程设计的理念→编制课程设计和完善课程设计。

2. 制定课程设计的规范

设计工作往往是从面临的“问题”开始的，即要用有限的手段去完成需要做好的工作。目标是期望设计能达到的要求和特点。如果我们不能确定它们究竟是什么，我们就不可能知道我们是否能完成它。限制条件是设计过程中我们难以避免的制约因素，有物质的、财政的、政治的或法律的。如果我们忽视了它们，它们早晚都会显示其威力。忽视课程设计限制条件的最终结果可能是不可想象的。一项课程设计方案的成功与否，很大程度上取决于目标是否规定得明确，是否承认限制条件。

3. 课程目标

学校教育是期望在青年人迈向成年人的道路上培养他们具有健康的、强烈的社会责任感和负责的行为。是要培养学生具有公民的品德，为他们将来工作做准备，培育他们的素养和鼓励他们独特的兴趣和才能。相应地，对课程也就有许多期望。

在描述一门课程时，第一个要求是应明确预期要达到的目标。严格地说，目标本来不是课程的一部分，目标是目的，而课程只是手段。两者不能混淆。

课程设计要取得进展，就必须把注意力集中在确定那些可靠又可行的学习目标上。要正确地做到这点，就要处理好困难的问题。困难包括投资、理由、具体说明、可行性。

4. 课程的限制条件

制定课程设计规范的另一方面问题是认识影响设计的限制条件。设计总会有限制条件，它们表现的方式可能是不允许做某些事和必须考虑某种条件。如同目标一样，事先应搞清楚限制条件，因为它们会影响课程设计。

达到课程目标的主要障碍是缺乏进行教学的足够时间，期望课程能达到的目标越来越多。如实地承认这种限制导致了目标之间的冲突，要达到某些目标就得放弃其他的目标，除时间限制以外，还有公众认可的问题，学生的学习情况，等等。

为了避开已经认识到的障碍而减少目标的方法是不可行的。其实客观上的限制条件是会随着时间的推移而改变的。除物质定律外，制约因素不一定会长期存在，随着时间的推移，法律可以修改，预算可以提高，传统可以改变。因此既不要忽视制约因素，也不要认为那是不可逾越的因素。

在设计过程中，任何阶段都会遇到限制条件，重要的是查明在处理限制条件上有多大的自由。另一个处理制约条件的办法是在设计方案中增加一个在实验设计的课程以后改善限制条件的步骤。

5. 形成课程设计的理念

一些课程至关重要的观念是形成设计理念的起点，它也许只是一些印象而并不真实，但对课程设计却是有价值的，在探讨可供选择的设计时可以作为参考。各种可能性是永远存在的，但课程理念一般应包括须强调的教学内容条件、使用的教学方法和可利用的资源。

设计理念可以用多种方法来表述，如一览表和文字的描述、略图和其他图解、模型或有吸引力的实例的报告。对课程设计来说，至少需要一个简要的说明来阐明课程有什么特点。

13.2　课程设计任务

1. 基本目的与任务

"软件工程实践与课程设计"课程是与"软件工程"课程配套的，是培养软件工程专业本科学生软件工程项目开发能力和实践创新能力的一门必修的专业实践主干课程。

"软件工程实践与课程设计"课程的教学是在学生系统学习了"软件工程"理论课程的基础上，按照软件生命周期和软件工程过程各个阶段的任务划分和工作流程，在软件工程辅助工具和集成开发环境的支撑下，依据软件工程的基本原理、技术、方法、规范和标准，实施实际软件工程项目开发和管理的实践教学过程，其目标是培养学生的综合应用能力和实践创新能力。

"软件工程实践与课程设计"课程实践教学的根本任务是通过实际软件工程项目开发实践，系统学习和掌握软件工程过程中"软件需求分析、软件设计、软件构造、软件测试、软件维护、软件工程管理"等基本技术和方法，培养和提高学生独立承担和管理软件工程项目的开发应用能力。

2. 教学基本内容

"软件工程实践与课程设计"课程应以软件工程方法学为指导，以实际软件工程项目开发为实例，按照软件工程过程和软件生命周期模型，依据软件工程国际、国家或行业标准规范，运用现代软件工程环境和工具，实施整个设计项目的开发和管理生产实践，并生成各个阶段相关产品和最终软件产品。具体教学内容和教学过程如下。

软件工程课程设计动员，指导教师应集中全体学生，重点讲述设计课程的目的、任务和要求，让每位同学都清楚本次设计实践课程的重要意义。

按照目前软件企业机制，实施可课程设计小组，一般每小组若干人，注意男女同学和学习优劣同学的搭配，每组选定组长一人。

每组选定课程设计软件工程项目，要求具备新颖性和实用性，设计最好要有实际背景和应用环境，便于实地实践过程。设计项目可以由指导老师安排，也可以由小组自选，工作量和难度适中。

上网查询相关软件工程、软件工程环境、工具等网站，了解有关软件工程环境、工具的定义、配置、功能和用途。

下载有关软件工程标准，如 ISO 9000—3、GB 8567—1988、2006 和行业标准等，重点阅读和理解软件各个阶段标准文档的编写指南，建议以国标 GB 8567—1988 为基准。

安装、运行和了解 Visio 或 PowerDesigner 等系统的基本功能，并熟练掌握各种分析建模工具的使用方法，如系统流程图、数据流图、E-R 图、状态图、H 图等，为开展设计工作做好充分准备。

进行可行性研究实践。以实际设计项目为开发实例，按照系统分析员的身份和工作要求，开展实际设计项目的可行性研究和调研活动，根据《可行性研究报告》编写指南要求编写《设计项目可行性研究报告》，并按时提交报告。

进行项目开发计划实践。以《设计项目可行性研究报告》为依据，开展设计项目的开发计划研究和分析，根据《项目开发计划》编写指南要求编写《设计项目的项目开发计划》，并按时提交项目计划报告。根据设计项目要求制定项目的《项目开发计划》，其中要包含软件规模的估算、工作量的估算、时间进度计划、人员管理和配置管理等具体管理内容。

进行需求分析实践。对设计项目进行需求分析，要求按照结构化软件工程需求分析技术开展实际设计项目的需求分析活动，根据《需求分析规格说明书》编写指南要求编写《设计项目需求分析规格说明书》，并按时提交需求分析说明书。要求需求分析说明书中必须包含功能模型、数据模型和状态模型，并用以分别描述系统的功能需求、数据需求和行为需求。

进行概要设计实践。以设计项目需求规格说明书为依据开展概要设计活动，根据《概要设计说明书》编写指南要求编写《设计项目概要设计说明书》，并按时提交此设计说明书。要求概要设计说明书中必须包含实现方案的设计和软件结构的设计结果。

进行详细设计实践。以概要设计说明书中的软件结构设计为基准开展详细设计活动，根据《详细设计说明书》编写指南要求编写《设计项目详细设计说明书》，并按时提交此设计说明书。要求《详细设计说明书》中必须包含主要模块处理过程的程序流程图或盒图或 PAD 图，特别强调结构化设计方法的实践与应用。

进行编码实现实践。软件编码不做特别要求，可选择编程语言实现若干个主要模块代码的编写和调试工作，主要为软件测试做好准备。

进行软件测试实践。软件测试工作是软件工程实践过程中极为重要的活动之一，要求学生根据白盒测试技术和黑盒测试技术认真设计测试用例，并依据《测试计划》编写指南要求编写《设计项目测试计划》。然后，依据测试计划中的用例实施实际测试和分析，然后依据《测试分析报告》编写指南要求完成《设计项目测试分析报告》的编写，并按时提交此报告。要求测试实践活动与实际设计项目的测试紧密结合，测试用例的设计与测试结果必须符合实际设计项目的测试要求。同时，对于白盒、黑盒测试技术要很好掌握。

进行自动测试实践。学习自动化测试技术和方法，建议实践环境安装测试工具、功能测试工具和测试管理工具或测试套件等工具。系统学习和掌握典型自动测试工具的基本功能和使用方法，并用于实际设计项目的测试。

进行面向对象软件工程方法实践。建议熟悉 Rational Rose 软件系统的 UML 建模工具，按照 OOA、OOD 方法实施面向对象分析和面向对象设计活动，可根据学生的负担轻重，要求学生完成《设计项目需求分析规格说明书》和《设计项目设计说明书》两个报告，其中对象模型(类图)、动态模型(状态图)、功能模型(用例图)的绘制和使用要熟练掌握。

编制用户操作手册。在完成设计项目的开发实践后，应根据系统功能、性能和应用环境等要求，依据《用户手册》编写指南编写《设计项目用户手册》，并按时提交报告。

13.3 课程设计选题

13.3.1 设计题目类型

自 20 世纪计算机诞生以来，人们围绕着它开发了大量的软件，广泛应用于科学研究、教育、工农业生产、国防和家庭生活等众多领域，积累了丰富的软件资源。然而，在软件的品种质量和价格方面仍然满足不了人们日益增长的需要。计算机软件产业是一个年轻的、充满活力的、飞速发展的产业。因此，其分类方法不同，类型差别也很大。这里简单地介绍计算机软件在计算机系统、实时系统、嵌入式系统、科学和工程计算、事务处理、人工智能、个人计算机和计算机辅助软件工程(CASE)等方面的应用。

按照计算机的控制层次，计算机软件分为系统软件和应用软件两大类。

1. 系统软件

计算机系统软件是计算机管理自身资源(如 CPU、内存、外存、外部设备等)、提高使用效率并为计算机用户提供各种服务的基础软件。

2. 应用软件

应用软件是计算机所应用程序的总称，主要用于解决一些实际的应用问题。按业务、行业，应用软件也可分为以下几类。

(1) 个人计算机软件。

(2) 科学和工程计算软件。

(3) 实时软件(FIX、InTouch、Lookout)。

(4) 人工智能软件。

(5) 嵌入式软件。

(6) 事务处理软件。

(7) 工具软件。

13.3.2 课程设计过程选题

选题就是确定题目，这是课程设计中首先碰到的，也是最主要的部分。题目选择是否恰当，直接关系到课程设计的"命运"，所以课题的选择必须考虑到以下四个方面。

(1) 选择要从实际出发。平时自己对某一问题留心思考并认真研究，通过研究分析设计实现有所收获、取得了研究成果的，才有可能考虑课程设计报告，没有实践基础或虽有实践但无收获的，是写不出好课程设计报告的。

(2) 是否有新意。无论做什么研究，关键都在于有新意。一般验证性的题目不宜再用，如果受到别人所用题目的启发，对同一问题有不同的看法或在观点上有新的见解而需要再用的话，用时可在题目上冠以"再论"之类的字样。如果深层次的创新一时难以全部做出，哪怕是有一点点进步，也应该在题目上体现。

(3) 与题目相关的资料和论据是否充实。

(4) 选题不宜过大过宽。题目过大,时间不允许。最好是取某个小问题或某个问题的侧面来做,把问题在研究中搞清楚,给出实验的结果。使人们看后得到启发,受到教益。

课程设计报告的题目一般都采用肯定式。为了引申主题或者对某一事实必须在标题中加以说明,还可以在题目的后面再添一个副标题。

13.3.3 课程设计过程

课程设计是一个综合性的训练,包括分析、描述、编程、调试、撰写文档等多方面的内容。课程设计推荐采用以下几个阶段。

1. 分析理解题意,确定问题范围和数据的表达。

课程设计题目往往取材于现实问题的一个部分,与程序设计作业不同,其问题的描述往往比较含糊,做什么和怎么去做范围不是那么明确,这个需要反复讨论和研究问题本身,尽量把问题清晰化,使之可以使用程序化方法描述。

可以通过一些方法来帮助理解问题,使之程序化。

(1) 画出问题描述中所有的名词,作为分析的基础,在这些名词中,选择与问题相关性强的作为系统实现的主要考虑对象。

(2) 找到那些输入/输出部分的对象,分析出输入或者输出应该是什么类型,是字符串、整型还是浮点。

(3) 确定以上输入/输出是多值还是单值的,多值的数据往往需要使用数组或者链表来存储或者表达,单值的往往只需要使用一个简单的变量就可以了。

(4) 确定多值数据长度是否已知还是未知,若已知或者长度范围确定,可以使用数组或者动态数组,若长度经常发生变化,则可以使用链表来存储。

(5) 根据输入/输出数据,设计输入/输出格式,尽量表达清楚和美观。

2. 构思算法绘制流程图

确定了输入/输出以后,需要确定程序的算法。就是确定如何由输入的已知条件生成输出内容的问题。可以结合自己的常识来设计,在设计算法的时候可以先不考虑如何进行编程,只考虑如何由前面给出的输入得到结果,然后把结果描述出来。如果发现有无法得到结果的问题,就需要回到第一步去审查是否缺少了输入条件。具体设计算法可以参考下面的方法。

(1) 对于给出的问题描述中,如果算法讲得比较多,可以把所有的动词画出来作为算法的基础。还有表示先后的连词,例如,先××××然后×××这些信息强烈表达了问题的计算方法。算法讲得比较少的就需要结合平时的常识了。

(2) 把给出的输入列在一张表上,然后只使用这些数据用纸笔计算出所要输出的结果。

(3) 把刚才每步的计算过程用文字描述出来。注意自己描述中的表示控制的关键词(例如“先每个加起来然后如果”等),可以注意到这些词语可以和程序设计中的顺序(循环,累加,选择)等概念对应。

(4) 把这些文字内容按照先后次序组织起来,画出框图。

(5) 注意算法过程中可能产生的新变量,例如累加器、临时保存的值等。

(6) 注意到有时候一个简单描述涉及比较复杂的算法,这个时候需要把这个描述独立出来,依照上面的方法先界定输入/输出,再描述算法,这时这个模块和主模块形成了调用关系。这里可以绘出模块的 IPO 图。

3. 编程调试

编程调试是程序设计的关键阶段。把前面画好的流程图使用某种语言来表达出来,如果发现有太抽象无法表达的框,则需要回到第 2 步,把这个框的内容重新细化。

所有程序都设计好以后需要调试,在调试过程中随时记录产生的错误。在编程阶段产生的错误往往是语法错误,在分析设计的时候出现的错误往往是算法错误,这两种错误都可以在调试阶段发现,然后需要回到错误对应的阶段去修改。

第14章 课程设计规范

为了统一规范课程设计的格式，保证课程设计的质量，方便信息系统的收集、存储、处理、加工、检索、利用、交流、传播，根据国家标准局批准颁发的 GB 7713—87 科学技术报告、课程设计和学术论文的编写格式，给出了如下的参考规范。

14.1 课程设计规定

课程设计是大学生在校学习期间的一个重要环节，既是对学生学习某门课程效果、实践经验与研究能力的全面总结，也是对学生素质与能力的一次综合培养。为保证本科生课程设计达到培养目标的要求，特制定本规定。

14.1.1 课程设计的目的

课程设计的目的是培养学生综合运用所学基础理论、专业知识和基本技能进行分析与解决实际问题的能力，培养学生的创新精神。具体应注重以下方面能力的培养：

(1) 调研、查阅中外文献和收集资料的能力。

(2) 理论分析、制定设计或试验方案的能力。

(3) 实验研究和数据处理的能力。

(4) 设计、计算和绘图的能力。

(5) 综合分析、编制设计说明书及撰写论文的能力。

(6) 外语、计算机应用能力。

14.1.2 教师拟题

(1) 课程设计题目由指导教师拟定。指导教师在拟题时应遵循以下原则：

符合专业培养目标的要求，达到课程设计的质量标准。

体现教学与生产、科研、文化和经济相结合的原则。在符合课程设计质量标准要求的前提下，能结合生产实际、科学研究、现代文化、经济建设的任务进行，以利于增强学生在实际工作中应用知识的能力。课程设计应尽可能反映现代科学技术发展水平，提倡知识的互相交叉渗透。

工作量适当，使学生在规定的时间内能按时完成。

(2) 课程设计一般可分为计算机类工程设计类、计算理论研究类、实验研究类、计算机软件研制类、综合类。可根据专业方向特点在拟题时有所侧重。

(3) 指导教师拟好课程设计题后,根据题目的工作难度,可以由一名或多名学生合作完成的题目,也可以分设子题目,明确各个学生独立完成的工作内容。

(4) 课程设计题目拟定后,由指导教师填写《课程设计任务书》(见第 14.4 节)。任务书一经审定,不得随意更改。如因特殊情况需要变更的,必须经基层教学单位同意。

14.1.3 学生选题及任务布置

(1) 学生在教师指导下,采取自选与分配相结合的办法选定课程设计题目。可以多名学生合作做一个项目,但必须每个学生都有自己独立完成的题目,分工要明确,每人工作量要适当。

(2) 学生除了在导师提出的题目中选择课程设计题目外,还可根据本专业特点选择自己实践中感兴趣的课题作为课程设计题目,或选择来自于科研院所、企业的实际工程问题作为课程设计题目,但必须经教师指导或者基层教学单位同意。

(3) 选题完成后要落实到学生,以便学生及早考虑和准备。

14.1.4 课程设计的指导

(1) 课程设计指导教师应由讲师或相当职称以上有经验的教师、工程技术人员和具有硕士研究生学历的助教担任。助教可协助具有资格的指导教师进行指导工作。

(2) 指导教师负责把握课程设计的规范和质量标准,并协调在进行过程中出现的有关问题。指导教师应严格执行学校制定的有关课程设计的各项规定。

(3) 为确保课程设计的质量,指导教师在学生课程设计进行期间一般要在实验室进行教学,须有足够的时间与学生直接交流。

(4) 课程设计指导教师在课程设计中及时发现问题,采取措施解决问题。

(5) 指导教师对课程设计的指导,应把重点放在培养学生的独立工作能力和创新能力上,并充分发挥学生的主动性和创造性。

(6) 指导教师在进行专业指导的同时,应坚持教书育人,做好学生的思想教育工作,关心学生,做学生的良师益友。既在专业上严格要求,认真指导,又关心学生的生活和思想。

14.1.5 对学生的要求

(1) 认真阅读领会《课程设计任务书》中规定的任务和要求,在教师指导下制定进程安排,做好各种准备工作。

(2) 认真执行进程安排,按照《课程设计格式规范》撰写设计说明书,保证按期、按质、按量完成课程设计。

(3) 尊敬师长、团结协作,认真听取教师和有关工程技术人员的指导。

(4) 严格遵守纪律,在指定地点进行课程设计工作。按章操作,保障人身和仪器设备安全。

(5) 坚持科学态度,遵守学术道德,不弄虚作假,不抄袭别人的成果(包括从网上下载他人的论文)。

(6) 要有完整的课程设计进展情况记录,做好阶段总结,并定期向指导教师汇报设计进展情况。

14.1.6 课程设计的评议

指导教师应对所指导的每位学生的课程设计进行评阅，针对学生的课程设计具体内容要求给出科学、准确的评价。

14.1.7 成绩评定

(1) 课程设计成绩的评定以学生完成工作的情况(如业务水平、工作态度、设计说明书的撰写和图纸、作品的质量等)为依据。必须坚持标准，严格要求。

(2) 课程设计成绩采用5级记分制(优秀、良好、中等、及格、不及格)。具体标准如下：

优秀：学生有较好的独立工作能力，能综合运用所学知识分析、解决实际问题，较出色地完成《课程设计任务书》中所规定的全部任务，有一定的创新。

良好：学生有一定的独立工作能力，能运用所学知识分析、解决实际问题，较好地完成《课程设计任务书》中所规定的全部任务，内容正确。

中等：学生能运用所学知识分析、解决主要问题，能完成《课程设计任务书》中所规定的任务，内容基本正确。

及格：课程设计主要部分正确，但其他部分有非原则性错误，基本上能达到《课程设计任务书》中所规定的要求。

不及格：在课程设计过程中，工作不认真，不能完成课程设计任务书中所规定的基本任务，课程设计质量较差，在主要部分上有原则性错误，未达到课程设计的质量标准要求。

(3) 学生课程设计由指导教师评阅给出成绩。

14.2 课程设计格式规范

14.2.1 课程设计资料撰写要求

1. 封面

封面见样张1。按规定的格式打印，采用指定的纸张。标题应简短、明确，有概括性，主标题不宜超过20字，必要时可以设副标题。

2. 课程设计任务书

《课程设计任务书》是设计开始时指导教师签发的文本。

3. 中英文设计总说明

中英文设计总说明(或摘要见样张2～3。)

(1) 设计总说明介绍设计任务来源、设计标准、设计原则及主要技术资料，中文字数以500字左右为宜，并译成英文。

(2) 报告摘要应能概括研究题目的内容和主要观点，中文摘要在400字左右，并译成英文。

(3) 关键词是供检索用的主题词条，应采用能覆盖论文主要内容的通用技术词条。关键词一般为 3～5 个，按词条的外延层次排列。

4. 目录

目录（样张 4）按三级标题编写，要求标题层次清晰。目录中的标题及页码应与正文中的一致。

5. 正文

课程设计正文（样张 5）包括绪论、正文主体及结论，其内容分别如下：

（1）绪论应说明本题目的目的、意义、研究范围及要达到的技术要求；简述本题目在国内外的发展概况及存在的问题；说明本题目的指导思想；阐述本题目应解决的主要问题。

（2）正文主体是对研究工作的详细表述，其内容包括：问题的提出，研究工作的基本前提、假设和条件；模型的建立、实验方案的拟定；基本概念和理论基础；设计计算的主要方法和内容；实验方法、内容及其分析；理论论证，理论在题目中的应用，题目得出的结果，以及对结果的讨论等。学生根据课程设计题目的性质，一般仅涉及上述一部分内容。

（3）结论是对整个研究工作的归纳和综合、对所得结果与已有结果的比较和题目尚存在的问题，以及进一步开展研究的见解与建议。

6. 参考文献

参考文献（样张 6）是课程设计不可缺少的组成部分，它反映课程设计的取材来源、材料的广博程度和材料的可靠程度，也是作者对他人知识成果的承认和尊重。应按规范列出正文中以标注形式引用或参考的有关著作和论文。一篇论著在论文中多处引用时，序号以第一次出现的位置为准。

7. 附录

对于一些不宜放在正文中、但有参考价值的内容，可编入课程设计的附录（样张 7～8）中，例如过长的公式推导、源程序等；文章中引用的符号较多时，为便于读者查阅，可以编写一个符号说明，注明符号代表的意义。

14.2.2 课程设计的具体要求

课程设计分工程设计类、理论研究类、实验研究类、计算机软件研制类、综合类、艺术类等，具体要求如下：

1. 工程设计类

学生必须独立完成一定数量的工程图纸绘制，其中至少有 1 张是计算机打印图；一份 15 000 字以上的设计计算说明书；参考文献不低于 10 篇，其中外文文献在 2 篇以上。

2. 理论研究类

除非题目确实有实际意义，一般不提倡工科学生做理论研究类题目，教师定题目时要慎重掌握。根据题目提出问题、分析问题、提出方案，并进行建模、仿真和设计计算等。参考文献不低于 15 篇，其中外文文献在 4 篇以上。

3. 实验研究类

学生须独立完成一个完整的实验，取得足够的实验数据，实验要有探索性，而不是简单重复已有的工作。要完成15 000字以上的报告，其中包括文献综述、实验部分的讨论与结论等内容。参考文献不少于10篇。

4. 计算机软件研制类

学生须独立完成一个软件或较大软件中的一个模块设计，要有足够的工作量。要写出10 000字以上的软件设计说明书。要有完整的测试结果，给出各种参数指标。当涉及有关计算机软件方面的内容时，要进行计算机演示程序运行，给出运行结果。参考文献不少于10篇。

5. 综合类

要求至少包括以上三类内容。如有工程设计内容，则在图纸工作量上可酌减，完成10 000字以上的论文，参考文献不少于10篇。

6. 其他要求

(1) 计算机使用要求。能使用计算机进行绘图或进行数据采集、数据处理、数据分析，以及进行文献检索、报告编辑等。

(2) 绘图要求。课程设计中应鼓励学生用计算机绘图，作为绘图基本训练，可要求一定量的墨线和铅笔线图。课程设计图纸应符合制图标准，如对图纸规格、线型、字体、符号、图例和其他表达的基本要求。

14.2.3 课程设计的撰写规范

1. 书写

课程设计原则上要用A4复印纸打印，需要手写时必须用黑色或蓝色墨水。文稿纸不得随意接长或截短。文中的任何部分不得超过规定的版面，汉字必须使用国家公布的规范字。

2. 标点符号

课程设计中的标点符号应按新闻出版署公布的《标点符号用法》使用。

3. 名词、名称

(1) 科学技术名词术语尽量采用全国自然科学名词审定委员会公布的规范词或国家标准、部标准中规定的名称，尚未统一规定或叫法有争议的名称术语，可采用惯用的名称。

(2) 采用英语缩写词时，除本行业广泛应用的通用缩写词外，文中首次出现的缩写词应该用括号注明英文全文。

(3) 外国人名一般采用英文原名，按名前姓后的原则书写。一般很熟知的外国人名(如牛顿、达尔文、马克思等)可按通常标准译法写译名。中国人名翻译成英文时按名前姓后的原则书写，如Weiguo Liu。

4. 量和单位

量和单位必须采用中华人民共和国的国家标准GB 3100～GB 3102—93，它是以国际单

位制(SI)为基础的。非物理量的单位,如件、台、人、元等,可用汉字与符号构成组合形式的单位,例如件/台、元/km。物理量符号、物理常量、变量符号用斜体,计量单位等符号均用正体。

5. 数字

课程设计中的测量统计数据一律用阿拉伯数字,但在叙述不很大的数目时,一般不用阿拉伯数字,如"他发现两颗小行星""三力作用于一点",不宜写成"他发现2颗小行星""3力作用于1点"。大约的数字可以用中文数字,也可以用阿拉伯数字,如"约一百五十人",也可写成"约150人"。年份要求写全数,如2005年不能写成05年。

6. 设计报告页面设置

页边距:
上边距:30mm;下边距:25mm;左边距:30mm;右边距:20mm。
行间距:1.5倍行距。
页码:设计报告页码从绪论部分开始至附录用阿拉伯数字连续编排,页码位于页脚右侧。封面、中英文设计说明(摘要)和目录不编入设计报告页码。

7. 字体和字号

- 论文题目:二号黑体加粗(封面);
- 章标题:三号黑体加粗;
- 节标题:小四号黑体加粗;
- 条标题:小四号黑体;
- 正文:小四号宋体;
- 页码:小五号 Times New Roman 体;
- 数字和字母:Times New Roman 体。

1) 封面及书脊(样张1、9)

设计报告封面和书脊排版规范见样张1和样张9,由教师指定并制作。封面及书脊字体及字号如下:

- (二号黑体加粗居中) 设计报告题目;
- (三号黑体) 学院/系;
- (三号黑体) 专　　业;
- (三号黑体) 年级班别;
- (三号黑体) 学　　号(以教务处管理系统录入的学号为准);
- (三号黑体) 学生姓名;
- (三号黑体) 指导教师;
- (三号黑体) 年　　月　　日;
- (四号黑体加粗) 设计报告题目、姓名(封面书脊);
- (小四号黑体加粗) 学院/系名称(封面书脊);
- (Times New Roman 体加粗) 数字和字母。

2）中英文设计报告说明（设计报告摘要）（样张 2）

（1）中文设计报告说明（设计报告摘要）

中文设计报告说明（设计报告摘要）包括“摘要”字样（三号黑体，加粗），摘要正文和关键词（小四号宋体），1.5 倍行距。

摘要正文后下空一行打印“关键词”三字（四号黑体，加粗），关键词一般为 3～5 个，每一关键词之间用逗号分开，最后一个关键词后不打标点符号，见样张 2。

（2）英文设计报告说明（设计报告摘要）（样张 3）

英文设计报告说明（设计报告摘要）另起一页，其内容及关键词应与中文摘要一致，并要符合英语语法，语句通顺，文字流畅。

英文和汉语拼音一律为 Times New Roman 体，字号与中文摘要相同。

3）目录（样张 4）

目录的三级标题，建议按 1…，1.1…，1.1.1…的格式编写。

目录中各章题序的阿拉伯数字用 Times New Roman 体，第一级标题用小四号黑体，其余用小四号宋体。目录的打印实例见样张 4。

4）课程设计报告正文（样张 5）

（1）章节及各章标题

《课程设计报告》正文分章节撰写，每章应另起一页。各章标题要突出重点、简明扼要。字数一般在 15 字以内，不得使用标点符号。标题中尽量不采用英文缩写词，对必须采用者应使用本行业的通用缩写词。

（2）层次

层次以少为宜，根据实际需要选择。正文层次的编排和代号要求统一，层次为章（如 1）、节（如 1.1）、条（如 1.1.1）、款（如 1.）、项（如(1)）。用到哪一层次视需要而定，若节后无须“条”可直接列“款”“项”。“节”“条”的段前、段后各设为 0.5 行，见样张 5。

（3）参考文献的引用

参考文献的引用标示方式应全文统一，并采用所在学科领域内通用的方式，用上标的形式置于所引内容最末句的右上角，用小四号字体。所引参考文献编号用阿拉伯数字置于方括号中，如“……成果[1]”。当提及的参考文献为文中直接说明时，其序号应该用小四号字与正文排齐，如“由文献[8，10－14]可知”。

不得将引用参考文献标示置于各级标题处。

（4）公式

公式一律使用 Office 2010 数学公式编辑器 5.0 编写。

公式应另起一行写在稿纸中央，公式和编号之间不加虚线。公式较长时最好在等号“＝”处转行，如难实现，则可在＋、－、×、÷运算符号处转行，运算符号应写在转行后的行首，公式的序号用圆括号括起来放在公式右边行末。公式序号按章编排，如第一章第一个公式序号为(1.1)，附录 A 中的第一个公式为“(A1)”等，见样张 10。

文中引用公式时，一般用“见式(1.1)”或“由公式(1.1)”。

（5）表格（样张 11）

① 每个表格应有自己的表序和表题，并应在文中进行说明，例如：“如表 1.1”。表序一般按章编排，如第一章第一个插表的序号为“表 1.1”等。表序与表名之间空一格，表名中不

允许使用标点符号，表名后不加标点。表序与表名置于表上居中（五号黑体加粗，数字和字母为五号 Times New Roman 体加粗），见样张 11。

② 表头设计应简单明了，尽量不用斜线。表头与表格为一整体，不得拆开排写于两页。表格不加左右边线。

③ 全表如用同一单位，则将单位符号移至表头右上角。

④ 表中数据应正确无误，书写清楚。数字空缺的格内加"—"字线（占 2 个数字），不允许用"〃""同上"之类的写法，见样张 11。

⑤ 表内文字说明（五号宋体）起行空一格，转行顶格，句末不加标点。

⑥ 表中若有附注时，用小五号宋体写在表的下方，句末加标点，见样张 11。仅有一条附注时写成"注：……"；有多条附注时，附注各项的序号一律用阿拉伯数字，写成"注：1. ……"。

（6）插图（样张 12）

课程设计报告的插图应与文字紧密配合，文图相符，内容正确，选图要力求精练。

① 制图标准

插图应符合国家标准及专业标准。

工程图：采用第一角投影法，严格按照 GB4457～GB4460—84、GB131—83《机械制图》标准规定。

电气图：图形符号、文字符号等应符合有关标准的规定。

流程图：原则上应采用结构化程序并正确运用流程框图。

对无规定符号的图形应采用该行业的常用画法。

② 图题及图中说明

每幅插图均应有图题（由图号和图名组成）。图号按章编排，如第一章第一图的图号为"图 1.1"等。图题置于图下，用五号宋体。有图注或其他说明时应置于图题之上，用小五号宋体。图名在图号之后空一格排写。引用图应说明出处，在图题右上角加引用文献号。图中若有分图时，分图号用(a)、(b)等置于分图之下，见样张 12。

图中各部分说明应采用中文（引用的外文图除外）或数字项号，各项文字说明置于图题之上（有分图题者置于分图题之上），见样张 10。

③ 插图编排

插图与其图题为一个整体，不得拆开排写于两页。插图处的该页空白不够排写该图整体时，可将其后文字部分提前排写，将图移至次页最前面。

（7）坐标与坐标单位

对坐标轴必须进行说明，有数字标注的坐标图，必须注明坐标单位，见样张 10。

（8）设计报告原件中照片图

课程设计原件中的照片图应是直接用数码相机拍照的照片，或是原版照片粘贴，不得采用复印方式。照片可为黑白或彩色，应主题突出、层次分明、清晰整洁、反差适中。照片采用光面相纸，不宜用布纹相纸。对金相显微组织照片必须注明放大倍数。

（9）注释

课程设计中有个别名词或情况需要解释时，可加注说明，注释可用页末注（将注文放在加注页稿纸的下端）或篇末注（将全部注文集中在文章末尾），而不用行中注（夹在正文中的注）。若在同一页中有两个以上的注时，按各注出现的先后顺序编列注号，注释只限于写在注释符号出现的同页，不得隔页。

5) 参考文献(样张 6)

参考文献的著录均应符合国家有关标准(按 GB 7714—87《文后参考文献著录规则》执行)。以"参考文献"居中排作为标识；参考文献的序号左顶格，并用数字加方括号表示，如[1],[2],…,以与正文中的指示序号格式一致。每一参考文献条目的最后均以"."结束。各类参考文献条目的编排格式及示例如下。

(1) 连续出版物

[序号]主要责任者. 文献题名[J]. 刊名，出版年份，卷号(期号)：起止页码.

例：[1]××××,×××××××. 图像的情感特征分析及其和谐感评价[J]. 电子学报，2001,29(12A)：1923-1927.

(2) 专著

[序号]主要责任者. 文献题名[M]. 出版地：出版者，出版年：起止页码.

例：[2] ×××××××,×××××××. 图书馆史研究[M]. 北京：高等教育出版社，1979：15-18,31.

(3) 会议论文集

[序号]主要责任者. 文献题名[A]//主编. 论文集名[C]. 出版地：出版者，出版年：起止页码.

例：[3]××××××. 绘画的音乐表现[A]. 中国人工智能学会 2001 年全国学术年会论文集[C]. 北京：北京邮电大学出版社，2001：739-740.

(4) 学位论文

[序号]主要责任. 文献题名[D]. 保存地：保存单位，年份.

例：[4] ××××××. 地质力学系统理论[D]. 太原：太原理工大学，1998.

(5) 报告

[序号]主要责任. 文献题名[R]. 报告地：报告会主办单位，年份.

例：[5] ××××××. 核反应堆压力容器的 LBB 分析[R]. 北京：清华大学核能技术设计研究院，1997.

(6) 专利文献

[序号]专利所有者. 专利题名[P]. 专利国别：专利号，发布日期.

例：[6]××××××. 一种温热外敷药制备方案[P]. 中国专利：881056078,1983-08-12.

(7) 国际、国家标准

[序号]标准代号，标准名称[S]. 出版地：出版者，出版年.

例：[7]GB/T 16159—1996,汉语拼音正词法基本规则[S]. 北京：中国标准出版社，1996.

(8) 报纸文章

[序号]主要责任者. 文献题名[N]. 报纸名，出版日期(版次).

(9) 电子文献

[序号]主要责任者. 电子文献题名[文献类型/载体类型]. 电子文献的出版或可获得地址，发表或更新的期/引用日期(任选).

例：[8]××××××. 中国学术期刊标准化数据库系统工程的[EB/OL]. http://www.cajcd.cn/pub/wml.txt/9808 10-2.html,1998-08-16/1998-10-04.

外国作者的姓名书写格式一般为：名的缩写、姓，例如 A. Johnson,R. O. Duda。

引用参考文献类型及其标识说明如下：根据 GB3469 规定，以单字母方式标识以下各种参数文献类型，如表 14-1 所示。

表 14-1　参数文献的标识

参考文献类型	专著	论文集	单篇论文	报纸文章	期刊文章	学位论文	报告	标准	专利	其他文献
文献类型标识	M	C	(A)	N	J	D	R	S	P	Z

对于数据库、计算机程序及光盘图书等电子文献类型的参考文献，以下列字母作为标识，如表 14-2 所示。

表 14-2　电子文献的标识

参考文献类型	数据库(网上)	计算机程序(磁盘)	光盘图书
文献类型标识	DB(DB/OL)	CP(CP/DK)	M/CD

关于参考文献的未尽事项可参见国家标准《文后参考文献著录规则》(GB7714—87)。

6) 附录(样张 7～8)

设计报告的附录依序用大写正体 A,B,C,…编序号，如附录 A。附录中的图、表、式等另行编序号，与正文分开，也一律用阿拉伯数字编码，但在数码前冠以附录序码，如图 A1，表 B2，式(B3)等，见样张 7、8。

14.2.4　大学本科生课程设计的装订要求

完成课程设计应提交指导教师的全部资料如下：

(1) 课程设计教师拟题；

(2) 课程设计任务书；

(3) 课程设计报告；

(4) 课程设计源代码(纯理论题除外)。

课程设计资料的填写要求如下：

《课程设计任务书》、《课程设计报告》、课程设计的正文等有关资料原则上须按统一版面格式用计算机 A4 纸打印。课程设计源代码可以用电子稿形式。

学生课程设计按以下顺序统一装订：

(1) 封面；

(2) 课程设计任务书；

(3) 中文摘要；

(4) 英文摘要；

(5) 目录；

(6) 课程设计正文；

(7) 参考文献；

(8) 附录；

(9) 按规定要求折叠的工程图纸。

课程设计报告的版式可以参考样张 1～样张 12(注：此处样张仅供参考字体及字号等格式，内容不具有任何意义)。

廣東理工學院

本科课程设计

二号黑体加粗居中

（课程设计报告题目）

学　　院______________________

专　　业______________________

年级班别______________________

学　　号______________________

学生姓名______________________

指导教师______________________

三号黑体加粗

20××年××月××日

摘　　要

反射式光纤位移传感器由于具有原理简单、实现容易、工作可靠等诸多优点而受到越来越广泛的重视。本系统由于要同时兼顾高精度和大量程的要求，因此在反射式光纤位移传感器的一般原理上进行了新的设计，使它较好的达到了实际的设计要求。鉴于本项目中光纤传感头的设计与实现工作已经基本完成，本文主要侧重于对电路部分的设计与调试工作进行描述。

首先，本文将概述光纤传感器和光纤位移传感器的基本原理和特点，并且阐述选择反射式光纤位移传感器的原因。

其次，本文将讲述本系统中的核心部件一光纤传感头的基本工作原理，简述传感头的设计要求和实验曲线。

再次，本文将详细阐述本系统中光发射机的原理，设计过程和调试方法。并给出图表说明。

最后，本文将简要叙述光接收机调试工作，讲述系统电路部分所用的电子元件的基本工作原理，并会对实验的结果进行说明。

在附录中，本文还将给出一些必要的程序的系统设计资料，供参考之用。

关键词： 反射式，光纤，位移，测量

本课程设计报告题目来源于教师的国家级（或省级、部级、厅级、校级、企业等）科研项目，项目编号为：__________。

Abstract

Fiber-optic reflective displacement sensor attracts much attention for its particular advantages, such as simply theory, easy realization,good stability and so on. With the requirement of wide measurement range and high precision, it is re-designed based on the basic principle of the simplest reflective fiber-optic sensor. For some work havingbeen finished at the beginning of this project, I will mainly describe the electric circuit.

At first, I will introduce the characteristics, application and the present situation of optical fiber sensor, and then the principles of them, explaining the reason to choose the reflective type.

The second, I will describe the principle, design method, and the turning method of the light source. I will do it carefully.

At last, I will introduce the light receiver of the system, telling the way of some components works.

At the supplement, I will write some thing like program code, dialogs and so on.It may be helpful for the future design.

小四号Times New Roman体

Key words: Reflective, Fiber-optic, Displacement, Measuring

四号Times New Roman体加粗

小四号Times New Roman体

小四号黑体

目 录

三号黑体加粗

小四号黑体

3　Ⅰ级叶/盘转子错频方案的对比分析

三号黑体加粗

在叶轮机械领域，对一个实际的叶盘转子，错频是指由于单个叶片之间因几何上或结构上的不同而造成的其在固有频率上的差异[2]。……

……

小四号宋体

小四号黑体加粗

小四号Times New Roman体

3.5 多自由度系统的强迫响应分析

由前面的分析可知，响应分析在数学上是一个具有 38 个自由度的二阶线性微分方程的数值积分问题[3, 6-9]。……

小四号黑体

3.5.1　动态响应的计算方法

1. 系统的运动方程

多自由度系统运动微分方程的一般形式为：……

(1)……

(2)……

2. 微分方程组的数值积分

一阶常系数微分方程组的初值问题可表述为：……

3.5.2　强迫响应分析前的准备工作

……

参 考 文 献

三号黑体加粗

[1]　毛峡，丁玉宽. 图像的情感特征分析及其和谐感评价[J]. 电子学报，2001，29(12A)：1923-1927.

[2]　刘国钧，王连成. 图书馆史研究[M]. 北京：高等教育出版社，1979：15-18,31.

[3]　毛峡. 绘画的音乐表现[A]. 中国人工智能学会 2001 年全国学术年会论文集[C]. 北京：北京邮电大学出版社，2001：739-740.

[4]　张和生. 地质力学系统理论[D]. 太原：太原理工大学，1998.

[5]　冯西桥. 核反应堆压力容器的 LBB 分析[R]. 北京：清华大学核能技术设计研究院，1997.

[6]　姜锡洲. 一种温热外敷药制备方案[P]. 中国专利：881056078，1983-08-12.

[7]　GB/T 16159—1996，汉语拼音正词法基本规则[S]. 北京：中国标准出版社，1996.

[8]　毛峡. 情感工学破解'舒服'之迷[N]. 光明日报，2000-4-17(B1).

[9]　王明亮. 中国学术期刊标准化数据库系统工程的[EB/OL]. http://www.cajcd.cn/pub/wml.txt/9808 10-2.html,1998-08-16/1998-10-04.

小四号宋体

附录 A 1/f 频谱图

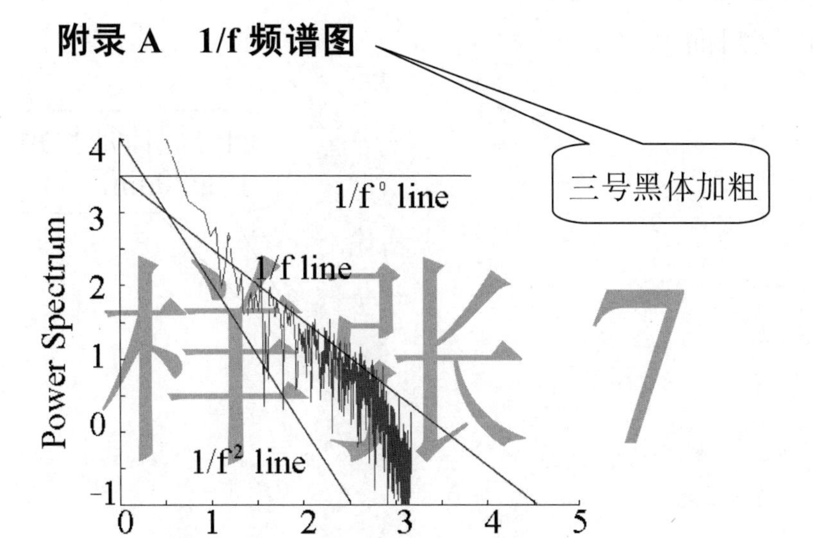

图A.1 频谱图

附录 B 一维 1/f 波动数据的生成

```
clear all
close all

M = 2*256;
K = 1;
f = 1:M;
s = K*1./f ;

figure(1);    plot(s); grid;

LOGs = log10( s );
LOGf = log10( f );

figure(4); plot( LOGf,LOGs ); grid;

hh = sqrt( m*s );

m = 2*M-1;
h2( 1:M ) = hh( 1:M );
h2( M:m ) = hh( M:-1:1 );
figure(2);    plot(h); grid;

pp = rand( 1,m );
re = h2 .* cos( pp ) ;
im = h2 .* sin( pp ) ;
hh = re + i*im ;
…
```

论文封面书脊

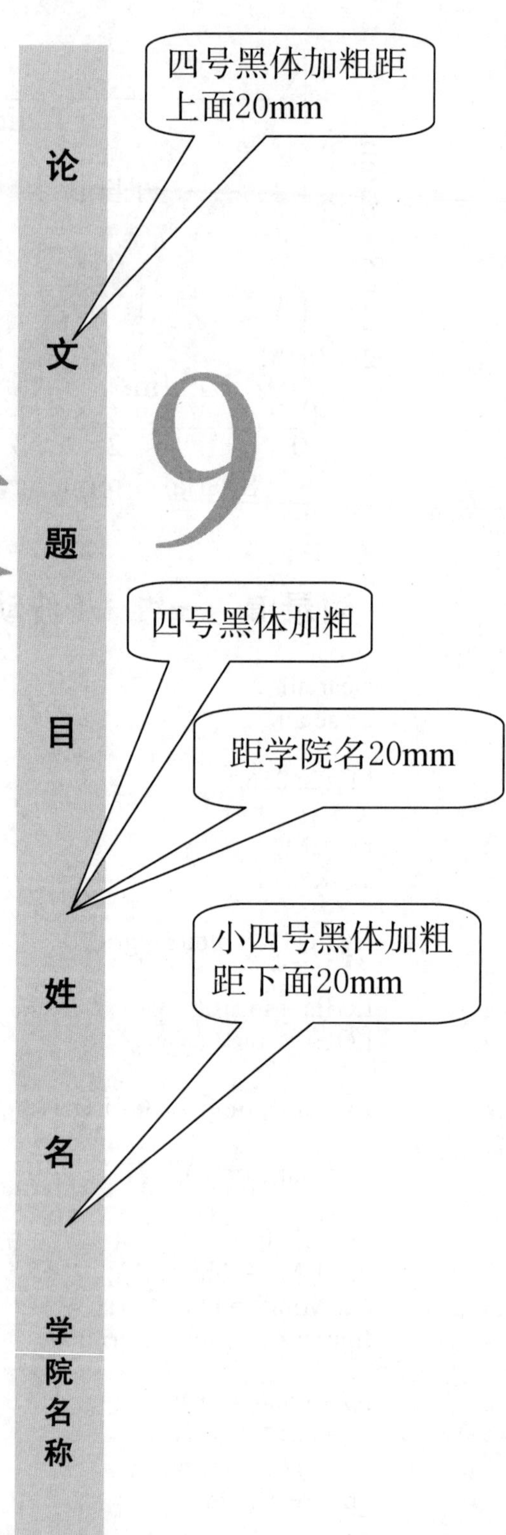
四号黑体加粗距
上面20mm
论
文
题
目
四号黑体加粗
距学院名20mm
姓
名
小四号黑体加粗
距下面20mm
学
院
名
称

样张 9

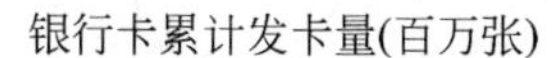

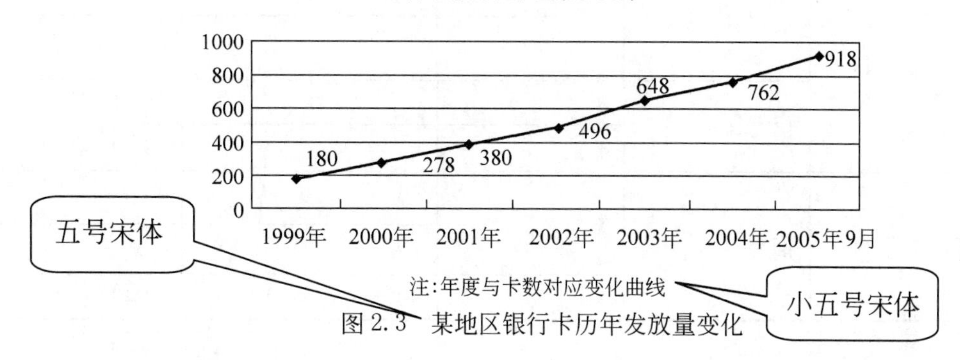

图 2.3 某地区银行卡历年发放量变化

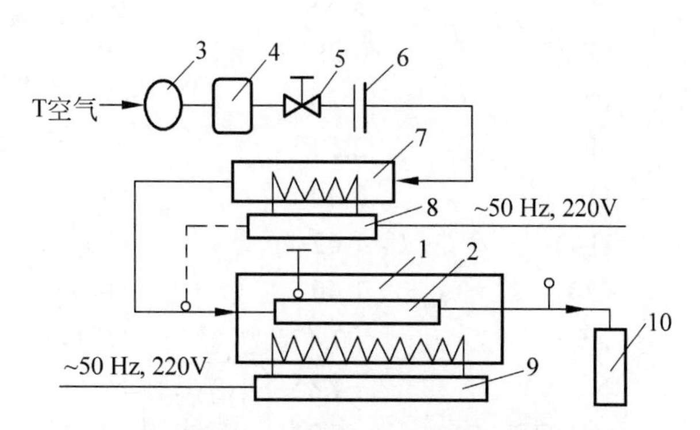

1—太阳模拟器；2—单管及31个PCM容器；3—气泵；
4—干燥过滤器；5—手动调节阀；6—孔板流量计；
7—空气预热器；8，9—调功器；10—空气换热器

图3.1 单管换热系统流程图

五号宋体　五号黑体加粗　不加边线

表 2.1 方法——干扰抑制结果

干扰类型	目标信号	阵元数	干扰采样值数	SINR(dB)
第一类干扰	信号 1	8	—	30.58
		4	—	21.16
	信号 4	8	—	38.28
		4	—	19.41
第二类干扰	信号 4	8	30	4.69
			19	4.83
		4	30	- 0.42

空缺数字

表 3.1 各组分 lgB_i 值

序号	T=1500K		T=2000K	
	组分	lgB_i	组分	lgB_i
1	O_2^+	5.26	HO_2	6.43
2	HO_2	5.26	O_2^+	6.42
3	H_2O^+	4.76	H_2O^+	6.18
4	N_2^+	3.97	H	6.12
5	H	3.54	H_2^+	6.04
6	OH	3.29	OH	5.91
7	CO^+	3.26	O	5.59
8	H_2^+	2.54	N_2^+	4.87
9	O	2.30	CO^+	3.98
10	H_2O_2	1.62	CO_2^+	3.76
11	CO_2^+	1.40	H_2O_2	3.09
12	HCO*	−0.47	HCO*	0.24
13	N^+	−4.85	N^+	−2.81
14	CH_2O^+	−6.91	CH_2O*	−6.13
15	NO^+	−16.60	NO^+	−11.76

小五号宋体

注：“+”表示重要组分，“*”表示冗余组分。

表 3.3 压降损失计算结果 Pa

换热器	热边压降损失	冷边压降损失
初级	2974.37	2931.52
次级	2924.65	3789.76

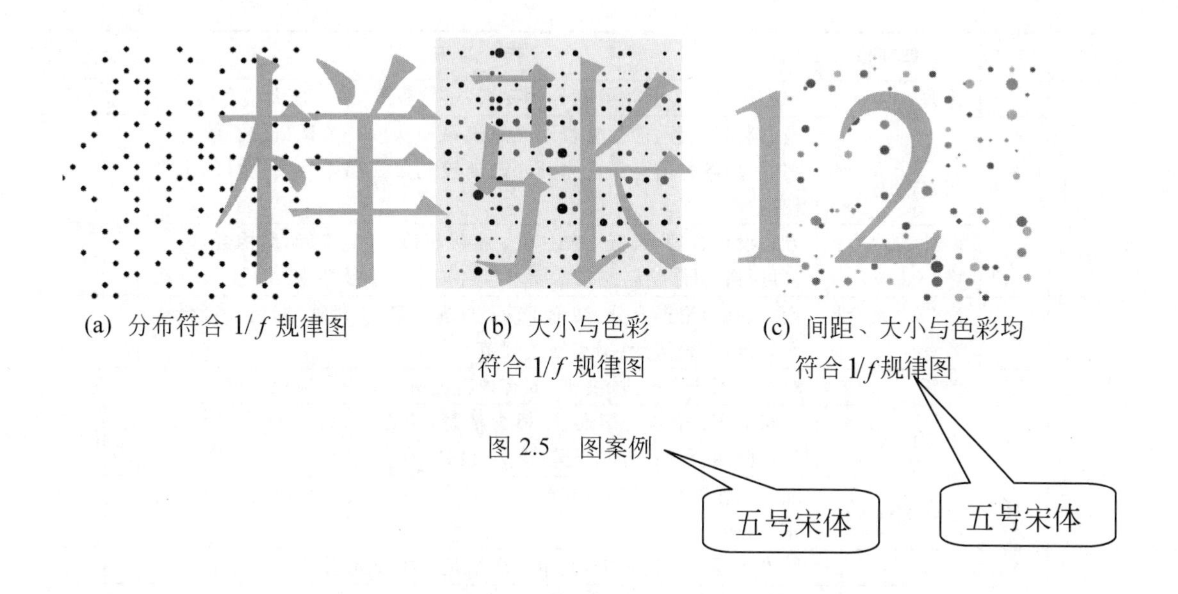

样张12
(a) 分布符合 1/f 规律图
(b) 大小与色彩
符合 1/f 规律图
(c) 间距、大小与色彩均
符合 1/f 规律图
图 2.5 图案例
五号宋体
五号宋体

14.3 课程设计评审标准

课程设计评审标准如表 14-3 所示。

表 14-3 课程设计评审标准

类别	序号	评审项目	指 标	满分
指导教师评审标准	1	工作量、工作态度	按期圆满完成规定的任务，难易程度和工作量符合教学要求，体现本专业基本训练的内容；工作认真，遵守纪律；作风严谨务实	20
	2	调查论证	能独立查阅文献和调研；能正确翻译外文资料；能较好地做出开题报告；有综合、收集和正确利用各种信息的能力	15
	3	设计、实验方案与实验技能	设计、实验方案科学合理，方案具体可行；能独立操作实验，数据采集、计算、处理正确；结构设计合理、工艺可行、推导正确或程序运行可靠	20
	4	分析与解决问题的能力	能运用所学知识和技能及获取新知识去发现与解决实际问题；能对题目进行理论分析，并得出有价值的结论	20
	5	课程设计报告质量	立论正确，论据充分，结论严谨合理；实验正确，分析、处理问题科学；综述简练完整，结构格式符合课程设计报告要求；文理通顺，技术用语准确，规范；图表完备、制图正确	20
	6	创新	具有创新意识；对前人工作有改进、突破，或有独特见解，有一定应用价值	5

续表

类别	序号	评审项目	指　标	满分
评阅人评审标准	1	选题	选题达到本专业培养目标的要求，难易程度，工作量大小合适	20
	2	综述材料调查论证	根据题目任务，能独立查阅文献资料和从事有关调研。有综合归纳、利用各种信息的能力开题论证较充分。翻译外文资料的水平较高	15
	3	设计、推导计算、论证	方案设计合理，具有可操作性；推导正确，计算准确，结构合理、工艺可行；图样绘制与技术要求符合国家标准及要求	45
	4	论文设计质量	论点明确，论据充分、结论正确；条理清楚、文理通顺，用语符合技术规范，图表清楚、书写格式规范	15
	5	创新	对前人工作有改进、突破，或有独特见解；有一定应用价值	5
答辩评审标准	1	报告内容	思路清晰；语言表达准确，概念清楚，论点正确；实验方法科学，分析归纳合理；结论严谨，论文(设计)有应用价值	40
	2	报告过程	准备工作充分，具备必要的报告影像资料；报告在规定的时间内作完报告	10
	3	答辩	回答问题有理论依据，基本概念清楚。主要问题回答简明准确	45
	4	创新	对前人工作有改进或突破，或有独特见解	5

在符合学校统一规范的前提下，各学院可结合本专业特点和要求，参照制定相应的评价标准，但须交教务处备案。

14.4 课程设计任务书

课程设计任务书如下。

题目名称______________________________

系/学院 ______________________________

专业班级______________________________

姓　　名______________________________

学　　号______________________________

一、课程设计的内容与要求

二、课程设计应完成的工作

序号	课程设计各阶段内容	起止日期

三、课程设计进程安排

四、应收集的资料及主要参考文献

发出任务书日期：　　年　月　日　　　指导教师签名：

预计完成日期：　　年　月　日　　　指导教师签名：

附录A 软件工程课程设计报告实例

软件工程课程设计报告是软件工程课程后期通过综合作业练习完成综合训练后，对于训练中问题的分析理解、解题的构想设计、上机编程实现以及对整个过程中所发现问题的处理方法的一个全面的过程描述。

软件工程课程设计所选择的题目一般是规模较小的，但是其解题过程是一样的，也就是说，课程设计报告应该是完整的。所谓完整，即报告要包括以下几部分：①可行性研究报告；②系统分析报告；③系统设计报告；④系统实现报告；⑤测试报告；⑥系统研究报告；⑦用户手册。本附录选择的课程设计项目实例是3GCOS项目。这个项目的设计报告包含了以上7个部分。由于篇幅所限，这里无法列出报告的详细内容，只是给出了这些报告的详细大纲结构。如果有读者对报告的具体内容感兴趣，可以联系编者。

A.1 可行性研究报告

该项目的可行性研究报告目录结构如下。

1. 项目申请的必要性

1.1　项目的重要意义

1.2　项目与越秀区高新技术产业发展方向的符合程度

1.3　技术的先进性及创新性

1.4　项目所研究的技术在本领域的关键程度

1.5　本项目技术对相关领域技术进步的推动作用

2. 承担单位情况

2.1　申报单位基本情况

(1) 申报单位概要

(2) 企业人员基本状况

(3) 公司组织架构

2.2　研究开发能力

(1) 项目负责人简历

(2) 申报单位研究开发人员

(3) 公司已为本项目购置设备及投资情况

(4) 自有知识产权状况

2.3 财务、经济状况
2.4 申报单位的科研及生产经营管理状况
3. 项目实施方案
3.1 项目的目标、研究范围和主要内容
3.2 项目目标的确定及其主要依据
3.3 项目范围的选择及其主要依据
3.4 项目的主要内容
3.5 项目的技术方案
3.6 生产方案
3.7 项目的阶段与进度
3.8 资金筹措及使用
4. 经济及社会效益分析
4.1 市场前景
4.2 产品单位售价与盈利预测
4.3 经济效益分析
4.4 社会效益分析
5. 风险分析
5.1 技术风险
5.2 管理风险
5.3 市场风险
5.4 盈亏平衡分析和敏感性分析
6. 结论

A.2 系统分析报告

该项目的系统分析报告目录结构如下。

1. 选题的目的与意义
2. 3G 技术概念及其发展
2.1 3G 三大标准的技术特点
2.1.1 WCDMA
2.1.2 CDMA2000
2.1.3 TD-SCDMA
2.2 三种技术标准的比较
2.3 3G 面临的主要问题
2.4 3G 发展现状
3. 国际、国内当前的研究现状
3.1 国际当前的研究现状
3.2 国内智能卡系统的研究现状
4. 主要研究工作

5. 当前智能卡操作系统结构模型
5.1 单块式结构
5.2 层次结构
5.3 客户/服务器结构
5.4 REO 模型
6. USIM COS 分析
6.1 COS 的主要功能
6.2 COS 设计的总体目标
6.3 USIM COS 的系统结构模型
6.4 USIM COS 的状态转移过程
6.5 USIM COS 微内核接口模型分析
6.6 关键技术分析
7. 芯片特性分析
7.1 外部特征
7.2 SIM 卡接口
7.3 内部结构
7.4 软件特性
7.5 芯片分析
8. 智能卡通信分析
8.1 系统目标、功能、性能
8.2 通信模块结构
8.2.1 通信模块的物理特性
8.2.2 复位应答回送字符
8.2.3 通信协议
8.2.4 逻辑通道
8.3 通信模块的数据结构
8.4 关键技术
8.5 结论
9. 智能卡安全分析
9.1 系统目标、性能
9.2 智能卡安全管理结构
9.2.1 智能卡安全状态
9.2.2 智能卡安全属性
9.2.3 智能卡安全机制
9.2.4 UICC 安全机制及实现
9.2.5 USIM 卡网络安全结构
9.3 智能卡安全算法分析
9.3.1 认证和密钥协商算法
9.3.2 AKA 算法实现

9.3.3　内核算法的选择
9.3.4　USIM 卡安全相关算法
9.4　关键技术
9.5　结论
10. 命令解释模块分析
10.1　系统目标
10.2　关键技术
10.3　命令解释模块的主守护流程
10.4　命令报文的输入
10.5　命令响应结果输出
10.6　命令处理流程
10.7　USIM 卡命令和响应结构
10.7.1　命令 APDU 结构
10.7.2　响应 APDU 结构
11. 文件管理模块分析
11.1　系统目标
11.2　关键技术
11.2.1　静态存储管理
11.2.2　动态存储管理
11.2.3　结论
11.3　文件系统的逻辑结构
11.4　文件类型
11.5　文件的引用
11.6　UICC 平台和 USIM 应用文件系统
12. 进度安排
13. 总结
14. 项目投入人力
15. 项目预算

A.3　系统设计报告

该项目的系统设计报告目录结构如下。
1. 整体设计
1.1　设计概述
1.2　设计目标
1.3　理论依据
1.4　设计原则
1.5　体系结构设计
1.5.1　各模块功能划分

1.5.2　功能模块之间的状态转换及调度关系
1.6　详细设计
1.6.1　功能模块接口数据结构设计
1.6.2　系统主调度流程设计
1.6.3　微内核设计
1.6.4　部分硬件驱动设计
1.7　关键技术
2. 通信管理模块设计
2.1　设计概述
2.2　设计目标
2.3　理论依据
2.4　设计原则
2.5　体系结构设计
2.5.1　UICC 的传输模型
2.5.2　命令和响应报文结构
2.6　详细设计
2.6.1　复位应答(ATR)设计
2.6.2　T=0 传输设计
2.6.3　信道设计
2.7　关键技术
2.8　解决方案
3. 安全模块设计
3.1　设计概述
3.2　设计目标
3.3　理论依据
3.4　设计原则
3.5　体系结构
3.5.1　USIM 卡网络安全结构
3.5.2　USIM 卡安全相关算法
3.6　详细设计
3.6.1　文件访问机制设计
3.6.2　USIM 卡的认证设计
3.6.3　加密算法
3.6.4　通信模块的安全管理
3.6.5　传送信息的结构
3.6.6　安全模块与其他模块的状态转移过程
3.7　关键技术
3.8　解决方案
4. 命令解释模块设计

4.1 设计概述
4.2 设计目标
4.3 理论依据
4.4 设计原则
4.5 详细设计
4.6 关键技术
4.7 解决方案
5. 文件管理模块设计
5.1 设计概述
5.2 设计目标
5.3 理论依据
5.4 设计原则
5.5 体系结构设计
5.6 详细设计
5.6.1 文件系统的逻辑结构
5.6.2 文件系统的文件类型
5.6.3 存储管理模式选择
5.6.4 文件系统相关数据结构设计
5.6.5 存储空间分配设计
5.6.6 文件存储空间管理设计
5.6.7 目录管理设计
5.7 关键技术
5.8 解决方案
6. 进度安排
7. 总结
8. 项目投入人力
9. 项目预算

A.4 智能卡文件系统实现报告

该项目的系统实现报告目录结构如下。
1. 物理存储空间的划分
2. 文件系统初始化
3. 文件系统存储空间实现机制
4. 文件访问保护机制
5. 文件相关操作
5.1 文件查找
5.2 文件定位
5.3 文件读操作

5.4　文件写操作
5.5　文件删除操作
6. 碎片空间回收机制
7. 坏损页面管理
7.1　坏损页面数据结构的设计
7.2　坏损页面映射机制的实现
8. 平均磨损技术
9. 掉电保护机制
10. 日志备份机制
10.1　日志备份数据结构的设计
10.2　日志备份机制的实现
11. 文件系统关键接口实现
11.1　文件创建
11.2　文件选择
11.3　文件删除
11.4　读写二进制文件
11.5　读写记录文件

A.5　COS 测试报告

该项目的测试报告目录结构如下。

1. 前言
1.1　项目背景
1.2　项目概述
2. UTK 卡内操作系统
2.1　UTK COS 的组成结构
2.2　智能卡通信过程
3. 软件测试理论与技术
3.1　软件测试概念及意义
3.2　软件测试阶段与技术
3.2.1　软件测试阶段
3.2.2　软件测试技术
4. UTK COS 测试方案
4.1　UTK COS 基本功能测试
4.2　UTK 菜单测试
4.3　防插拔测试
4.4　兼容性测试
5. 结论
5.1　UTK 命令一致性需求测试

5.2 UTK 命令出错处理测试

A.6 系统研究报告

该项目的系统研究报告目录结构如下。

1. 前言
1.1 应用背景
1.2 项目概述
1.3 名称及术语说明
1.3.1 定义
1.3.2 缩写
2. 项目预期目标
2.1 UTK COS 设计的总体目标
2.2 通信目标、功能、性能
2.3 安全目标、性能
2.4 命令处理目标
2.5 文件管理目标
3. 项目工程概述
3.1 组织管理
3.2 主要工作内容
3.3 研究过程
3.3.1 UTK COS 需求分析
3.3.2 UTK COS 分析
3.3.3 UTK COS 设计
3.3.4 UTK COS 实现
3.3.5 UTK COS 的测试
3.3.6 UTK COS 打补丁
3.3.7 UTK COS 定版
4. 项目研究成果
4.1 目录产品
4.2 系统功能介绍
4.3 突出优点
5. 理论与方法
5.1 底层模块
5.2 文件模块
5.2.1 概述
5.2.2 几种常见文件系统
5.3 命令解释模块
5.4 安全模块

5.4.1　概述
5.4.2　文件访问控制(CHV、PUK、ADM)
5.4.3　数据加密算法 DES、3DES
5.4.4　CAVE 算法
5.4.5　MD5 算法
5.5　UTK 模块
6. 各部分的设计与实现
6.1　底层模块
6.1.1　底层各函数说明
6.1.2　掉电保护
6.2　文件模块
6.2.1　文件系统的文件类型
6.2.2　文件的引用
6.2.3　选择文件的方法
6.2.4　文件系统相关数据结构的设计
6.2.5　存储管理与文件数据结构的设计
6.2.6　文件系统整体设计框图与存储空间的划分
6.2.7　文件的选择设计
6.2.8　文件数据的安全备份设计
6.2.9　文件系统各函数的相关设计与实现方式
6.2.10　文件相关函数说明
6.3　命令解释模块
6.3.1　COS 的主守护流程
6.3.2　命令的 APDU 和响应 APDU 结构
6.3.3　UTK 卡命令和响应状态编码
6.3.4　命令相关数据结构的设计
6.3.5　命令的设计与实现
6.4　安全模块
6.4.1　安全相关数据结构的设计
6.4.2　安全相关的命令设计与实现
6.4.3　CAVE 鉴权
6.4.4　基于 HRPD 网络的鉴权(采用 MD5 算法)
6.5　UTK 模块
6.5.1　设计概述
6.5.2　被动命令编码设计
6.5.3　主动命令编码设计
6.5.4　菜单设计
7. 系统主要技术特点
7.1　系统结构

7.2 绑定式系统构造技术
8. 系统性能技术指标评价
8.1 安全性
8.2 实用性
8.3 可靠性
8.4 可伸缩性
8.5 适应性
8.6 可更新与可维护性
8.7 技术先进性
8.8 可持续发展
9. 系统进一步发展计划
9.1 系统服务功能的发展计划
9.2 系统开发平台的发展计划
9.3 系统测试平台开发的发展计划

A.7 用户手册

该项目的用户手册目录结构如下。
1. 关于本手册
1.1 内容概述
1.2 参考文献
1.3 名词缩略语和符号表示
2. 南方通信智能卡 UTK COS 简介
2.1 南方通信智能卡 UTK COS 特点
2.2 功能模块化划分
3. 文件系统
3.1 文件系统的文件类型
3.2 文件的引用
3.3 选择文件的方法
4. 命令与应答
4.1 命令格式
4.1.1 命令头域
4.1.2 命令体域
4.2 响应数据格式
4.2.1 响应数据
4.2.2 响应状态
4.3 响应数据格式
4.4 状态字 SW1SW2 含义
5. 基本命令描述

5.1 建立文件
5.2 选择文件
5.3 状态
5.4 更新二进制文件
5.5 读二进制文件
5.6 更新记录文件
5.7 读记录文件
5.8 查找记录
5.9 记录增值
5.10 取响应数据
5.11 去激活文件
5.12 激活文件
5.13 校验 CHV
5.14 更改 CHV
5.15 去激活 CHV
5.16 激活 CHV
5.17 解锁 CHV
5.18 存储 ESN
5.19 产生基站随机数
5.20 更新
5.21 确认
5.22 运行 CAVE 算法
5.23 生 KEY/VPM
5.24 计算 IP 鉴权
5.24.1 CHAP
5.24.2 MN-HA Authenticator
5.24.3 MIP-RRQ Hash
5.24.4 MN-AAA Authenticator
5.24.5 HRPD Access Authenticator
5.25 概要信息下载
5.26 获取数据
5.27 获取数据
5.28 终端响应
6. 安全机制
6.1 文件访问机制
6.2 UTK 卡安全算法
6.2.1 CAVE 鉴权
6.2.2 基于 HPRD 网络的鉴权

参考文献

[1] 李代平，等.软件体系结构教程[M].北京：清华大学出版社，2008.
[2] 李代平，等.软件工程习题与解答[M].北京：清华大学出版社，2007.
[3] 李代平，等.软件工程设计案例教程[M].北京：清华大学出版社，2008.
[4] 李代平.软件工程[M].2版.北京：清华大学出版社，2008.
[5] 李代平，等.软件工程分析案例[M].北京：清华大学出版社，2008.
[6] 李代平，等.软件工程综合案例[M].北京：清华大学出版社，2009.
[7] 李代平，等.系统分析与设计[M].北京：清华大学出版社，2009.
[8] 李代平.信息系统分析与设计[M].北京：冶金工业出版社，2006.
[9] 李代平.面向对象分析与设计[M].北京：冶金工业出版社，2005.
[10] 李代平.软件工程[M].北京：冶金工业出版社，2002.
[11] 李代平，等.数据库应用开发[M].北京：冶金工业出版社，2002.
[12] 李代平，等. SQL组建管理与维护[M].北京：地质出版社，2001.
[13] 李代平，等. SQL开发技巧与实例[M].北京：地质出版社，2001.
[14] Ian Sommerville.软件工程[M].程成，等译.北京：机械工业出版社，2003.
[15] 齐志昌.软件工程[M].北京：高等教育出版社，2004.
[16] 杨芙清，梅宏，吕建，等.浅论软件技术发展[J].电子学报，2002.12：1901-1906.
[17] 张效祥.计算机科学技术百科全书[M].北京：清华大学出版社，1998.
[18] 王立福，张世琨.软件工程——技术、方法和环境[M].北京：北京大学出版社，1997.
[19] 杨芙清，梅宏，李克勤.软件复用与软件构件技术[J].电子学报，1999，27(2)：68-75.
[20] 杨芙清.软件复用及相关技术[J].计算机科学，1999，26(5)：1-4.
[21] 杨芙清.青鸟工程现状与发展——兼论我国软件产业发展途径[A].第6次全国软件工程学术会议论文集，软件工程进展——技术、方法和实践[C].北京：清华大学出版社，1996.
[22] 杨芙清，梅宏，李克勤，等.支持构件复用的青鸟Ⅲ型系统概述.计算机科学，1999，26(5)：50-55.
[23] 邵维忠.面向对象的系统分析[M].北京：清华大学出版社，1998.
[24] 包晓露. UML面向对象设计基础[M].北京：人民邮电出版社，2001.
[25] 殷人昆.实用面向对象软件工程教程[M].北京：电子工业出版社，2000.
[26] 罗晓沛，侯炳辉.系统分析员教程[M].北京：清华大学出版社，2003.
[27] 李代平，罗寿文，方海翔.一个分布式并行计算新平台[J].计算机工程与设计，2005，1：24-26.
[28] 李代平，罗寿文，张信一.网络并行任务划分策略研究[J].计算机应用研究，2005，10：80-82.
[29] 李代平，罗寿文，方海翔.网格并行计算模型研究[J].计算机工程，2005，8：117-119.
[30] 李代平.罗寿文，方海翔.分布式环境软件开发平台[J].计算机工程与科学，2005，11：71-73.
[31] 李代平，张信一.网络并行计算平台的构架[J].计算机应用研究，2004，10：225-227.
[32] 李代平，罗寿文.大型稀疏线性方程组的网络并行计算[J].计算机应用研究，2004，12：134-135.
[33] 李代平，罗寿文.网络并行程序开发平台体系结构形式化研究[J].计算机工程与应用，2004，40(26)：133-135.
[34] 李代平，张信一.网络并行可视化平台架构[J].计算机应用，2003，12：54-57.
[35] [美]Ivar Jacobson，Grady Booch，James Rumbaugh. The Unified Software Development Process.周伯生，冯学民，樊东平，译.统一软件开发过程[M].北京：机械工业出版社，2002.
[36] 孙惠民. UML设计实作宝典[M].北京：中国铁道出版社，2003.
[37] [美]Carma McClure. Software Reuse Techniques：Adding Reuse to the Systems Development Process[M].廖泰安，宋江志远，沈升源，译.北京：机械工业出版社，2003.
[38] [美]Eric J Braude. Software Design From Programming to Architecture[M].李仁发，王岢，任小西，

等译.北京：电子工业出版社，2005.

[39] 张广泉，张玲红. UML与ADL在软件体系结构建模中的应用研究[J].重庆师范大学学报.自然科学版，2004，12(4)：1-6.

[40] 于卫，杨万海，蔡希尧.软件体系结构的描述方法研究[J].计算机研究与发展，2000，35(10)：1185-1191.

[41] [美]Christine Hofmeister，Robert Nord，Dilip Soni. Applied Software Architecture[M].王千祥，等译.北京：电子工业出版社，2004.

[42] R Kazman，L Bass，G Abowd，et al. An architectural analysis case study：Internet information systems[C]//Software Architecture workshop preceding ICSE95，Seattle，1995.

[43] Perry D E. Software engineering and software architecture[C]// the International Conference on Software：Theory and Parctice. Beijing：Electronic Industry Press，2000.

[44] [美]Stophen T Albin. The Art of Software Architecture Design Methods and Techniques[M].刘晓霞，郝玉洁，等译.北京：机械工业出版社，2004.

[45] [美]Ivar Jacobson Grady，Booch James Rumbaugh. The Unified Software Development Process[M].周伯生，冯学民，樊东平，译.北京：机械工业出版社，2002.

[46] [美]Paul Clements，等.软件构架评估[M].影印版.北京：清华大学出版社，2003.

[47] 张友生.软件体系结构[M].北京：清华大学出版社，2004.

[48] 梅宏，申峻嵘.软件体系结构研究进展[M].软件学报，2006，17：1257-1275.

[49] [美]Roger S Pressman.软件工程：实践者的研究方法[M].5版.梅宏，译.北京：机械工业出版社，2002.

[50] 胡正国.程序设计方法学[M].北京：国防工业出版社，2002.

[51] 周琼朔.软件体系结构设计方法的研究及应用[J].武汉理工大学学报，2005，2：102-105.

[52] 戎玫，张广泉.软件体系结构求精方法研究[J].计算机科学，2003，4.

[53] 广东工业大学教务处.本科生毕业设计(论文)手册，2015.

图书资源支持

感谢您一直以来对清华版图书的支持和爱护。为了配合本书的使用，本书提供配套的资源，有需求的读者请扫描下方的“书圈”微信公众号二维码，在图书专区下载，也可以拨打电话或发送电子邮件咨询。

如果您在使用本书的过程中遇到了什么问题，或者有相关图书出版计划，也请您发邮件告诉我们，以便我们更好地为您服务。

我们的联系方式：

地　　址：北京海淀区双清路学研大厦 A 座 707

邮　　编：100084

电　　话：010－62770175－4604

资源下载：http://www.tup.com.cn

电子邮件：weijj@tup.tsinghua.edu.cn

QQ：883604(请写明您的单位和姓名)

资源下载、样书申请

书圈

用微信扫一扫右边的二维码，即可关注清华大学出版社公众号“书圈”。